中国城镇污水处理与再生利用发展报告（1978—2020）

Development Report on Municipal Wastewater
Treatment and Reuse in China（1978—2020）

中国土木工程学会水工业分会
中国环境科学学会水处理与回用专业委员会　组织编写
胡洪营　主　编

中国建筑工业出版社

图书在版编目（CIP）数据

中国城镇污水处理与再生利用发展报告：1978-2020＝
Development Report on Municipal Wastewater
Treatment and Reuse in China：1978-2020/中国土
木工程学会水工业分会，中国环境科学学会水处理与回用
专业委员会组织编写；胡洪营主编. —北京：中国建
筑工业出版社，2021.12（2023.7 重印）
ISBN 978-7-112-26943-3

Ⅰ. ①中… Ⅱ. ①中… ②中… ③胡… Ⅲ. ①城市污
水处理-研究报告-中国-1978-2020②城市污水-废水
综合利用-研究报告-中国-1978-2020 Ⅳ.①X703

中国版本图书馆 CIP 数据核字（2021）第 252158 号

本书按照"梳理历史，展示变化；理清现状，展现全貌；横向对比，体现特点；识别问题，展望未来"的基本思路，利用翔实的数据和丰富的资料，梳理了自 1978 年以来全国各省（区、市）和 36 个重点城市城镇污水处理与再生利用的发展状况，包括水资源与用水供水、城镇污水处理厂建设、污水处理厂进出水水质、污水处理能耗药耗和污泥产生、再生水利用标准与水质要求和安全保障、再生水利用现状与发展潜力、再生水利用政策与管理、再生水利用产业发展等。书中还介绍了污水再生利用领域的研究进展、前沿领域和国外发展现状，提出了未来发展的建议。本书内容丰富、系统性强、信息量大，可供污水处理与再生利用领域管理部门管理人员、从事相关研究的专家学者和企业从业人员参考。

责任编辑：于　莉　王美玲
责任校对：芦欣甜

中国城镇污水处理与再生利用发展报告（1978—2020）
Development Report on Municipal Wastewater
Treatment and Reuse in China（1978—2020）
中 国 土 木 工 程 学 会 水 工 业 分 会
中国环境科学学会水处理与回用专业委员会　组织编写
胡洪营　主　编
*
中国建筑工业出版社出版、发行（北京海淀三里河路 9 号）
各地新华书店、建筑书店经销
霸州市顺浩图文科技发展有限公司制版
北京中科印刷有限公司印刷
*
开本：787 毫米×1092 毫米　1/16　印张：17　字数：421 千字
2021 年 12 月第一版　　2023 年 7 月第二次印刷
定价：**88.00** 元
ISBN 978-7-112-26943-3
（38636）

《中国城镇污水处理与再生利用发展报告（1978—2020）》编写组

主　任：胡洪营　清华大学环境学院

副主任：巫寅虎　清华大学环境学院

　　　　陈　卓　清华大学环境学院

委　员：孙迎雪　北京工商大学生态环境学院

　　　　刘超翔　福州大学环境与安全学院

　　　　徐　傲　清华苏州环境创新研究院

　　　　黄　南　清华大学环境学院

　　　　王胜楠　清华大学环境学院

　　　　郝姝然　清华大学环境学院

　　　　陆慧闽　清华苏州环境创新研究院

　　　　孙　艳　清华大学环境学院

　　　　董　欣　清华大学环境学院

　　　　杨　庆　北京工业大学环境与能源工程学院

　　　　禤倩红　广州市水务局

　　　　鲍小龙　义乌市水务建设集团有限公司

　　　　徐红新　义乌市水务建设集团有限公司

前　言

　　污水处理与再生利用是城镇环境基础设施建设的核心组成部分，是打好污染防治攻坚战、改善城镇人居环境和提高城镇供水保障能力的重要抓手，对构建城镇发展新格局、加快生态文明建设、推动高质量发展具有重要作用。

　　我国城镇污水处理设施建设发展迅速，成效显著。我国的城镇污水处理事业起步于20世纪70年代，自2000年起，污水处理能力和处理量快速增加，2019年城市污水处理率提高到94.5%，2025年县城污水处理率将达到95%。另一方面，城镇污水处理厂出水水质不断提升，促进了再生水利用的发展，2019年全国城镇再生水利用量达126亿 m^3，利用率接近20%。

　　2021年1月，国家发展和改革委员会等十部委联合发布了《关于推进污水资源化利用的指导意见》（以下简称《意见》），明确了未来我国污水再生利用的发展目标、重要任务和重点工程。《意见》明确，到2025年，全国地级及以上缺水城市再生水利用率达到25%以上，京津冀地区达到35%以上；到2035年，形成系统、安全、环保、经济的污水资源化利用格局。《意见》的发布，标志着污水再生利用上升为国家行动计划，是污水处理进入资源化利用新阶段的重要标志，为水处理行业发展和转型升级创造了新空间、新机遇，为水环境污染治理和生态修复提供了新理念、新模式，为水科学技术创新和学术研究拓展了新方向、新舞台。

　　在污水处理进入到资源化利用新阶段的关键节点，总结我国城镇污水处理与再生利用发展历程，明晰发展状况，识别面临的课题对促进污水再生利用事业发展具有重要意义。在这种背景下，中国土木工程学会水工业分会和中国环境科学学会水处理与回用专业委员会决定组织编写《中国城镇污水处理与再生利用发展报告（1978—2020）》（以下简称《报告》），得到相关专家的积极响应和肯定。

　　在编写过程中，按照"梳理历史，展示变化；理清现状，展现全貌；横向对比，体现特点；识别问题，展望未来"的基本思路，力图利用翔实的数据和丰富的资料，反映我国的水资源和用水状况，梳理自1978年以来城镇污水处理与再生利用的发展成效，展现全国的总体状况，分析不同省（区、市）和重点城市的发展状况，提出未来发展的建议。作为案例，《报告》介绍了北京、天津、广州、深圳和义乌等典型城市的污水处理与再生利用发展状况，以便交流、借鉴。《报告》还介绍了国外污水处理与再生利用发展现状，尝试从国际视角分析对比我国的现状、特色和存在的问题等。

　　《报告》由清华大学胡洪营教授主编，负责大纲制定和撰稿、统稿、定稿，巫寅虎、陈卓和徐傲等人参与了全书的撰写组织、统稿和修改。各章的主要内容和其他主要执笔人员如下：

　　第1章　概论：阐述了污水再生利用的必要性、重要意义和效益，概述了我国污水处理与再生利用的发展概况（陈卓等人）。

第 2 章 水资源与用水供水：介绍了全国、各省（区、市）和重点城市的水资源状况和用水供水现状（巫寅虎、徐傲、孙艳等人）。

第 3 章 城镇污水处理厂建设：介绍了全国、各省（区、市）和重点城市的城镇污水处理厂建设情况，包括污水处理厂数量、处理能力和实际处理量等（巫寅虎、徐傲、孙迎雪、刘超翔、陆慧闽、孙艳等人）。

第 4 章 城镇污水处理厂进水水质：介绍了全国、各省（区、市）和重点城市的城镇污水处理厂进水水质情况等（巫寅虎、徐傲、孙艳等人）。

第 5 章 城镇污水处理厂出水水质：介绍了全国、各省（区、市）和重点城市的城镇污水处理厂出水水质情况等（巫寅虎、徐傲、孙艳等人）。

第 6 章 城镇污水处理厂能耗与药耗：介绍了全国、各省（区、市）和重点城市的城镇污水处理厂能耗和药耗情况，包括反硝化碳源、混凝剂等（巫寅虎、孙迎雪、刘超翔、陆慧闽等人）。

第 7 章 城镇再生水利用标准：介绍了我国、各省（区、市）、地方和团体相关标准制定情况；再生水水质分级标准和方法等（陈卓、郝姝然等人）。

第 8 章 城镇再生水利用水质要求：介绍了再生水生态环境利用、工业利用、市政杂用、农业利用和补给饮用水水源等主要用途的水质要求和水质目标确定方法等（陈卓、巫寅虎、黄南、王胜楠、徐傲等人）。

第 9 章 城镇再生水利用安全保障：介绍了再生水系统的特点与基本构成、再生水利用面临的潜在安全问题与风险控制技术路线等（陈卓、巫寅虎、黄南、王胜楠、郝姝然、徐傲等人）。

第 10 章 城镇再生水利用现状与发展潜力分析：介绍了全国、各省（区、市）和重点城市的城镇再生水利用现状，分析了未来的发展潜力（陈卓、郝姝然等人）。

第 11 章 城镇再生水利用政策与管理：梳理了我国再生水利用政策发展历程，介绍了政策和管理等方面的发展状况，包括再生水水价与成本分析、再生水厂水质管理、再生水处理技术与工艺评价和再生水利用效益评价等（陈卓、郝姝然等人）。

第 12 章 城镇再生水设施与产业发展：介绍了我国再生水厂和再生水管网建设情况、再生水利用产业发展等（陈卓、郝姝然等人）。

第 13 章 北京市污水处理与再生利用发展状况：介绍了北京市水资源、用水供水现状和污水处理与再生利用发展状况（巫寅虎、徐傲等人）。

第 14 章 天津市污水处理与再生利用发展状况：介绍了天津市水资源、用水供水现状和污水处理与再生利用发展状况（陈卓、郝姝然等人）。

第 15 章 广州市污水处理与再生利用发展状况：介绍了广州市水资源、用水供水现状和污水处理与再生利用发展状况（禤倩红、陈卓、郝姝然等人）。

第 16 章 深圳市污水处理与再生利用发展状况：介绍了深圳市水资源、用水供水现状和污水处理与再生利用发展状况（陈卓、郝姝然等人）。

第 17 章 义乌市污水处理与再生利用发展状况：介绍了义乌市水资源、用水供水现状和污水处理与再生利用发展状况（鲍小龙、徐红新、陈卓、陆慧闽等人）。

第 18 章 国际污水处理与再生利用状况：介绍了全球水资源与用水状况，全球污水排放与处理状况，以色列、美国、日本、新加坡、澳大利亚和纳米比亚等国家的再生水利用状况（陈卓、陆慧闽等人）。

第 19 章　污水再生利用研究进展与发展建议：介绍了污水再生利用研究进展与前沿课题，分析了我国污水处理与再生利用方面存在的主要问题，提出了未来发展建议（陈卓、董欣、杨庆等人）。

《报告》中的数据主要来源于国家各部委和各省市、重点城市公开发布的统计资料、规划和政策文件以及住房和城乡建设部全国城镇污水处理管理信息系统等。报告中引用的论文、报告和有关网站内容等其他资料，在书后的参考资料中统一列出，并在文中注明。

衷心感谢钱易院士对《报告》编写工作给予的高度肯定和鼓励！钱易院士花费大量宝贵时间审阅了全部书稿，并提出了许多建设性指导意见和具体修改建议。钱易院士积极推动污水处理与资源化利用事业发展的高尚情怀和科学严谨、细致认真的精神给编写组留下了深刻的印象。

衷心感谢中国土木工程学会水工业分会张悦理事长给予的大力支持和指导！张悦理事长在《报告》编写基本思路、内容体系和数据使用等方面给予了悉心指导，花费大量精力审阅了书稿，并提出了许多宝贵的指导意见和建议。张悦理事长为推动我国城镇污水处理与再生水利用事业发展做出了重要贡献，在此表示敬意。

《报告》在编写过程中得到住房和城乡建设部城市建设司水务处、城镇水务管理办公室、中国土木工程学会水工业分会和中国环境科学学会水处理与回用专业委员会的大力支持，在此表示感谢！

白苑、曹可凡、陈晓雯、黄南、毛宇、刘俊含、罗立炜、施琦、王胜楠、徐雨晴、薛松、刘涵和武云鹏等审阅了《报告》的部分章节，并提出了宝贵的修改建议，在此表示感谢！

中国市政工程东北设计研究总院周彤原副总工程师提供了宝贵信息。清华大学刘书明、吴乾元和王文龙以及王家卓（中规院（北京）规划设计有限公司）、尹文超（中国建筑设计研究院）、关春雨（北控水务集团）、孙笑飞（中交生态环保投资有限公司）、杨庆（北京工业大学）、杨磊（天津中水有限公司）、陆松柳（上海勘察设计研究院）、陈嫣（上海市政工程设计研究总院（集团）有限公司）等中国土木工程学会水工业分会水循环利用专家委员会的各位委员对报告提纲、主要内容等提出了宝贵意见。在此一并表示感谢！

感谢中国建筑出版传媒有限公司的大力支持和王美玲编辑、于莉编辑等人为本《报告》的出版付出的大量精力和心血！

《报告》内容丰富、系统性强、信息量大，可供污水处理与再生利用领域管理部门、专家、学者、学生和企业参考。

由于时间仓促和编写人员能力所限，报告中难免存在不足之处，请各位专家、同仁批评指教！

编　者
2021 年 8 月于清华园

编 写 说 明

本书主要聚焦城镇污水，即通过城镇污水管网所收集污水的处理和再生利用，除了生活污水外，还包括排入污水管网的雨水和达到纳管要求排入污水管网的工业废水。为了保证再生水利用安全，在污水收集源头应严格管控工业废水的排入。

本书中的"城镇"包括"城市"和"镇"。根据国家统计局的规定，在统计上，"城市"是指经国务院批准设市建制的城市市区，不包括其行政区内除市区之外的其他区域，如镇和乡村。"镇"是指经批准设立的建制镇的镇区，包括县及县以上（不含市）人民政府、行政公署所在的建制镇的镇区和其他建制镇的镇区，不包括其行政区内除镇区之外的其他区域，如乡村。关于城市、镇的具体定义和说明，请参照本报告附录1。

本书中的"城镇污水处理厂"是指市区和镇区内的污水处理厂，"城镇再生水"是指以城镇污水或城镇污水处理厂出水为水源生产的再生水。与污水处理与再生利用相关的术语见附录2。几个主要术语的界定如下：

污水处理：以达标排放为目的，对污水进行净化处理的过程或行为。

污水再生处理：以生产再生水为目的，对污水进行净化处理的过程或行为。

再生水处理：以生产再生水为目的，对达到排放标准的污水处理厂出水进一步净化的过程或行为。

污水再生利用：指污水再生处理和再生水利用全过程。

再生水利用：将再生水用于生产、生活、环境等的行为。

关于城镇污水排放量、污水处理厂数量、处理能力、处理量、再生水利用量和再生水管网等数据，主要使用了住房和城乡建设部发布的《城乡建设统计年鉴》中"城市"和"县城"的统计数据之和，没有包括其"建制镇"的数据。《城乡建设统计年鉴》将城乡分为城市、县城、建制镇和乡共四类对排水和污水处理进行分类统计。2019年，建制镇的污水处理厂数量达10650座，总处理能力约2477万 m^3/d，平均处理规模0.25万 m^3/d。

关于36个重点城市的相关数据，城市污水处理厂（即市区内的污水处理厂）使用了住房和城乡建设部发布的《城市建设统计年鉴》的统计资料。《城市建设统计年鉴》主要涉及城市市区的建设数据，不包括城市行政区内除了市区以外的镇和乡的数据。重点城市城镇污水处理厂（包括城区和镇的污水处理厂）数据，主要使用了全国城镇污水处理管理信息系统的相关信息。

关于城镇污水处理厂进出水水质和能耗与药耗等数据，主要使用了全国城镇污水处理管理信息系统中的相关信息，涉及范围为设市城市（含区）和县城集中（公共）污水处理厂。全国城镇污水处理管理信息系统是住房和城乡建设部建设运行的城镇污水领域唯一的国家级信息平台，提供了全国城镇污水处理设施建设和运行信息，包括建设投资、基本工艺、处理能力、处理规模、进出水水质（月平均值）、再生水利用、污泥、药剂消耗和电耗等信息，数据由污水处理厂根据规定自行上报。

关于水资源和供水用水相关数据，主要使用了《全国水资源公报》和各省（区、市）、重点城市的《水资源公报》等信息。

由于不同部门的统计资料和政策文件涉及的对象范围、时间区间和统计口径不同，同一（类）数据不同的出处有时会存在一定差别。在本报告中直接使用了相关统计数据，注明了数据出处，但没有作进一步统一化处理。

因数据统计和获取原因，本报告中涉及的省（区、市），未包括我国的香港、澳门和台湾。

本报告中的 COD（化学需氧量）和 BOD（生化需氧量），除特别注明外均分别指 COD_{Cr} 和 BOD_5。

目　　录

第1章 概 论

1.1 我国面临的水资源和水生态环境问题

水是生命之源、生产之要、生态之基，是支撑社会经济可持续发展的战略性资源，具有不可替代性。我国水资源严重短缺，水利部《2020中国水资源公报》显示，我国人均水资源量为2257m³，仅为世界平均水平的1/4，是全球人均水资源贫乏的国家之一。我国400多座城市面临缺水问题，水资源已成为制约经济社会发展的突出瓶颈和约束性资源。

在这种背景下，国家提出"以水定城，以水定地，以水定人，以水定产"基本政策，倒逼节水行动，优化用水结构，提高用水效率。2019年9月18日，习近平总书记在黄河流域生态保护和高质量发展座谈会上发表了重要讲话，明确要求"以水而定，量水而行"，把水资源作为最大的刚性约束，合理规划人口、城市和产业发展，坚决抑制不合理用水需求。

缺水也是国际性重大问题。根据联合国发布的《2020世界水发展报告》，全球1/4的人口（约19亿人）生活在缺水地区。预计到2025年，全球将有30亿人口缺水，涉及的国家和地区达40多个。

另一方面，我国仍然面临十分严峻的水环境污染、水生态损害和水空间萎缩等水生态环境问题，成为高质量发展和生态文明建设的突出短板。根据生态环境部发布的《2020中国环境状况公报》，全国1937个地表水水质监测断面中，Ⅴ类和劣Ⅴ类水质断面占3.0%；自然资源部门10171个地下水水质监测点中，Ⅴ类水质的监测点占比达到17.6%；水利部门10242个地下水水质监测点（以浅层地下水为主）中，Ⅴ类占比达到43.6%。

水资源短缺问题和水生态环境问题互相关联、相互制约。一方面，水资源短缺导致生态用水受到严重挤压，河流生态基流难以保障，有河无水现象十分突出，水生态环境严重受损；另一方面，水环境污染导致可利用水资源减少，水质性缺水现象十分突出。水资源短缺问题和水生态环境问题的解决都难独善其身，需要探索一条水资源、水环境和水生态"三水"统筹协同解决之策。

1.2 污水再生利用的重要性、意义和效益

大量实践表明，污水再生利用是统筹解决水资源短缺、水环境污染和水生态损害问题的多赢途径，经济上可行、技术上可靠。

与雨水和海水相比，污水水量稳定、就地可取、水质可控，可成为"取之不尽、用之不竭、供给稳定"的城市第二水源、工业第一水源。污水再生利用系统建设是城镇和产业可持续发展的重要保障，对实现可持续发展目标具有重要意义。

2021 年 1 月，为落实党中央国务院部署，国家发展和改革委员会等十部委联合发布了《关于推进污水资源化利用的指导意见》（以下简称《意见》），明确了我国污水再生利用的发展目标、重要任务和重点工程。《意见》的出台标志着污水再生利用上升为国家行动计划，是污水处理进入资源化利用新阶段的重要标志，为水处理行业发展和转型升级创造了新空间、新机遇，为水环境污染治理和生态修复提供了新理念、新模式，为水科学技术创新和学术研究拓展了新方向、新舞台。根据《意见》，到 2025 年，全国地级及以上缺水城市再生水利用率将达到 25% 以上，京津冀地区将达到 35% 以上；"十四五"期间和未来 15 年，污水再生利用将得到更快的发展。

再生水是指污水经处理后，达到一定水质要求，满足某种使用功能，可以安全、有益使用的水。再生水可用作生态用水、工业用水、市政用水、农林牧渔业用水、补充水源水等，涉及的行业领域十分广泛。再生水利用既可提高城市水资源供给能力、缓解供需矛盾，又可减少水污染、保障水生态安全，具有显著的资源、生态环境、社会和经济效益，对于推进生态文明建设和支撑碳达峰碳中和目标具有重要意义。

（1）资源效益

污水的排放基本不受天气、气候等因素的影响，且水源靠近主要的人口中心，是水量稳定的可靠水资源。再生水可以作为替代水源减少对新鲜水资源的开采和取用，增加可利用水资源量，缓解区域水资源供需矛盾。再生水用于农业灌溉时，其中的氮磷等营养盐可为植物、农作物等提供营养补给，促进作物增产。

（2）生态环境效益

再生水利用可有效减少污水处理厂处理出水的排放，实现污染物减排。对于景观环境利用和生态补水等，相比于污水达标排放，再生水深度处理可进一步强化对无机离子、微量有毒有害污染物、一般溶解性有机污染物、微生物等的去除，也可有效减少进入环境的污染物。

（3）社会效益

再生水利用将催生新的行业，在再生水利用规划、设计、建设、运营、管理和评价等领域提供和扩大就业机会，促进产业链的形成。此外，再生水用于城市杂用和景观环境利用等途径，对改善城市生态环境，增加城市美学效果，提高公众生活品质有重要意义。

（4）经济效益

再生水项目的建设运行和再生水利用涉及投资、固定资产投入、劳动力投入和销售等多个方面，对城市经济发展具有重要贡献。再生水厂大多建在城市市区，与外环境调水、远距离输水相比，可减少输水管线的基建费用和电耗等运行费用；与海水淡化相比，可减少处理过程的电耗等运行费用。

1.3　我国城镇污水处理与再生利用发展状况

（1）城镇污水基础设施发展迅速，污水处理能力不断提升

全国城镇污水处理能力由 1978 年的 0.0064 亿 m^3/d 增长至 2020 年的 2.31 亿 m^3/d，增长了 360 倍。污水处理量从 1991 年的 45 亿 m^3 增加至 2020 年的 694 亿 m^3，增长了 14 倍。全国城镇污水处理厂中执行《城镇污水处理厂污染物排放标准》GB 18918—2002 一级 A 标准和一级 B 标准的污水处理厂数量已占污水处理厂总数的 93.5%。

（2）城镇污水处理厂出水水质不断提高，为再生水利用奠定了基础

按水量计算，全国城镇污水处理厂 99.8% 的出水 COD 浓度低于 50mg/L，即优于一级 A 标准。98.9% 的出水 COD 浓度低于 40mg/L，即优于地表水 V 类标准。93.7% 的出水 COD 浓度低于 30mg/L，即优于地表水 Ⅳ 类标准。69.0% 的出水 COD 浓度低于 20mg/L，即优于地表水 Ⅲ 类标准。城镇污水处理厂出水水质良好，为再生水利用提供了优质水源。

（3）城镇再生水利用政策和标准体系不断完善

1988 年以来，我国相继出台了一系列再生水利用政策措施和法律法规，在国民经济与社会发展第十个五年规划纲要第一次明确写入"污水处理回用"，对促进再生水利用发挥了重要作用。为规范污水再生利用工程设计，鼓励和推动再生水利用，我国颁布了一系列与再生水相关的设计规范及标准。目前，已颁布了 9 项国家标准（其中包含 3 项强制性国家标准）、2 项行业标准以及《城镇污水再生利用技术指南（试行）》。

从 2002 年开始，住房和城乡建设部组织编写和颁布了《城市污水再生利用》系列水质标准以及《污水再生利用工程设计规范》《城市污水再生利用技术指南》《建筑中水设计规范》等标准。2012 年，住房和城乡建设部印发《城镇污水再生利用技术指南（试行）》，对再生水利用的规划、设施建设、运行、维护及管理提出进一步要求。此外，相关行业标准，如《城镇再生水厂运行、维护及安全技术规程》等也相继发布。

（4）再生水利用量稳步增加，利用途径不断拓展

自 2007 年以来，我国城镇再生水生产能力逐年提高，由 2007 年的 35.4 亿 m^3 增长至 2019 年的 161.7 亿 m^3，12 年间增加了 3.6 倍，平均年增长率为 29.7%。再生水利用量由 2002 年的 21.2 亿 m^3 增长至 2019 年的 116.1 亿 m^3，17 年间增加了 4.5 倍，平均年增长率为 26.3%。

再生水利用途径日益广泛，已经应用于生态用水（景观环境、湿地等）、工业用水（冷却、洗涤、锅炉用水和产品用水等）、市政用水（城市绿化、冲厕、道路清扫、消防、车辆冲洗、建筑施工等）、农林牧渔业用水（农业灌溉、造林育苗、畜牧养殖、水产养殖等用水）、补充水源水（地表水、地下水等）等用途，涉及的行业领域十分广阔。

1.4 城镇污水再生利用存在的问题与发展建议

国内外实践表明，再生水利用效益显著、技术可行、安全可靠，值得大力推进。国家高度重视污水再生利用，再生水设施建设稳步发展，但也存在政策法规、管理机制和标准体系不健全，再生水利用规划与设施建设欠统筹，污水资源化利用理论研究不足、科技支撑不强，再生水利用意识薄弱等问题。同时，我国再生水利用的规模还远落后于世界先进水平，还不能满足解决我国水资源短缺问题的迫切需要，发展空间巨大。

针对以上问题，建议今后重点开展以下几个方面的工作：

（1）加强水基础设施统筹规划，促进污水处理与再生利用协同发展；

（2）推进再生水利用增量提效，促进污水处理产业转型升级；

（3）推进再生水利用管理体系建设，提高再生水安全保障能力；

（4）强化科技支撑，推进污水处理与再生利用技术交流与国际合作；

（5）加强节水宣传教育，提高污水再生利用的公众接受度；

（6）开展污水处理与再生利用综合示范，促进城镇水循环系统建设。

第2章 水资源与用水供水

2.1 水资源状况

2.1.1 全国水资源状况

我国幅员辽阔，水资源总量相对丰富。2000～2020年，我国水资源总量在2.3万亿～3.2万亿m^3波动，其中2011年水资源总量最低，为2.3万亿m^3，2016年水资源总量最高，为3.2万亿m^3（图2-1）。但是，我国人口基数大，人均水资源十分短缺。2000～2020年我国人均水资源在1730～2339m^3波动，其中2011年人均水资源总量最低，为1730m^3，2016年人均水资源总量最高，为2339m^3。

人均水资源量（Per capita renewable water）是指某一地区可再生水资源总量与地区总人口的比值。根据年人均水资源量的多少，缺水程度可以划分为极度缺水（低于500m^3）、重度缺水（低于1000m^3）、轻度缺水（低于1700m^3），和偶有缺水（低于5000m^3）。从全国平均看，我国总体上水资源贫乏，同时由于水资源区域分布不均匀，导致大部分省（区、市）和城市重度缺水或极度缺水。

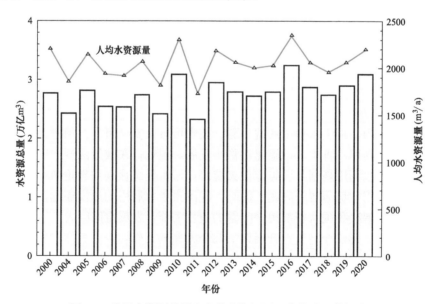

图2-1 我国水资源总量和人均水资源量国家统计局数据库

我国人口保持稳定增长，至2020年末，全国人口已经超过14亿（图2-2）。2015年10月29日，中共十八届五中全会发布公报指出，"全面实施一对夫妇可生育两个孩子政策"。2021 年 5 月 31 日，中共中央政治局召开会议，提出进一步优化生育政策，实施一对夫妻可以生育三个子女政策。新的生育政策有利于改善我国人口结构、保持我国人力资源禀赋优势。在这种背景下，我国人口将保持持续增长，人均水资源量也将会越来越紧张。

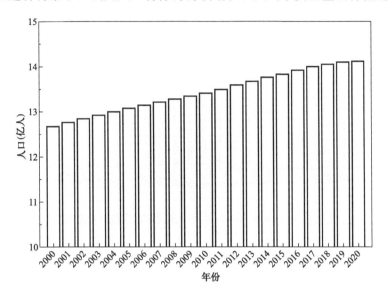

图 2-2 我国人口数量国家统计局数据库

另一方面，我国经济发展取得了长足进步（图 2-3）。2000 年，我国国内生产总值（GDP）总量为 10.0 万亿元，至 2020 年末，增至 101.6 万亿元，增长了 914.0%。人均 GDP 从 2000 年的 7942 元增至 2020 年的 72000 元，增长了 806.6%。随着经济的发展，我国城镇人口和城镇化率不断上升（图 2-4）。城镇人口从 2000 年的 4.6 亿人增至 2020 年的 9.0 亿人，城镇化率从 2000 年的 36.2% 增至 2020 年的 63.9%。随着城镇人口的增长，生活用水量也将增长，水资源供需矛盾将进一步加剧。

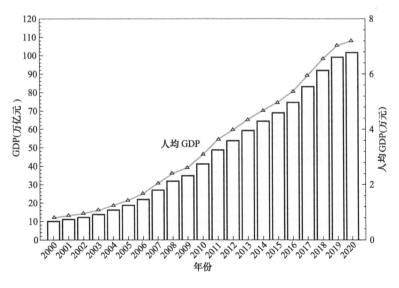

图 2-3 我国 GDP 总量及人均 GDP 量国家统计局数据库

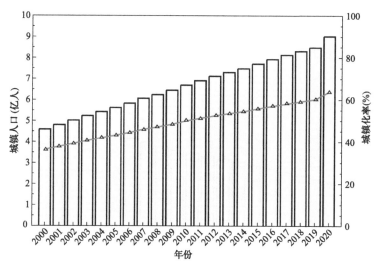

图 2-4　我国城镇人口数量及城镇化率国家统计局数据库

2.1.2　各省（区、市）水资源状况

各省（区、市）水资源总量如图 2-5 和表 2-1 所示。我国水资源分布极不均衡，整体上看北方地区水资源匮乏，南方地区相对丰富。天津、宁夏和北京水资源总量最低，2019年分别为 8.1 亿 m^3、12.6 亿 m^3 和 24.6 亿 m^3。西藏、四川和广西水资源总量最高，分别为 4496.9 亿 m^3、2748.9 亿 m^3 和 2105.1 亿 m^3。

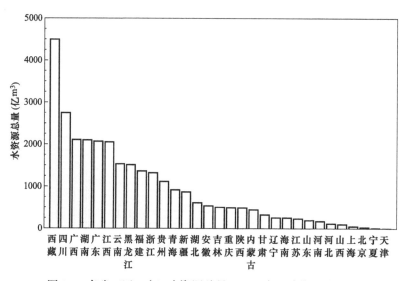

图 2-5　各省（区、市）水资源总量（2019 年，水资源公报）

各省（区、市）人均水资源量如图 2-6 和表 2-1 所示。华北地区人均水资源量低，南方地区及人口较少的西北地区人均水资源量高。其中天津、北京和河北人均水资源量最低，低于国际上极度缺水标准（500m^3），2019 年分别为 51.9m^3、114.2m^3 和 149.9m^3。西藏、青海和江西人均水资源量最高，分别为 129407.2m^3、15182.5m^3 和 4405.4m^3。

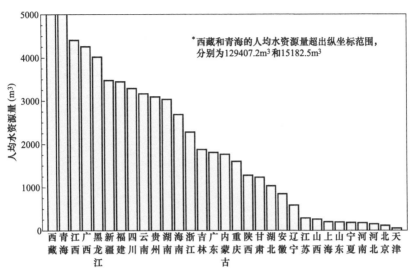

图 2-6 各省（区、市）人均水资源量（2019 年，水资源公报）

各省（区、市）水资源总量及人均水资源量（2019 年）   表 2-1

省份	水资源总量 （亿 m³）	人均水资源量 （m³）	省份	水资源总量 （亿 m³）	人均水资源量 （m³）
北京	24.6	114.2	湖北	613.7	1036.3
天津	8.1	51.9	湖南	2098.3	3037.3
河北	113.5	149.9	广东	2068.2	1808.9
山西	97.3	261.3	广西	2105.1	4258.7
内蒙古	447.9	1765.5	海南	252.3	2685.5
辽宁	256.0	587.8	重庆	498.1	1600.1
吉林	506.1	1876.2	四川	2748.9	3288.9
黑龙江	1511.4	4017.5	贵州	1117.0	3092.9
上海	48.3	199.1	云南	1533.8	3166.4
江苏	231.7	287.5	西藏	4496.9	129407.2
浙江	1321.5	2281.0	陕西	495.3	1279.8
安徽	539.9	850.9	甘肃	325.9	1233.5
福建	1363.9	3446.8	青海	919.3	15182.5
江西	2051.6	4405.4	宁夏	12.6	182.2
山东	195.2	194.1	新疆	870.1	3473.5
河南	168.6	175.2			

数据来源：国家统计数据库；水资源公报。

2.1.3 重点城市水资源状况

北京、天津、石家庄、太原、呼和浩特、沈阳、大连、长春、哈尔滨、上海、南京、杭州、宁波、合肥、福州、厦门、南昌、济南、青岛、郑州、武汉、长沙、广州、深圳、

南宁、海口、重庆、成都、贵阳、昆明、拉萨、西安、兰州、西宁、银川和乌鲁木齐共 36
个重点城市的水资源总量如图 2-7 和表 2-2 所示。在 36 个重点城市中，银川、兰州和青岛
水资源总量最低，2019 年分别为 1.1 亿 m^3、3.5 亿 m^3 和 4.7 亿 m^3；重庆、上海和杭州
水资源总量最高，分别为 495.3 亿 m^3、231.7 亿 m^3 和 188.1 亿 m^3。

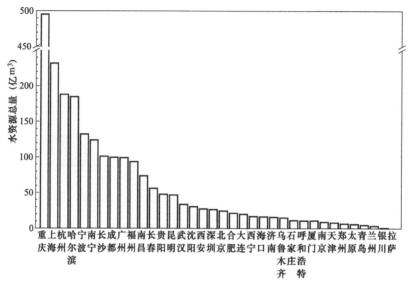

图 2-7　我国重点城市水资源总量（2019 年，各省水资源公报，无拉萨数据）

　　我国 36 个重点城市的人均水资源量如图 2-8 和表 2-2 所示。大部分重点城市的人均水
资源量低于国际上极度缺水标准（500m^3）。其中银川、青岛和天津的人均水资源量最低，
2019 年分别为 49.1m^3、49.8m^3 和 51.9m^3；哈尔滨、杭州和宁波的人均水资源量最高，
分别为 4696.0m^3、2365.2m^3 和 2172.3m^3。

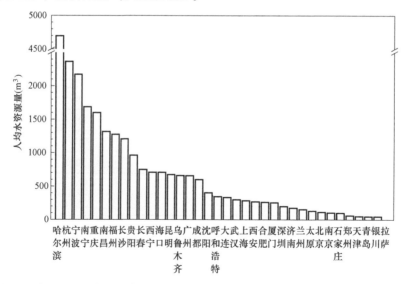

图 2-8　我国重点城市人均水资源量分布（2019 年，各省水资源公报，无拉萨数据）
注：部分重点城市人均水资源量由水资源总量及常住人口计算得出。

我国重点城市水资源总量及人均水资源量* （2019 年）　　表 2-2

城市	水资源总量 （亿 m³）	人均水资源量 （m³）	城市	水资源总量 （亿 m³）	人均水资源量 （m³）
北京	24.6	114.2	青岛*	4.7	49.8
天津	8.1	51.9	郑州*	6.6	64.2
石家庄*	11.3	102.1	武汉	33.8	301.0
太原*	5.9	131.3	长沙*	101.2	1205.6
呼和浩特*	10.9	347.2	广州	99.3	657.0
沈阳*	30.5	403.6	深圳	26.6	201.0
大连*	20.0	333.4	南宁	124.0	1688.0
长春*	56.4	747.7	海口	16.5	708.0
哈尔滨*	184.8	4696.0	重庆	495.3	1600.1
上海	231.7	287.5	成都*	99.7	601.4
南京*	8.8	104.3	贵阳*	47.9	962.7
杭州*	188.1	2365.2	昆明*	46.9	675.3
宁波*	132.2	2172.3	拉萨**	—	—
合肥*	21.5	262.8	西安*	27.5	269.1
福州	93.7	1277.0	兰州*	3.5	155.2
厦门	10.9	255.0	西宁*	16.9	709.0
南昌	73.9	1319.0	银川*	1.1	49.1
济南	15.8	177.2	乌鲁木齐**	15.0	660.9

* 部分重点城市人均水资源量由水资源总量及常住人口计算得出。

** 无拉萨数据；乌鲁木齐的数据为 2016 年。

数据来源：各省水资源公报。

2.2　用水情况

　　我国不同途径用水量如图 2-9 所示。2004～2020 年，我国用水总量在 5548 亿～6183 亿 m³ 之间波动。在 2004～2013 年期间我国用水总量逐年增加，由 2004 年的 5548 亿 m³ 增至 2013 年的 6183 亿 m³；2014～2019 年期间，稳定在 6000 亿 m³ 左右。2020 年用水总量略有降低，为 5812 亿 m³。

　　各用水途径中，农业用水量最多，约占总用水量的 61.0% （2019 年）。2004～2013 年期间，农业用水逐渐增加，由 2004 年的 3580 亿 m³ 增至 2013 年的 3922 亿 m³，之后逐渐降至 2020 年的 3612 亿 m³。

　　工业用水量次之，约占总用水量的 20.2% （2019 年）。2004～2011 年工业用水量呈现波动上升趋势，由 2004 年的 1229 亿 m³ 增至 2011 年的 1462 亿 m³。之后工业用水量逐渐降低，至 2020 年，工业用水量为 1030 亿 m³。

生活用水量约占总用水量的 14.5%（2019 年）。生活用水量呈连续增加趋势，由 2004 年的 651 亿 m³ 增加至 2020 年的 863 亿 m³。

生态用水量最少，仅约占总用水量的 4.1%（2019 年），但呈现出明显的增加趋势，由 2004 年的 82 亿 m³ 增至 2020 年的 307 亿 m³。

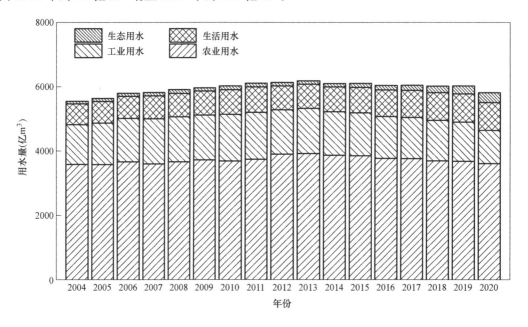

图 2-9　我国不同途径用水量（《水资源公报》）

我国城镇和农村人均生活用水量情况如图 2-10 所示。2000～2020 年，我国城镇人均生活用水量在 193～225L/d 之间波动。我国农村人均用水量呈增长趋势，由 2004 年的

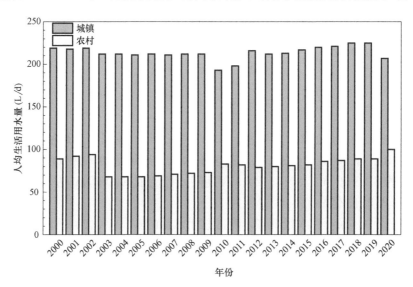

图 2-10　我国城镇和农村人均生活用水量（《水资源公报》）

68L/d 增至 2020 年的 100L/d。

我国人均综合用水量如图 2-11 所示。2000~2020 年，我国人均用水量在 412~456m³ 波动。

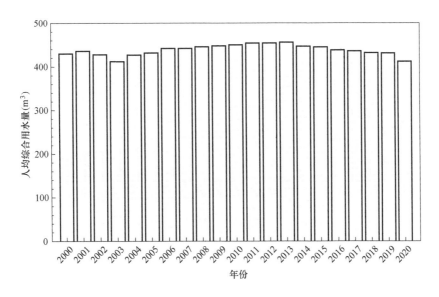

图 2-11 我国人均综合用水量（《水资源公报》）

我国万元 GDP（当年价）用水量如图 2-12 所示。2000~2020 年，我国万元 GDP（当年价）用水量逐年降低，由 2000 年的 610m³ 降至 2020 年的 57.2m³。我国万元工业增加值（当年价）用水量逐年降低，由 2000 年的 288m³ 降至 2020 年的 32.9m³（图 2-13）。

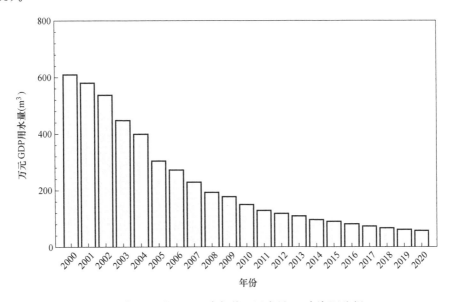

图 2-12 我国万元 GDP（当年价）用水量（《水资源公报》）

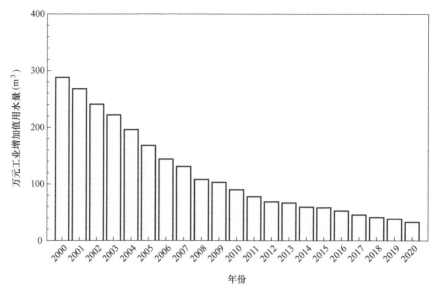

图 2-13　我国万元工业增加值（当年价）用水量（《水资源公报》；水利发展统计公报）

2.3　供　水　情　况

2000～2020 年，我国供水总量在 5548 亿～6183 亿 m³ 之间波动（图 2-14）。在 2000～2013 年期间我国供水总量逐年增加，由 5548 亿 m³ 增至 6183 亿 m³；2014～2019 年期间稳定在 6000 亿 m³ 左右。

我国不同来源供水量如表 2-3 所示。地表水是我国最主要的供水水源，占总供水量的 82.4％（2020 年）。地表水供水量在 2000～2013 年期间不断增加，由 4440 亿 m³ 增至

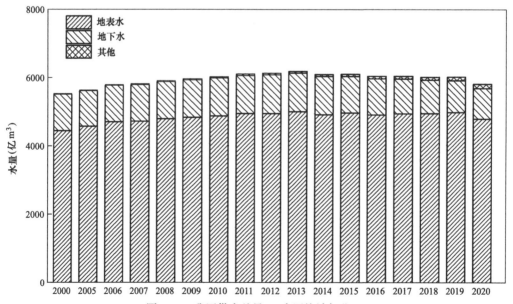

图 2-14　我国供水总量（《中国统计年鉴》）

5007 亿 m³，之后逐渐稳定在 4950 亿 m³ 左右。

地下水供水量占总供水量的 15.3% （2020 年）。地下水供水量由 2000 年的 1069 亿 m³ 逐渐增至 2012 年的 1134 亿 m³，之后呈逐渐下降趋势，至 2020 年下降为 892 亿 m³。

地表水和地下水之外的其他水源，如污水再生利用、集雨工程、海水淡化等，供水量占总供水量的 2.2% （2020 年）。

我国不同来源供水量   表 2-3

年份	地表水(亿 m³) (占比,%)	地下水(亿 m³) (占比,%)	其他(亿 m³) (占比,%)
2000	4440(80.3)	1069(19.3)	21.1(0.4)
2005	4572(81.2)	1039(18.4)	22.0(0.4)
2006	4707(81.2)	1065(18.4)	22.7(0.4)
2007	4724(81.2)	1069(18.4)	25.7(0.4)
2008	4796(81.2)	1085(18.4)	28.7(0.5)
2009	4839(81.1)	1095(18.3)	31.2(0.5)
2010	4882(81.1)	1107(18.4)	33.1(0.5)
2011	4953(81.1)	1109(18.2)	44.8(0.7)
2012	4953(80.8)	1134(18.5)	44.6(0.7)
2013	5007(81.0)	1126(18.2)	49.9(0.8)
2014	4921(80.7)	1117(18.3)	57.5(0.9)
2015	4969(81.4)	1069(17.5)	64.5(1.1)
2016	4912(81.3)	1057(17.5)	70.8(1.2)
2017	4946(81.8)	1017(16.8)	81.2(1.3)
2018	4953(82.3)	976.4(16.2）	86.4(1.4)
2019	4983(82.7)	934.2(15.5)	104.5(1.7)
2020	4792(82.4)	892.5(15.3)	128.1(2.2)

数据来源：《中国统计年鉴》。

2.4 未来用水需求

随着社会经济的发展、人口和城镇人口的增长，用水需求也会不断增加。预计 2025～2030 年，我国用水总量将达到 6300 亿～6500 亿 m³ （何希吾等人，2011；彭岳津等人，2018）。也有学者认为我国用水总量将在 2035～2040 年间，达到 6500 亿～7000 亿 m³，甚至可能超过 7000 亿 m³ （赵勇等人，2021）。未来，我国水资源供需矛盾将日益突出。

第3章 城镇污水处理厂建设

3.1 城镇污水处理厂数量与规模

3.1.1 全国城镇污水处理厂数量与规模

根据住房和城乡建设部发布的《城乡建设统计年鉴》，全国城镇污水处理厂数量（包括城市污水处理厂和县城污水处理厂）逐年变化情况如图3-1所示。在《城乡建设统计年鉴》中，我国最早的污水处理厂数据可追溯到1978年。

1978年全国城镇污水处理厂数量仅为37座，1978~1995年间，污水处理厂数量增长较慢，截至1995年，污水处理厂数量为141座。进入1995年后，污水处理厂数量开始大幅增长，2010年污水处理厂数量为2496座，2010年后增长速率逐渐放缓。截至2019年，全国污水处理厂数量增至4140座，与1978年相比，增长率达2836%。

全国城镇污水处理管理信息系统自2007年起开始汇总城镇污水处理厂的数量、处理能力、污水处理量、进出水水质（月平均值）、能耗药耗等重要信息。表3-1对比了《城乡建设统计年鉴》和信息系统中统计的污水处理厂数量。2010年以后相较于《城乡建设统计年鉴》，全国城镇污水处理管理信息系统统计的污水处理厂数量较多。截至2020年，全国城镇污水处理管理信息系统覆盖的城镇污水处理厂数量已经达到5762座。

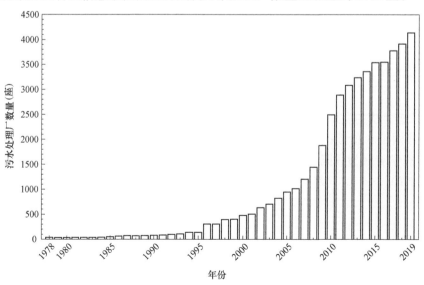

图 3-1 全国城镇污水处理厂数量（《城乡建设统计年鉴》）

不同统计来源的全国城镇污水处理厂数量（座）　　　表 3-1

年份	《城乡建设统计年鉴》	全国城镇污水处理管理信息系统
2009	1878	1844
2010	2496	2603
2014	3362	3702
2019	4140	5416
2020	—	5762

数据来源：《城乡建设统计年鉴》；全国城镇污水处理管理信息系统。

根据全国城镇污水处理管理信息系统的数据，2020 年全国城镇污水处理厂执行的排放标准如图 3-2 所示。其中执行一级 A 标准的城镇污水处理厂共 3716 座，占总数量的 64.8%；执行地方标准的城镇污水处理厂共 692 座，占总数量的 12.1%；执行一级 B 标准的城镇污水处理厂共 1210 座，占总数量的 21.1%；执行二级标准的城镇污水处理厂共 48 座，占总数量的 0.8%；执行三级标准的城镇污水处理厂共 68 座，占总数量的 1.2%。

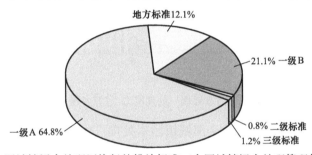

图 3-2　全国城镇污水处理厂执行的排放标准（全国城镇污水处理管理信息系统）

根据《城镇污水处理厂污染物排放标准》（2015 年，征求意见稿），按照处理能力可将城镇污水处理厂分为小型污水处理厂（处理能力 < 1 万 m^3/d）、中型污水处理厂（1 万 $m^3/d \leqslant$ 处理能力 < 10 万 m^3/d）和大型污水处理厂（处理能力 $\geqslant$ 10 万 m^3/d）。如图 3-3 所示，2020 年全国小型城镇污水处理厂共 1793 座，占城镇污水处理厂总数的 31.1%；中型污水处理厂共 3503 座，占污水处理厂总数的 60.8%；大型污水处理厂共 463 座，占污水

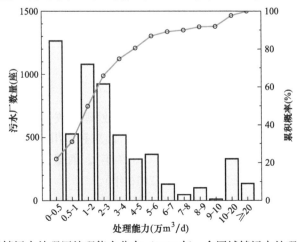

图 3-3　全国城镇污水处理厂处理能力分布（2020 年，全国城镇污水处理管理信息系统）

处理厂总数的 8.1%。

我国污水基础设施建设发展快速，污水处理能力不断提升。根据《城乡建设统计年鉴》，全国污水处理能力 1978 年仅为 0.0064 亿 m³/d，1978～1995 年，污水处理能力增长较慢，截至 1995 年，为 0.07 亿 m³/d。进入 1995 年后，污水处理能力开始大幅增长，呈现与污水处理厂数量类似的"S"形增长曲线。截至 2019 年，全国污水处理能力增至 2.14 亿 m³/d，与 1978 年相比，增长了 334 倍（图 3-4）。

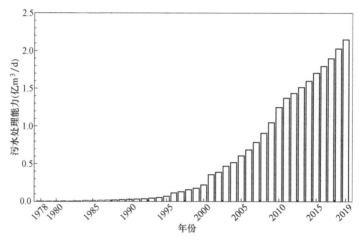

图 3-4　全国城镇污水处理厂处理能力（《城乡建设统计年鉴》）

表 3-2 对比了不同统计来源的全国城镇污水处理厂处理能力。《城乡建设统计年鉴》中统计的污水处理能力较强。根据全国城镇污水处理管理信息系统，截至 2020 年，我国城镇污水处理厂处理能力已经达到 2.31 亿 m³/d。

不同统计来源的全国城镇污水处理厂处理能力　　　　　　　　　　　　　　　　　　表 3-2

年份	《城乡建设统计年鉴》 （亿 m³/d）	全国城镇污水处理管理信息系统 （亿 m³/d）
2009	1.05	1.00
2014	1.60	1.55
2019	2.14	2.13
2020	—	2.31

数据来源：《城乡建设统计年鉴》；全国城镇污水处理管理信息系统。

3.1.2　各省（区、市）城镇污水再生处理厂数量与规模

根据《城乡建设统计年鉴》，我国各省城镇污水处理厂数量如图 3-5 所示。各省（区、市）城镇污水处理厂数量差异较大。其中，广东、山东和四川三个省的城镇污水处理厂数量最多，分别达到 344 座、298 座和 263 座（2019 年）。西藏、海南和宁夏城镇污水处理厂数量最少，分别为 21 座、37 座和 38 座（2019 年）。

表 3-3 对比了不同统计来源的各省（区、市）城镇污水处理厂数量。贵州、广东、四川的差距最大，全国城镇污水处理管理信息系统中的污水处理厂数量高于《城乡建设统计年鉴》，这可能是由于两个统计口径不同。

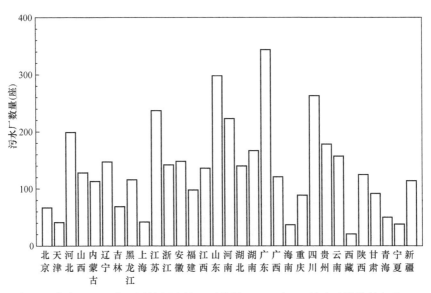

图 3-5 各省（区、市）城镇污水处理厂数量（2019 年，《城乡建设统计年鉴》）

不同统计来源的各省（区、市）城镇污水处理厂数量（2019 年）　　表 3-3

省份	《城乡建设统计年鉴》（座）	全国城镇污水处理管理信息系统（座）	省份	《城乡建设统计年鉴》（座）	全国城镇污水处理管理信息系统（座）
北京	67	57	湖北	140	153
天津	41	44	湖南	167	179
河北	199	229	广东	344	574
山西	128	131	广西	121	114
内蒙古	113	111	海南	37	46
辽宁	147	137	重庆	89	71
吉林	69	70	四川	263	469
黑龙江	116	122	贵州	178	451
上海	42	45	云南	157	164
江苏	237	397	西藏	21	14
浙江	142	283	陕西	125	126
安徽	148	143	甘肃	92	96
福建	98	120	青海	50	52
江西	136	111	宁夏	38	32
山东	298	430	新疆	114	190
河南	223	254			

数据来源：《城乡建设统计年鉴》；全国城镇污水处理管理信息系统。

　　根据《城乡建设统计年鉴》，2019 年各省（区、市）污水处理能力如图 3-6 所示。广东省污水处理能力最高，达到 2515.9 万 m³/d，远高于全国其他省市；其次为山东省和江苏省，污水处理能力分别为 1621.1 万 m³/d 和 1546.3 万 m³/d；虽然四川省污水处理厂数量位居全国第三，但其污水处理厂以中小规模为主，因此污水处理能力不高，为 894.4 万 m³/d。虽然上海的污水处理厂数量较少（仅 42 座），但其污水处理厂以大规模为主，污水处理能力达到 834.2 万 m³/d；宁夏、青海和西藏三个省污水处理能力最低，分别为 139.6 万 m³/d、82.6 万 m³/d 和 34.2 万 m³/d。

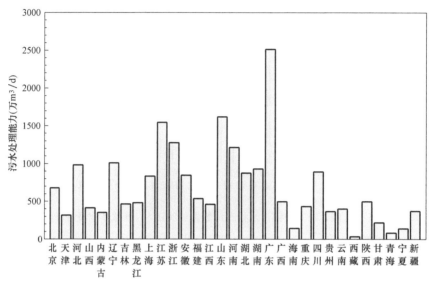

图 3-6　各省（区、市）城镇污水处理厂处理能力（2019 年，《城乡建设统计年鉴》）

表 3-4 对比了不同统计来源的各省（区、市）城镇污水处理能力。广东、北京、辽宁

不同统计来源的全国城镇污水处理厂处理能力（2019 年）　　　　表 3-4

省份	《城乡建设统计年鉴》（万 m³/d）	全国城镇污水处理管理信息系统（万 m³/d）	省份	《城乡建设统计年鉴》（万 m³/d）	全国城镇污水处理管理信息系统（万 m³/d）
北京	679.2	579.6	湖北	876.1	844.8
天津	315.5	320.9	湖南	932.5	871.2
河北	983.2	1028.6	广东	2515.9	2820.3
山西	413.2	407.8	广西	500.2	507.5
内蒙古	351.3	328.2	海南	144.2	136.7
辽宁	1009.1	917.1	重庆	434.1	426.3
吉林	464.9	440.7	四川	894.4	873.0
黑龙江	481.3	435.7	贵州	365.6	391.1
上海	834.3	842.8	云南	400.6	340.7
江苏	1546.3	1573.6	西藏	34.2	29.9
浙江	1275.5	1343.7	陕西	500.2	533.6
安徽	846.4	799.2	甘肃	218.9	217.6
福建	540.5	559.1	青海	82.6	76.8
江西	462.5	403.4	宁夏	139.6	103.5
山东	1621.1	1608.2	新疆	371.5	371.5
河南	1215.8	1201.2			

数据来源：《城乡建设统计年鉴》；全国城镇污水处理管理信息系统。

三个省的差距最大。其中，2019 年广东省在《城乡建设统计年鉴》中的污水处理能力为 2515.9 万 m³/d，而在全国城镇污水处理管理信息系统中则为 2820.3 万 m³/d；2019 年北京市在《城乡建设统计年鉴》中为 679.2 万 m³/d，全国城镇污水处理管理信息系统中则为 579.6 万 m³/d；辽宁省在统计年鉴中为 1009.1 万 m³/d，全国城镇污水处理管理信息系统中则为 917.1 万 m³/d。

3.1.3 重点城市城镇污水处理厂数量与规模

（1）城市污水处理厂

根据《城市建设统计年鉴》，各重点城市市区内的污水处理厂（即城市污水处理厂）数量和处理能力见表 3-5。在数量方面，重庆、北京和广州的污水处理厂数量最多，分别达 69 座、67 座和 54 座。拉萨、海口和呼和浩特的污水处理厂数量最少，分别为 4 座、4 座和 5 座。

						表 3-5

重点城市市区内的污水处理厂数量与处理能力（2019 年）

城市	污水处理厂数量（座）	处理能力（万 m³/d）	城市	污水处理厂数量（座）	处理能力（万 m³/d）
北京市	67	679.2	青岛市	20	192.0
天津市	41	315.5	郑州市	9	196.5
石家庄市	11	148.6	武汉市	20	336.0
太原市	7	100.0	长沙市	11	220.0
呼和浩特市	5	52.0	广州市	54	571.6
沈阳市	15	251.5	深圳市	36	625.1
大连市	32	178.0	南宁市	7	106.0
长春市	13	172.5	海口市	4	58.3
哈尔滨市	15	165.0	重庆市	69	392.8
上海市	42	834.3	成都市	31	313.5
南京市	27	258.8	贵阳市	18	127.5
杭州市	13	256.9	昆明市	14	150.5
宁波市	13	138.4	拉萨市	4	18.0
合肥市	14	191.5	西安市	22	224.1
福州市	9	111.5	兰州市	8	72.0
厦门市	8	95.0	西宁市	6	39.8
南昌市	9	109.0	银川市	8	60.0
济南市	36	165.8	乌鲁木齐市	11	90.6

数据来源：《城市建设统计年鉴》。

在处理能力方面，上海、北京和深圳的污水处理能力最高，分别达 834.3 万 m³/d、679.2 万 m³/d 和 625.1 万 m³/d。拉萨、西宁和呼和浩特的污水处理能力最低，分别为 18.0 万 m³/d、39.8 万 m³/d 和 52.0 万 m³/d。

（2）城镇污水处理厂

我国 36 个重点城市的城镇污水处理厂数量和污水处理能力见表 3-6，该数据包括市区和镇区污水处理厂。数据来源于全国城镇污水处理管理信息系统，与《城市建设统计年鉴》的统计口径不同，《城市建设统计年鉴》只统计市区内的污水处理厂。

36 个重点城市城镇污水处理厂数量与处理能力（2020 年）　　　　　　　表 3-6

城市	污水处理厂数量（座）	处理能力（万 m³/d）	城市	污水处理厂数量（座）	处理能力（万 m³/d）
北京市	58	585.6	青岛市	23	208.9
天津市	68	402.2	郑州市	12	206.5
石家庄市	11	146.0	武汉市	21	416.0
太原市	7	100.0	长沙市	13	230.0
呼和浩特市	5	52.0	广州市	81	754.6
沈阳市	23	283.0	深圳市	37	610.5
大连市	28	156.4	南宁市	15	189.0
长春市	12	176.0	海口市	8	58.2
哈尔滨市	12	135.0	重庆市	56	390.5
上海市	42	834.3	成都市	86	329.7
南京市	32	233.3	贵阳市	23	134.5
杭州市	31	298.8	昆明市	10	119.0
宁波市	13	143.1	拉萨市	3	18.3
合肥市	21	252.5	西安市	23	257.5
福州市	13	120.5	兰州市	6	68.0
厦门市	7	90.0	西宁市	7	39.8
南昌市	8	97.5	银川市	6	40.0
济南市	55	169.8	乌鲁木齐市	12	92.2

数据来源：全国城镇污水处理管理信息系统。

在数量方面，成都、广州和天津的城镇污水处理厂数量最多，2020 年分别达 86 座、81 座和 68 座。拉萨、呼和浩特、兰州和银川的城镇污水处理厂数量最少，分别为 3 座、5 座、6 座和 6 座。

在处理能力方面，上海、广州和深圳的城镇污水处理能力最高，2020 年分别达 834.3 万 m³/d、754.6 万 m³/d 和 610.5 万 m³/d。拉萨、西宁和银川的污水处理能力最低，分别为 18.3 万 m³/d、39.8 万 m³/d 和 40.0 万 m³/d。

3.2　污水排放量与处理量

3.2.1　全国污水排放量与处理量

随着我国经济社会的不断发展，全国的污水排放量不断增加（图 3-7）。1978 年污水排放量为 149.4 亿 m³，2019 年污水排放量增至 656.9 亿 m³，与 1978 年相比，增长率达 340%。

随着我国污水收集与处理基础设施的不断完善，全国城镇污水处理量与处理率也在不

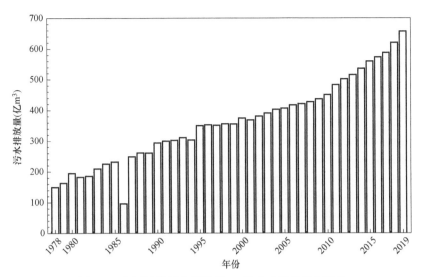

图 3-7 全国城镇污水排放量（《城乡建设统计年鉴》）

断增加。在污水处理量方面，《城乡建设统计年鉴》从 1991 年开始统计全国的污水处理总量。1991 年全国城镇污水处理总量仅为 44.5 亿 m^3，截至 2019 年全国城镇污水处理量增至 632.6 亿 m^3，增长率达 1295%（图 3-8）。在城镇污水处理率方面（根据城镇污水排放量和城镇污水处理量计算），1991 年全国城镇污水处理率仅为 14.9%，截至 2019 年，全国城镇污水处理率增至 94.5%，提高了 5.3 倍（图 3-9）。

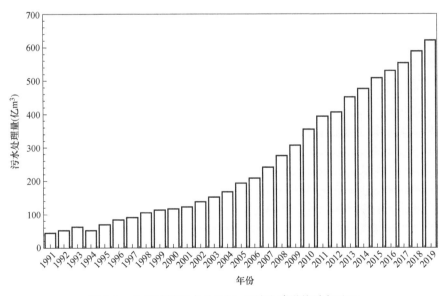

图 3-8 全国城镇污水处理量（《城乡建设统计年鉴》）

表 3-7 对比了《城乡建设统计年鉴》和全国城镇污水处理管理信息系统中记录的全国城镇污水处理量。自 2017 年起，全国城镇污水处理管理信息系统中的记录量超过《城乡统计年鉴》中的量。根据全国城镇污水处理管理信息系统，截至 2020 年，全国城镇污水处理量已经到达 694 亿 m^3。

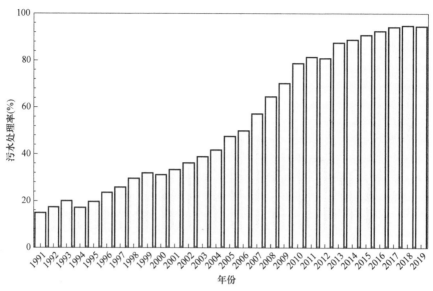

图 3-9　全国城镇污水处理率（《城乡建设统计年鉴》）

不同统计来源的全国城镇污水处理量　　　　　　　　　　　　　表 3-7

年份	《城乡建设统计年鉴》(亿 m³)	全国城镇污水处理管理信息系统(亿 m³)
2009	306.7	260.4
2014	475.9	464.4
2017	553.3	554.0
2019	632.6	654.1
2020	—	694.2

数据来源：《城乡建设统计年鉴》；全国城镇污水处理管理信息系统。

此外，由于全国城镇污水处理管理信息系统中未统计城镇污水排放量，因此在计算城镇污水处理率时统一使用了《城乡建设统计年鉴》中的数据。

全国年人均城镇污水排放量如图 3-10 所示。自 1978 年以来，全国年人均污水排放量

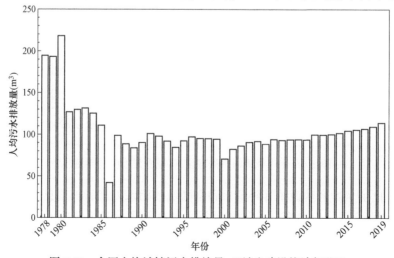

图 3-10　全国人均城镇污水排放量（《城乡建设统计年鉴》）

有显著下降。1978 年为 194.5m³/人，1978～2000 年，排放量逐渐下降，截至 2000 年，排放量为 70.8m³/人。2000 年以后，全国人均城镇污水排放量小幅上升，截至 2019 年，排放量为 114.0m³/人。

全国年人均城镇污水处理量如图 3-11 所示。全国年人均城镇污水处理量自 1991 年以来不断上升。1991 年，处理量仅为 15.1m³/人，2019 年达到 107.8m³/人，增长 614%。

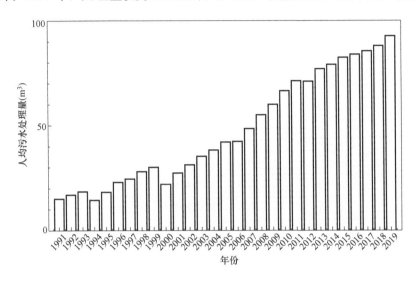

图 3-11 全国人均城镇污水处理量（《城乡建设统计年鉴》）

根据全国城镇污水处理管理信息系统，全国城镇污水处理量月度变化如图 3-12 所示。在一年的不同月份中，污水处理量存在较大波动。从整体上看，8 月污水处理量较高，2019 年 8 月和 2020 年 8 月污水处理量分别达 59.14 亿 m³ 和 62.94 亿 m³，占全年处理总量的 9.03% 和 9.07%。2 月污水处理量较低，2019 年 2 月和 2020 年 2 月的污水处理量分别为 47.2 亿 m³ 和 49.4 亿 m³，占全年处理总量的 7.20% 和 7.12%。

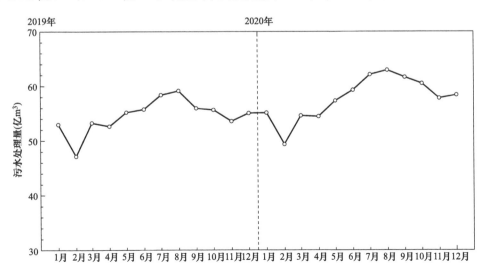

图 3-12 全国城镇污水处理量月变化（2019～2020 年，全国城镇污水处理管理信息系统）

3.2.2　各省（区、市）污水排放量与处理量

各省（区、市）城镇污水排放量、处理量与处理率见表 3-8。在污水排放量方面，广东、江苏和山东污水排放量最大，2019 年分别达 84.4 亿 m³、51.3 亿 m³ 和 44.4 亿 m³。西藏、青海和宁夏的污水排放量最小，2019 年分别为 1.3 亿 m³、2.4 亿 m³ 和 3.5 亿 m³。

各省（区、市）城镇污水排放量、处理量与处理率（2019 年）　　　　　表 3-8

省份	污水排放量（亿 m³/a）	污水处理量（亿 m³/a）	污水处理率（%）	省份	污水排放量（亿 m³/a）	污水处理量（亿 m³/a）	污水处理率（%）
北京	19.9	19.8	99.3	湖北	29.7	29.4	99.2
天津	11.0	10.6	96.0	湖南	31.5	30.5	96.8
河北	25.1	24.7	98.3	广东	84.4	81.5	96.5
山西	11.8	11.3	95.5	广西	17.7	17.1	96.4
内蒙古	9.7	9.4	97.0	海南	4.7	4.2	88.7
辽宁	31.3	30.1	96.2	重庆	14.7	14.3	97.3
吉林	14.2	13.5	95.1	四川	30.0	28.0	93.4
黑龙江	13.7	12.7	92.7	贵州	10.3	9.7	94.6
上海	22.4	21.5	96.3	云南	14.1	13.4	95.0
江苏	51.3	49.1	95.6	西藏	1.3	1.0	76.4
浙江	39.4	38.2	96.9	陕西	15.3	14.5	95.2
安徽	25.2	24.3	96.6	甘肃	6.0	5.8	96.4
福建	17.7	16.8	94.9	青海	2.4	2.2	93.4
江西	15.3	14.3	93.7	宁夏	3.5	3.3	95.8
山东	44.4	43.5	97.8	新疆	10.2	9.8	96.9
河南	28.8	28.0	97.4				

数据来源：《城乡建设统计年鉴》。

在污水处理量方面，广东、江苏和山东的污水处理量最大，2019 年分别达 81.5 亿 m³、49.1 亿 m³ 和 43.5 亿 m³。西藏、青海和宁夏的污水处理量最小，2019 年分别为 1.0 亿 m³、2.2 亿 m³ 和 3.3 亿 m³。

在污水处理率方面，北京、湖北和河北污水处理率最高，2019 年分别为 99.3%、99.2% 和 98.3%。西藏、海南和黑龙江污水处理率最低，2019 年分别为 76.4%、88.7% 和 92.7%。

各省（区、市）年人均污水排放量与处理量见表 3-9。在年人均污水排放量方面，浙江、江苏和广东最高，分别为 130.9m³/人、128.9m³/人 和 125.5m³/人（2019 年）。甘肃、山西和内蒙古最低，分别为 57.7m³/人、64.2m³/人 和 68.0m³/人（2019 年）。

在年人均污水处理量方面，浙江、江苏和广东最高，分别为 126.8m³/人、123.3m³/人 和 121.1m³/人（2019 年）。甘肃、西藏和山西最低，分别为 55.6m³/人、57.8m³/人 和 61.3m³/人（2019 年）。

各省（区、市）年人均城镇污水排放量与处理量（2019 年）　　　表 3-9

省份	污水排放量（m³/人）	污水处理量（m³/人）	省份	污水排放量（m³/人）	污水处理量（m³/人）
北京	106.9	106.1	湖北	106.1	105.2
天津	84.5	81.1	湖南	108.7	105.3
河北	84.3	82.8	广东	125.5	121.1
山西	64.2	61.3	广西	99.7	96.1
内蒙古	68.0	66.0	海南	113.0	100.3
辽宁	122.1	117.4	重庆	83.9	81.6
吉林	101.0	96.1	四川	78.7	73.6
黑龙江	77.1	71.4	贵州	69.2	65.4
上海	92.1	88.6	云南	87.2	82.8
江苏	128.9	123.3	西藏	75.7	57.8
浙江	130.9	126.8	陕西	85.7	81.6
安徽	97.3	94.0	甘肃	57.7	55.6
福建	99.5	94.4	青海	72.9	68.0
江西	72.3	67.7	宁夏	88.2	84.5
山东	90.7	88.7	新疆	82.8	80.3
河南	70.4	68.5			

数据来源：《城乡建设统计年鉴》。

3.2.3 重点城市污水排放量与处理量

2019 年重点城市城区的污水排放量、处理量与处理率见表 3-10。在污水排放量方面，

重点城市城区城镇污水排放量、处理量与处理率（2019 年）　　　表 3-10

城市	污水排放量（亿 m³/年）	污水处理量（亿 m³/年）	污水处理率（%）	城市	污水排放量（亿 m³/年）	污水处理量（亿 m³/年）	污水处理率（%）
北京	19.9	19.8	99.3	青岛	4.7	4.6	97.5
天津	11.0	10.6	96.0	郑州	4.4	4.3	98.1
石家庄	4.3	4.3	99.8	武汉	12.2	12.8	—
太原	3.2	3.0	95.0	长沙	8.0	7.8	97.6
呼和浩特	1.5	1.5	98.5	广州	20.4	19.8	97.0
沈阳	8.4	8.0	95.7	深圳	20.0	19.5	97.7
大连	5.1	4.9	96.5	南宁	4.2	4.2	98.4
长春	5.9	5.5	94.4	海口	1.9	1.8	97.8
哈尔滨	4.8	4.6	95.0	重庆	13.5	13.1	97.2
上海	22.4	21.5	96.3	成都	10.7	10.4	96.5
南京	10.4	10.1	97.4	贵阳	3.7	3.6	98.2
杭州	8.0	7.7	96.0	昆明	6.0	5.8	96.5
宁波	5.8	5.8	98.8	拉萨	0.6	0.6	95.2
合肥	5.6	5.4	97.4	西安	7.4	7.1	96.6
福州	3.8	3.6	95.3	兰州	2.2	2.2	97.7
厦门	3.5	3.4	96.4	西宁	1.4	1.3	95.0
南昌	3.6	3.4	94.1	银川	1.7	1.6	95.5
济南	5.1	5.1	98.5	乌鲁木齐	2.4	2.4	99.0

数据来源：《城市建设统计年鉴》。

上海、广州和深圳污水排放量最大，2019 年分别达 22.4 亿 m^3、20.4 亿 m^3 和 20.0 亿 m^3。拉萨、西宁和呼和浩特的污水排放量最小，2019 年分别为 0.6 亿 m^3、1.4 亿 m^3 和 1.5 亿 m^3。

在污水处理量方面，上海、北京和广州的污水处理量最大，2019 年分别达 21.5 亿 m^3、19.8 亿 m^3 和 19.8 亿 m^3。拉萨、西宁和呼和浩特的污水处理量最小，2019 年分别为 0.6 亿 m^3、1.3 亿 m^3 和 1.5 亿 m^3。

在污水处理率方面，武汉的污水处理量略大于污水排放量，石家庄和北京污水处理率最高，2019 年分别为 99.8% 和 99.3%。南昌、长春和西宁污水处理率最低，2019 年分别为 94.1%、94.4% 和 95.0%。

2019 年重点城市城区年人均城镇污水排放量与处理量见表 3-11。在年人均污水排放量方面，广州、长沙和宁波最高，分别为 213.5m^3/人、207.9m^3/人和 194.3m^3/人。重庆、济南和乌鲁木齐最低，分别为 52.4m^3/人、64.4m^3/人和 68.8m^3/人。

在年人均污水处理量方面，广州、长沙和宁波最高，分别为 207.1m^3/人、202.8m^3/人和 192.0m^3/人。重庆、济南和天津最低，分别为 50.9m^3/人、63.4m^3/人和 67.7m^3/人。

重点城市城区年人均城镇污水排放量与处理量（2019 年）　　　　表 3-11

城市	污水排放量（m^3/人）	污水处理量（m^3/人）	城市	污水排放量（m^3/人）	污水处理量（m^3/人）
北京市	106.9	106.1	青岛市	88.9	86.7
天津市	84.5	81.1	郑州市	66.1	64.8
石家庄市	127.3	127.1	武汉市	130.9	136.4
太原市	83.1	78.9	长沙市	207.9	202.8
呼和浩特市	67.2	66.2	广州市	150.6	146.1
沈阳市	147.1	140.7	深圳市	148.8	145.4
大连市	116.2	112.1	南宁市	111.9	110.0
长春市	127.0	119.9	海口市	92.6	90.6
哈尔滨市	98.1	93.2	重庆市	87.3	84.9
上海市	92.1	88.6	成都市	131.3	126.7
南京市	154.9	151.0	贵阳市	123.5	121.2
杭州市	117.9	113.2	昆明市	148.2	143.1
宁波市	178.5	176.4	拉萨市	106.6	101.5
合肥市	127.2	123.8	西安市	115.4	111.4
福州市	120.2	114.6	兰州市	86.0	84.0
厦门市	105.8	101.9	西宁市	103.0	97.8
南昌市	124.7	117.4	银川市	111.6	106.5
济南市	86.1	84.8	乌鲁木齐市	68.0	67.3

数据来源：城市建设统计年鉴。

3.3 污泥产生情况

3.3.1 全国污泥产生情况

全国城镇污水处理管理信息系统自 2007 年起，收录了全国城镇污水处理厂的污泥产生量等数据。根据该信息系统，全国污泥产生量的逐年变化如图 3-13 所示。自 2007 年以来，全国污泥产生量（含水率约 80%）逐渐上升，从 2007 年的 2201 万 t，上升到 2020 年的 3999 万 t，与 2007 年相比，增长率为 81.7%。

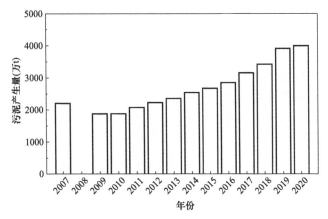

图 3-13 全国污泥产生量（湿污泥，含水率 80%）

全国吨水污泥产生量（污泥含水率约 80%）的变化如图 3-14 所示。吨水污泥产生量在 2007 ~ 2011 年呈下降趋势，由 2007 年的 1.28kg/m³，逐渐下降至 2011 年的 0.56kg/m³；在 2011~2020 年保持稳定，在 0.54~0.60kg/m³ 之间波动。

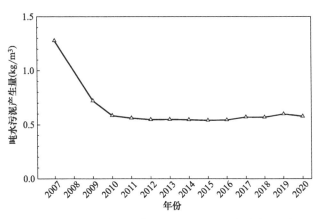

图 3-14 全国吨水污泥产生量（湿污泥，含水率 80%）

全国单位 COD 去除的污泥产生量（含水率 80%）在 2007~2010 年呈下降趋势，由 2007 年的 4.4kg/kg COD，逐渐下降至 2010 年的 2.2kg/kgCOD；在 2010 年以后逐渐上升，2020 年达到 2.6kg/kg COD（见图 3-15）。

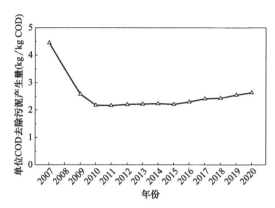

图 3-15　全国单位 COD 去除污泥产生量（湿污泥，含水率 80%）

3.3.2　各省（区、市）污泥产生情况

各省（区、市）污泥产生量、吨水污泥产生量和单位 COD 去除污泥产生量（2020年）见表 3-12。在污泥产生量方面，广东、山东和浙江的污泥产生量最大，分别为 393.8万 t、376.5 万 t 和 331.0 万 t。西藏、青海和海南的污泥产生量最小，分别为 1.0 万 t、13.6 万 t 和 18.1 万 t。

各省（区、市）污泥产生情况 *（2020 年）　　　　　表 3-12

省份	污泥产生量 （万 t）	吨水污泥产生量 （kg/m³）	单位 COD 去除污泥产生量 （kg/kg COD）
北京	156.1	0.89	2.77
天津	78.6	0.68	2.38
河北	209.0	0.76	2.86
山西	114.7	0.90	3.00
内蒙古	86.6	0.93	1.91
辽宁	164.9	0.55	2.59
吉林	84.0	0.62	2.77
黑龙江	83.6	0.65	2.47
上海	131.7	0.44	1.67
江苏	326.1	0.63	2.93
浙江	331.0	0.76	3.50
安徽	113.8	0.42	2.73
福建	80.6	0.46	2.62
江西	45.5	0.33	2.65
山东	376.5	0.75	2.65
河南	241.9	0.61	2.71
湖北	110.0	0.37	2.82
湖南	103.5	0.34	2.33
广东	393.8	0.41	2.43

续表

省份	污泥产生量 （万 t）	吨水污泥产生量 （kg/m³）	单位 COD 去除污泥产生量 （kg/kg COD）
广西	55.1	0.33	2.52
海南	18.1	0.43	2.66
重庆	107.4	0.72	3.24
四川	175.1	0.61	3.22
贵州	40.3	0.32	2.54
云南	58.7	0.47	2.13
西藏	1.0	0.11	1.72
陕西	146.4	0.82	2.60
甘肃	58.5	0.95	2.10
青海	13.6	0.56	2.34
宁夏	31.2	1.07	2.98
新疆	61.2	0.72	1.87

*湿污泥，含水率80%。

在吨水污泥产生量方面，宁夏、甘肃和内蒙古吨水污泥产生量最高，分别为 1.07 kg/m³、0.95kg/m³ 和 0.93kg/m³。西藏、贵州和江西吨水污泥产生量最低，分别为 0.11kg/m³、0.32kg/m³ 和 0.33kg/m³。

在单位 COD 去除的污泥产生量方面，浙江、重庆和四川单位 COD 去除污泥产生量最高，分别为 3.50kg/kg COD、3.24kg/kg COD 和 3.22kg/kg COD。上海、西藏和新疆单位 COD 去除污泥产生量最低，分别为 1.67kg/kg COD、1.72kg/kg COD 和 1.87kg/kg COD。

3.3.3 重点城市污泥产生情况

重点城市污泥产生量、吨水污泥产生量和单位 COD 去除污泥产生量（2020 年）见表 3-13。在污泥产生量方面，北京、上海和深圳污泥产生量最大，分别为 156.1 万 t、131.7 万 t 和 115.4 万 t。拉萨、西宁和海口污泥产生量最小，分别为 0.6 万 t、8.1 万 t 和 8.3 万 t。

重点城市污泥产生情况*（2020 年） 表 3-13

省份	污泥产生量 （万 t）	吨水污泥产生量 （kg/m³）	单位 COD 去除污泥产生量 （kg/kg COD）
北京	156.1	0.89	2.77
天津	78.6	0.67	2.36
石家庄	34.4	0.81	3.02
太原	28.3	0.81	2.45
呼和浩特	15.1	0.87	2.75
沈阳	53.4	0.62	3.46
大连	31.7	0.66	2.37

续表

省份	污泥产生量 （万 t）	吨水污泥产生量 （kg/m³）	单位 COD 去除污泥产生量 （kg/kg COD）
长春	40.4	0.72	3.29
哈尔滨	36.9	0.82	2.94
上海	131.7	0.44	1.66
南京	50.4	0.6	3.33
杭州	103.9	1.15	4.41
宁波	23.5	0.5	2.76
合肥	38.4	0.51	2.97
福州	13.1	0.33	2.29
厦门	20.5	0.67	2.46
南昌	13.3	0.38	3.69
济南	30.9	0.57	1.84
青岛	57.8	0.94	1.85
郑州	61.9	0.79	2.93
武汉	51.4	0.42	3.31
长沙	43.4	0.53	3.25
广州	69.2	0.33	1.84
深圳	115.4	0.61	2.46
南宁	19.0	0.39	2.89
海口	8.3	0.4	2.04
重庆	98.4	0.73	3.30
成都	83.5	0.79	3.45
贵阳	17.9	0.38	2.81
昆明	25.2	0.52	1.94
拉萨	0.6	0.11	1.96
西安	80.2	0.86	2.47
兰州	22.8	1.01	1.85
西宁	8.1	0.63	2.20
银川	14.6	1.04	2.80
乌鲁木齐	21.8	0.98	1.86

* 湿污泥，含水率80%。

在吨水污泥产生量方面，杭州、银川和兰州吨水污泥产生量最高，分别达 1.15kg/m³、1.04kg/m³ 和 1.01kg/m³。拉萨、福州和广州吨水污泥产生量最低，分别为 0.11kg/m³、0.33kg/m³ 和 0.33kg/m³。

在单位 COD 去除的污泥产生量方面，杭州、南昌和沈阳单位 COD 去除污泥产生量最高，分别达 4.41kg/kg COD、3.69kg/kg COD 和 3.46kg/kg COD。上海、广州和济南单位 COD 去除污泥产生量最低，分别为 1.66kg/kg COD、1.84kg/kg COD 和

1.84kg/kg COD。

3.4 污水处理工艺

3.4.1 生物处理工艺的类型与分布

（1）全国概况

生物处理单元是城镇污水处理厂的核心单元。生物处理工艺以活性污泥法和生物膜法为主，少量污水处理厂采用了氧化塘、组合塘生态处理工艺等。

全国采用不同生物处理工艺的污水处理厂数量分布如图3-16所示。采用AAO、氧化沟和SBR工艺的污水处理厂数量最多，占比分别达到32.5%、28.9%和20.9%。采用BAF和MBR工艺的水厂数量最少，占比分别为2.3%和1.0%。在其他生物处理工艺中，生物转盘工艺使用的相对较多，占比和BAF工艺接近。

全国不同生物处理工艺的处理能力分布如图3-17所示。AAO、氧化沟和SBR工艺的处理能力最大，占比分别达到45.5%、25.6%和14.1%。比较图3-16和图3-17，可知AAO工艺在处理能力上的占比（45.5%）显著大于处理厂数量的占比（32.5%），说明采用AAO工艺的污水处理厂处理能力相对较大。同样的，采用MBR工艺的污水处理厂的处理能力也较大。与之相反，SBR工艺在数量上的占比为20.9%，而处理能力上的占比为14.1%，说明采用SBR工艺的污水处理厂处理能力相对较小。

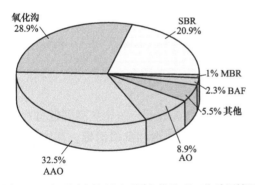

图3-16 全国污水处理厂不同生物处理工艺采用情况
（以污水处理厂数量计，全国城镇
污水处理管理信息系统）

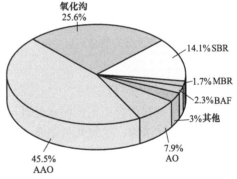

图3-17 全国污水处理厂不同生物处理工艺使用情况
（以污水处理厂设计处理能力计，
全国城镇污水处理管理信息系统）

（2）各省（区、市）情况

各省（区、市）采用的生物处理工艺有一定的不同。天津、辽宁、上海、贵州和新疆等采用AO工艺较多；江苏、山东和西藏等采用AAO工艺较多；安徽、福建、江西、河南、贵州和青海等采用氧化沟工艺较多；云南、黑龙江、甘肃、西藏和陕西等采用SBR工艺较多；新疆、四川、黑龙江、吉林和辽宁等采用BAF工艺较多。

3.4.2 生物处理工艺的应用规模

采用不同生物处理工艺的污水处理厂设计处理能力（中位值）如图3-18所示。采用

AAO 和 MBR 工艺的处理能力最大，中位值均超过 3 万 m^3/d；采用 AO 工艺的处理能力较小，中位值为 1.0 万 m^3/d；其他工艺的应用较少，处理能力也最小，中位值低于 0.5 万 m^3/d。

3.4.3　生物处理工艺的基建投资

采用不同生物处理工艺的污水处理厂吨水工程投资（以中位值计）如图 3-19 所示。各种工艺吨水工程投资由大到小排序为：AO 工艺、MBR 工艺、SBR 工艺、氧化沟工艺、AAO 工艺和 BAF 工艺，分别为：5288 元/m^3、4900 元/m^3、3600 元/m^3、2756 元/m^3、2594 元/m^3 和 2280 元/m^3。

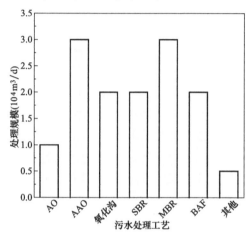

图 3-18　不同生物处理工艺的设计处理能力（中位值）
（全国城镇污水处理管理信息系统）

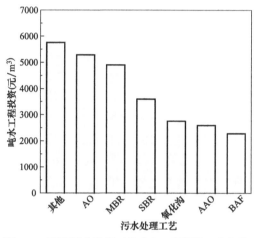

图 3-19　不同污水处理工艺吨水工程投资（中位值）
（参考生态环境部 2015 年数据，共 789 个数据样本）

3.4.4　消毒工艺

全国采用不同消毒工艺的污水处理厂数量分布如图 3-20 所示。占比从高到低排序为：紫外消毒、石灰消毒、二氧化氯消毒、次氯酸钠消毒、液氯消毒和臭氧消毒。其中，采用紫外消毒的污水处理厂数量远高于采用其他工艺的污水处理厂，数量占比达 46.8%。

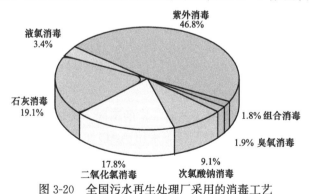

图 3-20　全国污水再生处理厂采用的消毒工艺
（以污水处理厂数量计，共 1257 个数据样本；全国城镇污水处理管理信息系统）

全国不同消毒工艺的处理能力分布如图 3-21 所示。占比由大到小排序为：紫外消毒、二氧化氯消毒、次氯酸钠消毒、液氯消毒、石灰消毒和臭氧消毒。其中，紫外消毒工艺的处理能力远高于其他消毒工艺，处理能力占比达 53.5%。

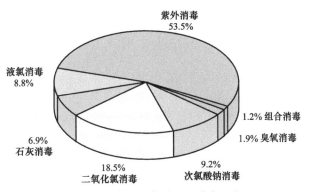

图 3-21 全国污水处理厂消毒工艺

（以污水处理厂设计处理能力计，共 1257 个数据样本；全国城镇污水处理管理信息系统）

第4章 城镇污水处理厂进水水质

4.1 全国城镇污水处理厂进水水质

4.1.1 进水污染物浓度逐年变化

全国城镇污水处理厂进水主要污染物浓度（月平均值）变化趋势如图4-1～图4-3所示（如未特殊标明，本章内容数据来源为全国城镇污水管理信息系统）。自2007年起，污

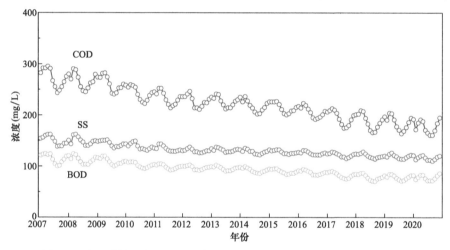

图 4-1　全国城镇污水处理厂进水 COD、BOD 和 SS 浓度（中位值）变化

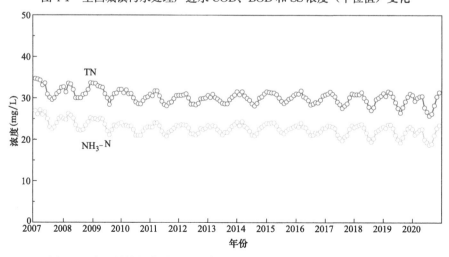

图 4-2　全国城镇污水处理厂进水 $NH_3\text{-}N$ 和 TN 浓度（中位值）变化

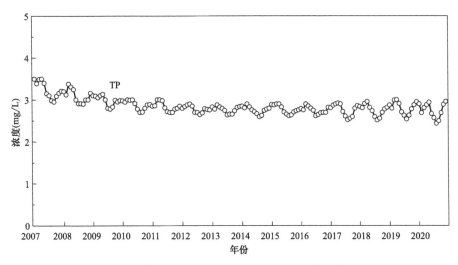

图 4-3　全国城镇污水处理厂进水 TP 浓度（中位值）变化

水处理厂进水主要污染物（COD、BOD、SS、NH₃-N、TN、TP）浓度逐年下降。其中，COD、BOD、SS、NH₃-N 浓度下降幅度较大。

以 12 月进水污染物浓度为例，逐年下降情况如下：

进水 COD 浓度 2007 年 12 月为 275mg/L，2020 年 12 月为 195mg/L，下降率 29%；2007 年 12 月进水 TN 和 TP 浓度为 32mg/L 和 3.2mg/L，2020 年 12 月浓度分别为 31mg/L 和 3.0mg/L，分别降低了 3% 和 6%。

全国城镇污水处理厂进水主要污染物浓度（中位值）的年波动率见表 4-1。波动率由浓度的标准偏差除以其算术平均值求得。主要污染物浓度波动率在 2.7%～7.9%。其中，进水 COD 浓度波动率在 4.2%～7.9%，TN 浓度波动率在 2.6%～6.4%，TP 浓度波动率在 2.8%～6.2%。

全国城镇污水处理厂进水主要污染物浓度（中位值）波动率（2020 年）　　表 4-1

年份	COD_Cr (%)	BOD₅ (%)	SS (%)	NH₃-N (%)	TN (%)	TP (%)
2007	6.6	7.6	5.8	6.1	5.6	6.0
2008	5.5	6.4	4.8	5.5	4.2	5.1
2009	5.6	6.0	3.8	5.4	4.8	3.9
2010	5.4	5.0	4.2	4.4	3.8	3.7
2011	5.4	4.2	3.7	4.4	3.9	3.7
2012	4.9	3.6	2.4	3.9	3.1	2.8
2013	4.2	3.8	2.3	3.5	2.6	2.8
2014	5.1	4.7	3.0	4.8	3.6	3.1
2015	4.5	4.5	2.6	3.9	3.1	3.7
2016	5.0	4.3	2.4	4.1	3.5	2.9
2017	6.9	6.4	3.3	5.7	4.4	5.1
2018	7.9	7.0	3.4	6.1	4.6	4.8
2019	7.0	5.5	3.0	6.4	5.4	5.2
2020	6.7	6.1	3.3	7.3	6.4	6.2

污水处理厂进水主要污染物浓度比值变化趋势如图 4-4～图 4-7 所示。进水 BOD/COD

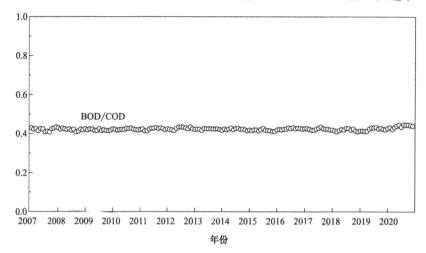

图 4-4　全国城镇污水处理厂进水 BOD/COD 值变化趋势

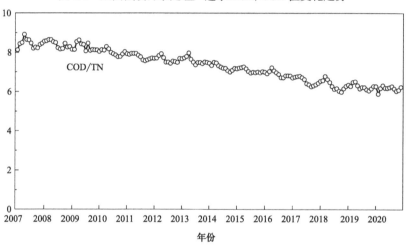

图 4-5　全国城镇污水处理厂进水 COD/TN 值变化趋势

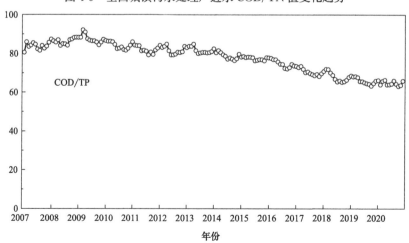

图 4-6　全国城镇污水处理厂进水 COD/TP 值变化趋势

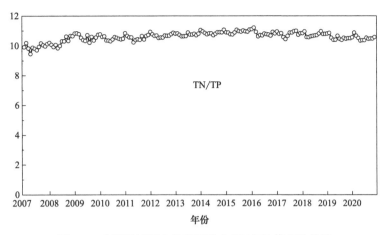

图 4-7　全国城镇污水处理厂进水 TN/TP 值变化趋势

值保持稳定，在 0.4～0.5 波动；COD/TN 值逐渐降低，从 2007 年的 8.91 逐渐降至 2020 年的 5.88，降低了 34%；COD/TP 值逐渐降低，从 2009 年的 90.1 逐渐降至 2020 年的 63.2，降低了 31%；TN/TP 值有所升高，从 2007 年的 9.5 逐渐升高至 2016 年的 11.2，升高 18%，之后降低至 10.3（2020 年）。

4.1.2　进水污染物浓度分布

2020 年全国城镇污水处理厂进水 COD、BOD、SS、NH_3-N、TN 和 TP 浓度水量分布如图 4-8～图 4-13 所示。可以看出，以上各水质指标进水浓度均呈正偏态分布。根据正偏态分布特征，本报告取累积概率 5%～90% 的浓度范围作为各水质指标的"主要分布范围"。

全国城镇污水处理厂进水 COD 浓度中位值为 178.0mg/L，平均值为 206.8mg/L，最频值为 135.0mg/L（见图 4-8），主要分布在 92～385mg/L（累积概率 5%～90%）。其中，46.2% 的污水处理厂进水 COD 浓度低于 200mg/L，7.2% 的污水处理厂进水 COD 浓度低于 100mg/L。

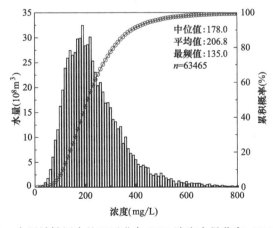

图 4-8　全国城镇污水处理厂进水 COD 浓度水量分布（2020 年）

进水 BOD 浓度中位值为 78.2mg/L，平均值为 90.4mg/L，最频值为 100.0mg/L。进水 BOD 浓度主要分布在 35～175mg/L（累积概率 5％～90％）（见图 4-9）。其中，56.6％的污水处理厂进水 BOD 浓度低于 100mg/L，14.9％的污水处理厂进水 BOD 浓度低于 50mg/L。

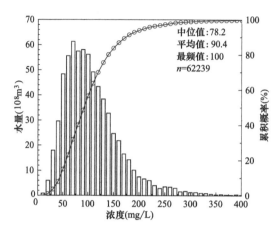

图 4-9 全国城镇污水处理厂进水 BOD 浓度水量分布（2020 年）

进水 SS 浓度中位值为 116.0mg/L，平均值为 138.7mg/L，最频值为 120.0mg/L。进水 SS 浓度主要分布在 55～285mg/L（累积概率 5％～90％）（见图 4-10）。其中，56.0％的污水处理厂进水 SS 浓度低于 150mg/L，24.5％的进水 SS 浓度低于 100mg/L，4.5％的进水 SS 浓度低于 50mg/L。

进水 NH_3-N 浓度中位值为 21.2mg/L，平均值为 24.3mg/L，最频值为 25.0mg/L。进水 NH_3-N 浓度主要分布在 9～39mg/L（累积概率 5％～90％）（见图 4-11）。41.5％的污水处理厂进水 NH_3-N 浓度低于 20mg/L，5.9％的进水 NH_3-N 浓度低于 10mg/L。

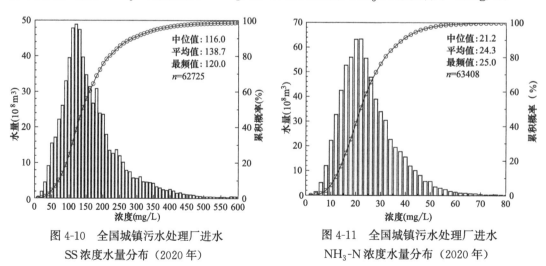

图 4-10 全国城镇污水处理厂进水
SS 浓度水量分布（2020 年）

图 4-11 全国城镇污水处理厂进水
NH_3-N 浓度水量分布（2020 年）

进水 TN 浓度中位值为 28.7mg/L，平均值为 32.6mg/L，最频值为 40.0mg/L。进水 TN 浓度主要分布在 15～51mg/L（累积概率 5％～90％）（见图 4-12）。51.3％的污水处理厂进水 TN 浓度低于 30mg/L，16.3％的进水 TN 浓度低于 20mg/L。

　　进水 TP 浓度中位值为 2.75mg/L，平均值为 3.30mg/L，最频值为 3.00mg/L。进水 TP 浓度主要分布在 1.3～6.0mg/L（累积概率 5％～90％）（见图 4-13）。68.5％的污水处理厂进水 TP 浓度低于 4.0mg/L，46.0％的进水 TP 浓度低于 3.0mg/L，18.6％的进水 TP 浓度低于 2.0mg/L。

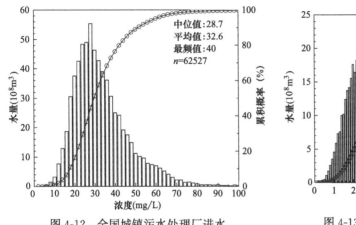
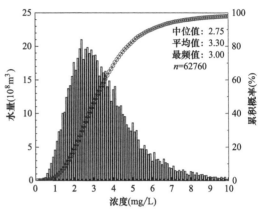

图 4-12　全国城镇污水处理厂进水　　　　　图 4-13　全国城镇污水处理厂进水
TN 浓度水量分布（2020 年）　　　　　　　TP 浓度水量分布（2020 年）

4.1.3　进水水质与其他国家的对比

　　不同国家的污水水质各不相同。根据《联合国世界水发展报告 2017》，部分国家未经处理的城镇污水水质见表 4-2。对于发达国家美国和法国，城镇污水中的主要污染物的浓度（COD、BOD、TP 等）均显著高于我国。

部分国家未经处理的城镇污水水质[*]　　　　　　表 4-2

	化学需氧量 （mg/L）	生化需氧量 （mg/L）	悬浮物 （mg/L）	总氮 （mg/L）	总磷 （mg/L）
中国	92～385	35～175	55～285	15～51	1.3～6.0
美国	250～1000	110～400	100～350	20～85	4～15
法国	300～1000	100～400	150～500	30～100	1～25
德国	582	—	—	54	7.6
新加坡	540	—	—	—	—
日本	—	192	182	30	3.2

[*] 注：中国的数据是 4.1.2 节中统计的累积概率 5％～90％范围的数据；其他国家数据来自《联合国世界水发展报告 2017》。

　　我国城镇污水处理厂进水中 COD、BOD 和 TP 浓度主要分布在 92～385mg/L、35～175mg/L 和 1.3～6.0mg/L，美国城镇污水的 COD、BOD 和 TP 浓度则分别分布在 250～1000mg/L、110～400mg/L 和 4～15mg/L，法国则分别为 300～1000mg/L、100～400mg/L 和 1～25mg/L。德国城镇污水的 COD 和 TP 浓度分别为 582mg/L 和 7.6mg/L，新加坡 COD 为 540mg/L。日本 BOD 和 TP 浓度分别为 192mg/L 和 3.2mg/L。

　　我国城镇污水处理厂进水水质低的主要原因包括雨水、河水渗入管网以及在管网中的污染物降解等。如何防止清水混入污水管网是我国城镇污水收集面临的突出难题。

4.2　各省（区、市）城镇污水处理厂进水水质

4.2.1　进水污染物浓度地域分布

全国各省（区、市）城镇污水处理厂进水 COD 浓度（月平均值）如图 4-14 和表 4-3 所示。进水 COD 浓度（中位值）总体为 78～365mg/L。西北地区进水 COD 浓度较高，西藏及南方地区进水 COD 浓度较低。其中甘肃、内蒙古和宁夏污水处理厂进水 COD 浓度最高，分别为 365mg/L、326mg/L 和 309mg/L。西藏、广西和海南污水处理厂进水 COD 浓度最低，分别为 78mg/L、117mg/L 和 118mg/L。

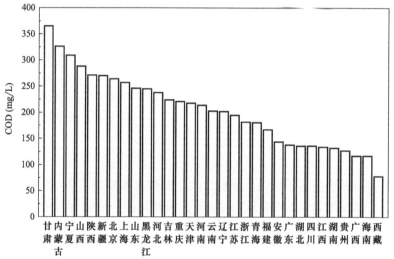

图 4-14　各省（区、市）城镇污水处理厂进水 COD 浓度（中位值）排序（2020 年）

各省（区、市）TN 进水浓度差异较大，中位值介于 15～59mg/L（图 4-15 和

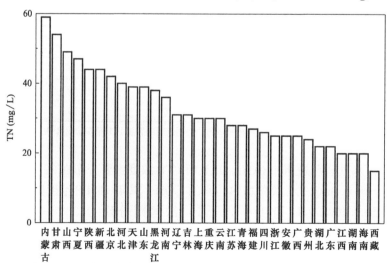

图 4-15　各省（区、市）城镇污水处理厂进水 TN 浓度（中位值）排序（2020 年）

表4-3）。西北地区进水 TN 浓度较高，西藏及南方地区进水 TN 浓度较低。其中内蒙古、甘肃和山西进水 TN 浓度最高，分别为 59mg/L、54mg/L 和 49mg/L。西藏进水 TN 浓度最低，为 15mg/L、20mg/L 和 20mg/L。

各省（区、市）TP 进水浓度差异较大，中位值介于 1.2～5.9mg/L（图 4-16 和表4-3）。西北地区进水 TP 浓度较高，西藏及南方地区进水 TP 浓度较低。其中，内蒙古、甘肃和北京进水 TP 浓度最高，分别为 5.6mg/L、4.6mg/L 和 4.5mg/L；西藏进水 TP 浓度最低，为 1.2mg/L。

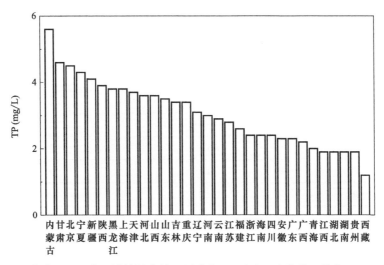

图 4-16 各省（区、市）城镇污水处理厂进水 TP 浓度（中位值）排序（2020 年）

各省（区、市）城镇污水处理厂进水 BOD 浓度（中位值）介于 31～163mg/L（表 4-3）。其中，甘肃、内蒙古和宁夏进水 BOD 浓度最高，分别为 163mg/L、146mg/L 和 131mg/L；西藏、海南和广西进水 BOD 浓度最低，分别为 31mg/L、46mg/L 和 50mg/L。

各省（区、市）城镇污水处理厂进水 NH_3-N 浓度（中位值）介于 8～45mg/L（表 4-3）。其中，内蒙古、甘肃和宁夏进水 NH_3-N 浓度最高，分别为 45mg/L、44mg/L 和 41mg/L；西藏、湖南和海南进水 NH_3-N 浓度最低，分别为 8mg/L、13mg/L 和 14mg/L。

各省（区、市）城镇污水处理厂进水 SS 浓度（中位值）介于 40～178mg/L（表 4-3）。其中，重庆、甘肃和陕西进水 SS 浓度最高，分别为 178mg/L、175mg/L 和 170mg/L；西藏、海南和广西进水 SS 浓度最低，分别为 40mg/L、87mg/L 和 90mg/L。

各省（区、市）城镇污水处理厂进水主要污染物浓度（中位值）（2020 年）　　表 4-3

省份	COD_{Cr}（mg/L）	BOD_5（mg/L）	SS（mg/L）	NH_3-N（mg/L）	TN（mg/L）	TP（mg/L）
北京	264	117	147	34	42	4.5
天津	218	103	120	30	39	3.7
河北	238	110	133	30	40	3.6
山西	288	126	164	35	49	3.6

续表

省份	CODCr (mg/L)	BOD5 (mg/L)	SS (mg/L)	NH3-N (mg/L)	TN (mg/L)	TP (mg/L)
内蒙古	326	146	145	45	59	5.6
辽宁	202	83	130	21	31	3.1
吉林	224	98	128	24	31	3.4
黑龙江	245	119	149	30	38	3.8
上海	257	114	153	21	30	3.8
江苏	195	78	111	21	28	2.8
浙江	182	70	98	18	25	2.4
安徽	144	62	100	18	25	2.3
福建	167	63	109	20	27	2.6
江西	134	59	93	15	20	1.9
山东	246	98	135	29	39	3.5
河南	214	98	150	27	36	3.0
湖北	136	58	98	15	22	1.9
湖南	132	52	100	13	20	1.9
广东	138	59	97	16	22	2.3
广西	118	50	90	17	25	2.2
海南	117	46	87	14	20	2.4
重庆	221	113	178	20	30	3.4
四川	136	55	87	20	26	2.4
贵州	127	54	107	18	24	1.9
云南	203	85	113	23	30	2.9
西藏	78	31	40	8	15	1.2
陕西	271	130	170	33	44	3.9
甘肃	365	163	175	44	54	4.6
青海	181	85	143	23	28	2.0
宁夏	309	131	139	41	47	4.3
新疆	270	128	149	37	44	4.1

4.2.2　进水主要污染物相关关系

各省（区、市）城镇污水处理厂进水 BOD 和 COD 浓度及其比值如图 4-17 和表 4-4 所示。大部分省份污水处理厂进水的 BOD/COD 值介于 0.4～0.6，分布在 0.44 附近，可生化性良好。其中，青海、重庆和新疆进水 BOD/COD 值最高，分别为 0.52、0.51 和 0.51；浙江、福建和湖南进水 BOD/COD 比值最低，分别为 0.38、0.38 和 0.40。

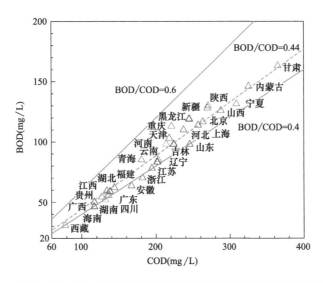

图 4-17 各省（区、市）城镇污水处理厂进水 BOD 和 COD 浓度（2020 年）

各省（区、市）城镇污水处理厂进水 COD/TN 值介于 4.8～8.7，分布在 6.17 附近，显著低于生物脱氮的最佳比例（8～12）（图 4-18 和表 4-4），反硝化碳源明显不足。其中，上海、重庆和浙江的 COD/TN 值最高，分别为 8.7、7.3 和 7.3；广西、四川和西藏三省 COD/TN 值最低，分别为 4.8、5.2 和 5.2。

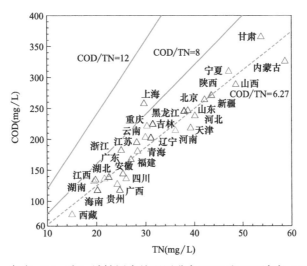

图 4-18 各省（区、市）城镇污水处理厂进水 COD 和 TN 浓度（2020 年）

各省（区、市）城镇污水处理厂进水 NH_3-N/TN 比值介于 0.55～0.83，分布在 0.76 附近（图 4-19 和表 4-4）。其中，宁夏、北京和新疆 NH_3-N/TN 值最高，分别为 0.83、0.80 和 0.79；西藏、重庆和湖南 NH_3-N/TN 值最低，分别为 0.55、0.66 和 0.67。

各省（区、市）城镇污水处理厂进水 TN/TP 值介于 7.9～15.4，分布在 10.6 附近（图 4-20 和表 4-4）。其中，青海、山西和西藏 TN/TP 值最高，分别为 15.4、13.4 和 12.4；上海、海南和重庆 TN/TP 值最低，分别为 7.9、8.5 和 8.9。

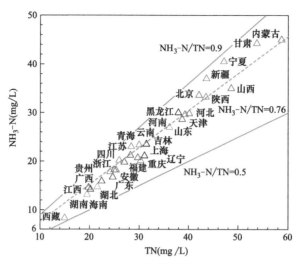

图 4-19　各省（区、市）城镇污水处理厂进水 NH₃-N 和 TN 浓度（2020 年）

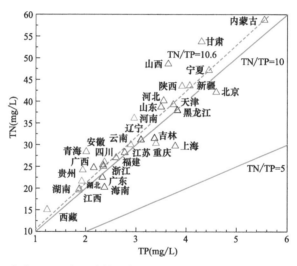

图 4-20　各省（区、市）城镇污水处理厂进水 TN 和 TP 浓度（2020 年）

各省（区、市）城镇污水处理厂主要污染物的浓度比值（2020 年）　　　表 4-4

省份	BOD/COD	COD/TN	TN/TP	NH₃-N/TN
北京	0.44	6.2	9.2	0.80
天津	0.47	5.6	10.5	0.75
河北	0.46	5.9	11.3	0.74
山西	0.44	5.9	13.4	0.72
内蒙古	0.45	5.5	10.6	0.76
辽宁	0.42	6.5	10.0	0.68
吉林	0.44	7.1	9.3	0.74
黑龙江	0.49	6.3	9.9	0.78
上海	0.44	8.7	7.9	0.70

续表

省份	BOD/COD	COD/TN	TN/TP	NH₃-N/TN
江苏	0.40	6.9	10.1	0.75
浙江	0.38	7.3	10.6	0.73
安徽	0.43	5.7	10.8	0.72
福建	0.38	6.2	10.4	0.73
江西	0.44	6.8	10.6	0.74
山东	0.40	6.3	11.1	0.74
河南	0.46	5.9	12.2	0.74
湖北	0.43	6.3	11.2	0.68
湖南	0.40	6.7	10.5	0.67
广东	0.43	6.2	9.6	0.71
广西	0.43	4.8	11.4	0.68
海南	0.40	5.8	8.5	0.70
重庆	0.51	7.3	8.9	0.66
四川	0.43	5.2	11.1	0.77
贵州	0.45	5.2	12.0	0.72
云南	0.42	6.7	10.4	0.78
西藏	0.42	5.2	12.4	0.55
陕西	0.48	6.2	11.1	0.76
甘肃	0.46	6.4	12.2	0.78
青海	0.52	5.8	15.4	0.74
宁夏	0.42	6.3	11.0	0.83
新疆	0.51	5.8	10.9	0.79

4.3 重点城市城镇污水处理厂进水水质

4.3.1 进水污染物浓度地域分布

重点城市城镇污水处理厂进水COD浓度如图4-21和表4-5所示。进水COD浓度（中位值）介于84～462mg/L，华北、东北和西北地区的进水COD浓度相对较高，西南、华南地区进水COD浓度较低。其中乌鲁木齐市、兰州市和银川市进水COD浓度最高，分别为462mg/L、453mg/L和405mg/L；拉萨市、成都市和贵阳市进水COD浓度最低，分别为84mg/L、120mg/L和128mg/L。

污水处理厂进水TN浓度（中位值）介于10～65mg/L，华北、西北地区城镇污水处理厂进水TN浓度中位值相对较高，西南、华南地区进水TN浓度较低（图4-22和表4-5）。其中兰州市、乌鲁木齐市和银川市城镇污水处理厂进水TN浓度最高，分别为

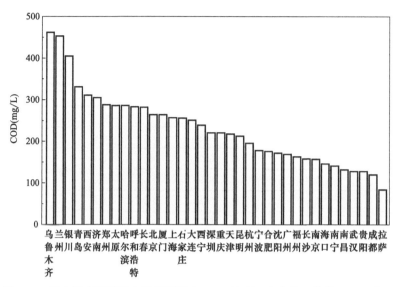

图 4-21 重点城市城镇污水处理厂进水 COD 浓度（中位值）排序（2020 年）

65mg/L、59mg/L 和 56mg/L；拉萨市、南昌市和武汉市城镇污水处理厂进水 TN 浓度最低，分别为 10mg/L、18mg/L 和 19mg/L。

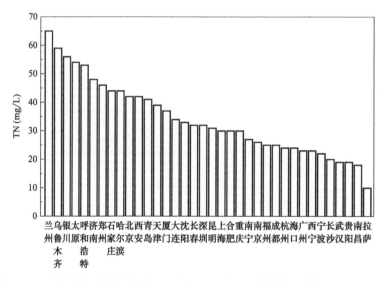

图 4-22 重点城市城镇污水处理厂进水 TN 浓度（中位值）排序（2020 年）

污水处理厂进水 TP 浓度（中位值）介于 0.9～8.4mg/L，华北、西北地区城镇污水处理厂进水 TP 浓度相对较高，华东、华南地区进水 TP 浓度较低（图 4-23 和表 4-5）。其中，银川市、兰州市和乌鲁木齐市进水 TP 浓度最高，分别为 8.4mg/L、6.3mg/L 和 5.2mg/L；拉萨市、南昌市和贵阳市进水 TP 浓度最低，分别为 0.9mg/L、1.7mg/L 和 1.8mg/L。

进水 BOD 浓度（中位值）介于 42～251mg/L，各城市之间差距较大（表 4-5）。其中，兰州市、乌鲁木齐市和郑州市进水 BOD 浓度最高，分别为 251mg/L、201mg/L 和

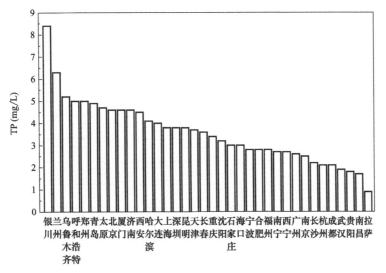

图 4-23 重点城市城镇污水处理厂进水 TP 浓度（中位值）排序（2020 年）

158mg/L；拉萨市、南昌市和贵阳市进水 BOD 浓度最低，分别为 42mg/L、47mg/L 和 49mg/L。

进水 SS 浓度（中位值）介于 38~317mg/L，各城市之间差距较大（表 4-5）。其中，兰州市、乌鲁木齐市和银川市进水 SS 浓度最高，分别为 317mg/L、268mg/L 和 220mg/L；拉萨市、成都市和杭州市进水 SS 浓度最低，分别为 38mg/L、80mg/L 和 93mg/L。

进水 NH_3-N 浓度（中位值）介于 9~49mg/L，各城市之间差距较大（表 4-5）。其中，兰州市、呼和浩特市和乌鲁木齐市进水 NH_3-N 浓度最高，分别为 49mg/L、44mg/L 和 43mg/L；拉萨市、南昌市和贵阳市进水 NH_3-N 浓度最低，分别为 9mg/L、13mg/L 和 13mg/L。

重点城市进水主要污染物浓度（中位值）（2020 年）　　　　　表 4-5

城市	COD_{Cr} (mg/L)	BOD_5 (mg/L)	SS (mg/L)	NH_3-N (mg/L)	TN (mg/L)	TP (mg/L)
北京	264	117	147	34	42	4.6
天津	218	103	120	30	39	3.7
石家庄	256	117	168	34	44	3.0
太原	286	135	196	32	54	4.7
呼和浩特	283	133	128	44	53	5.0
沈阳	172	66	112	23	33	3.2
大连	251	126	164	24	34	4.0
长春	282	116	195	24	32	3.6
哈尔滨	286	123	203	30	44	4.1
上海	257	114	153	21	30	3.8
南京	157	59	105	21	26	2.5

续表

城市	COD$_{Cr}$ (mg/L)	BOD$_5$ (mg/L)	SS (mg/L)	NH$_3$-N (mg/L)	TN (mg/L)	TP (mg/L)
杭州	196	80	93	17	24	2.1
宁波	178	64	119	17	22	2.8
合肥	176	80	113	22	30	2.8
福州	163	70	119	19	25	2.8
厦门	264	122	187	26	37	4.6
南昌	132	47	108	13	18	1.7
济南	305	116	224	35	48	4.6
青岛	331	114	161	27	41	4.9
郑州	288	158	228	35	46	5.0
武汉	128	54	102	14	19	1.9
长沙	158	59	140	14	20	2.2
广州	169	82	115	18	23	2.6
深圳	221	92	204	22	32	3.8
南宁	141	62	125	19	27	2.7
海口	146	58	119	16	24	3.0
重庆	221	113	178	20	30	3.4
成都	120	50	80	19	25	2.1
贵阳	128	49	120	13	19	1.8
昆明	213	97	139	22	31	3.8
拉萨	84	42	38	9	10	0.9
西安	311	151	200	30	42	4.5
兰州	453	251	317	49	65	6.3
西宁	239	103	199	—	23	2.7
银川	405	146	220	41	56	8.4
乌鲁木齐	462	201	268	43	59	5.2

4.3.2　进水主要污染物相关关系

重点城市城镇污水处理厂进水 BOD 和 COD 浓度及其比值如图 4-24 和表 4-6 所示。进水 BOD/COD 比值介于 0.35～0.55，分布在 0.44 附近，大部分介于 0.4～0.6，可生化性良好。其中，郑州市、兰州市和重庆市 BOD/COD 比值最高，分别为 0.55、0.54 和 0.51；青岛市、宁波市和南昌市 BOD/COD 比值最低，分别为 0.35、0.36 和 0.36。

进水 COD/TN 值介于 4～11（图 4-25 和表 4-6），分布在 6.74 附近，大部分城市 COD/TN 值显著低于生物脱氮的最佳比例（8～12）。其中，西宁市、长春市和上海市

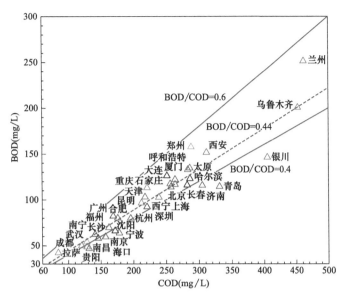

图 4-24 重点城市城镇污水处理厂进水 BOD 和 COD 浓度（2020 年）

COD/TN 值最高，分别为 10.6、8.8 和 8.7；成都市、南宁市和沈阳市 COD/TN 值最低，分别为 4.8、5.1 和 5.3。

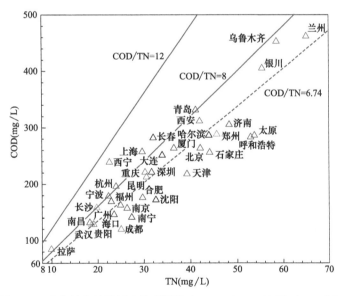

图 4-25 重点城市城镇污水处理厂进水 COD 和 TN 浓度（2020 年）

进水 NH_3-N/TN 值介于 0.59～0.89（图 4-26 和表 4-6），分布在 0.74 附近。其中，拉萨市、呼和浩特市和北京市 NH_3-N/TN 值最高，分别为 0.89、0.83 和 0.80；太原市、青岛市和重庆市 NH_3-N/TN 值最低，分别为 0.59、0.65 和 0.66。

进水 TN/TP 值介于 6～15，分布在 9.3 附近（图 4-27 和表 4-6）。其中，石家庄市、杭州市和成都市 TN/TP 值最高，分别为 14.6、11.7 和 11.6；银川市、上海市和宁波市 TN/TP 值最低，分别为 6.6、7.9 和 7.9。

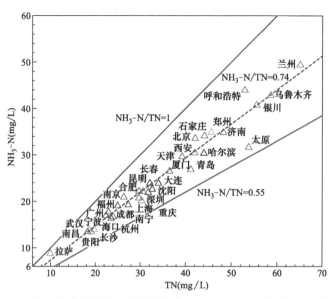

图 4-26　重点城市城镇污水处理厂进水 NH$_3$-N 和 TN 浓度（2020 年）

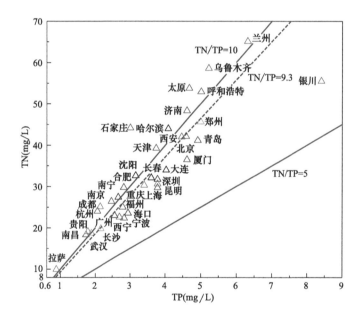

图 4-27　重点城市城镇污水处理厂进水 TN 和 TP 浓度（2020 年）

重点城市进水主要污染物的浓度比值（中位值）（2020 年）　　　　表 4-6

城市	BOD/COD	COD/TN	TN/TP	NH$_3$-N/TN
北京	0.44	6.2	9.2	0.80
天津	0.47	5.6	10.5	0.75
石家庄	0.46	5.8	14.6	0.77
太原	0.47	5.3	11.5	0.59

续表

城市	BOD/COD	COD/TN	TN/TP	NH₃-N/TN
呼和浩特	0.47	5.3	10.6	0.83
沈阳	0.38	5.3	10.3	0.69
大连	0.50	7.4	8.4	0.70
长春	0.41	8.8	8.9	0.74
哈尔滨	0.43	6.5	10.8	0.69
上海	0.44	8.7	7.9	0.70
南京	0.38	6.0	10.7	0.79
杭州	0.41	8.2	11.7	0.69
宁波	0.36	8.0	7.9	0.76
合肥	0.45	5.9	10.5	0.74
福州	0.43	6.5	8.9	0.76
厦门	0.46	7.2	7.9	0.73
南昌	0.36	7.2	10.6	0.73
济南	0.38	6.3	10.5	0.72
青岛	0.35	8.0	8.4	0.65
郑州	0.55	6.3	9.1	0.76
武汉	0.43	6.9	9.8	0.75
长沙	0.37	8.0	9.2	0.70
广州	0.49	7.4	9.0	0.77
深圳	0.42	7.0	8.4	0.69
南宁	0.44	5.1	10.3	0.70
海口	0.40	6.2	8.0	0.69
重庆	0.51	7.3	8.9	0.66
成都	0.43	4.8	11.6	0.76
贵阳	0.41	6.7	10.7	0.70
昆明	0.45	6.9	8.1	0.72
拉萨	0.50	8.5	11.3	0.89
西安	0.49	7.4	9.4	0.72
兰州	0.54	7.1	10.3	0.76
西宁	0.43	10.6	8.4	—
银川	0.36	7.3	6.6	0.73
乌鲁木齐	0.45	8.0	10.9	0.73

4.4 新冠肺炎疫情对城镇污水处理厂的影响

为了了解新冠肺炎疫情对城镇污水处理厂的影响，考察了36个重点城市2020年3月城镇污水处理厂进水 COD 相较于 2019 年 3 月的变化情况。36 个重点城市中，18 个城市出现了进水 COD 浓度或进水 COD 总量下降 20％（包含）以上的情况（表 4-7）。

新冠肺炎疫情期间城镇污水厂进水 COD 显著下降城市*   表 4-7

城市	处理水量变化率（％）	COD 浓度变化率（％）	COD 总量变化率（％）
北京	−13.7	−33.9	−42.9
天津	10.5	−29.2	−21.7
长春	1.0	−21.3	−20.5
哈尔滨	3.6	−21.3	−18.4
杭州	−0.4	−28.7	−29.0
宁波	7.9	−22.4	−16.3
合肥	14.0	−20.0	−8.9
济南	2.6	−30.3	−28.5
郑州	−1.9	−28.9	−30.3
武汉	−3.5	−42.4	−44.4
长沙	4.7	−39.7	−36.9
广州	−0.2	−22.5	−22.7
深圳	−14.7	−24.0	−35.1
海口	0.0	−22.9	−22.9
重庆	9.9	−37.6	−31.5
贵阳	2.9	−32.1	−30.1
昆明	−6.2	−17.4	−22.6
西安	−8.3	−17.9	−24.7

* 与 2019 年 3 月相比，2020 年 3 月进水 COD 浓度或总量下降 20％的城市。

在这些城市中，北京和深圳污水处理厂的处理水量下降最多，分别下降了 13.7％和 14.7％，这可能是由于疫情导致流动人口无法返回、工业企业和服务业停工，用水量减少。这两个城市污水处理厂的进水 COD 浓度分别下降了 33.9％和 24.0％，进水 COD 总量分别下降了 42.9％和 35.1％，下降率明显高于水量，说明居民生活消费受疫情的影响非常显著。

武汉作为受疫情影响最严重的城市，污水处理厂进水 COD 浓度和 COD 总量分别下降了 42.4％和 44.4％，但处理水量却变化不大，仅减少了 3.5％。其他城市中，长春、哈尔滨、杭州、济南、郑州、长沙、广州、海口、贵阳等城市均出现了处理水量变化不大，但进水 COD 浓度和 COD 总量显著降低的情况。这一方面可能是由于疫情影响，高 COD 排放量的服务业和工业企业停工，另一方面也说明这些城市的污水收集管网可能存在严重破损，导致清水灌入，水量减少幅度显著低于 COD，对污水处理厂的进水造成了严重的稀释。

第 5 章　城镇污水处理厂出水水质

5.1　全国城镇污水处理厂出水水质

5.1.1　出水污染物浓度逐年变化

全国城镇污水处理厂出水主要污染物浓度（月平均值，中位值）变化趋势如图 5-1～

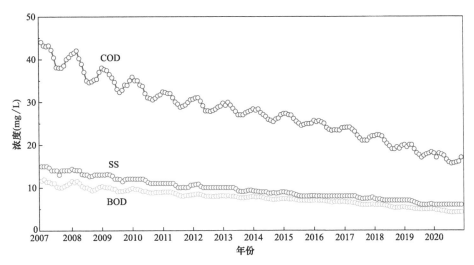

图 5-1　全国城镇污水处理厂出水 COD、BOD 和 SS 浓度（中位值）变化

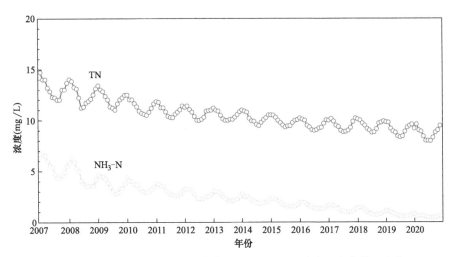

图 5-2　全国城镇污水处理厂出水 NH$_3$-N 和 TN 浓度（中位值）变化

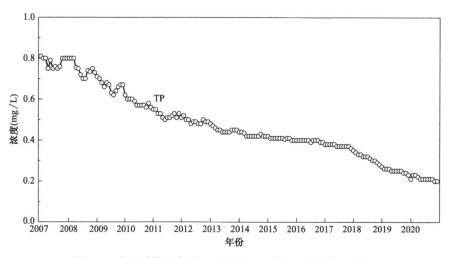

图 5-3　全国城镇污水处理厂出水 TP 浓度（中位值）变化

图 5-3 所示（本章数据均来源于全国城镇污水处理管理信息系统）。自 2007 年起，污水处理厂出水主要污染物（COD、BOD、NH_3-N、SS、TN、TP）浓度逐年下降，水质逐年提升。其中，COD、BOD、NH_3-N、SS、TP 浓度下降幅度较大，TN 浓度下降幅度相对较小。

以每年 12 月为例，主要污染物浓度（中位值）下降情况如下：出水 COD 浓度 2007年 12 月为 40.5mg/L，2020 年 12 月为 17mg/L，下降了 58％；出水 NH_3-N 浓度 2007 年12 月为 5.5mg/L，2020 年 12 月为 0.64mg/L，下降了 88％；出水 TN 浓度 2007 年 12 月为 13.7mg/L，2020 年 12 月为 9.5mg/L，下降了 31％；出水 TP 浓度 2007 年 12 月为0.8mg/L，2020 年 12 月为 0.20mg/L，下降了 75％。

全国城镇污水处理厂出水主要污染物浓度（中位值）的年波动率见表 5-1。波动率由浓度标准偏差除以其算术平均值求得。除 NH_3-N 外，主要污染物浓度波动率在 7.3％以内，NH_3-N 年波动率在 13.3％～26.5％。其中，出水 COD 浓度波动率在 3.6％～7.3％，BOD在 2.2％～7.2％，SS 在 0％～6.3％，TN 浓度在 3.9％～7.2％，TP 在 1.1％～6.3％。

全国城镇污水处理厂出水主要污染物浓度（中位值）波动率　　　　表 5-1

年份	COD_{Cr}(%)	BOD_5(%)	SS(%)	NH_3-N(%)	TN(%)	TP(%)
2007	5.4	5.6	4.0	15.5	6.4	3.0
2008	7.3	7.2	4.4	22.7	7.2	4.6
2009	5.4	4.3	4.5	17.3	5.9	3.8
2010	5.6	3.8	4.1	13.3	5.4	3.1
2011	4.2	4.5	4.2	14.1	4.7	3.0
2012	4.1	2.5	3.0	13.7	4.5	2.4
2013	3.6	2.3	3.9	14.0	3.9	2.7
2014	3.7	3.5	2.0	13.3	4.7	1.9
2015	4.0	2.4	4.3	16.2	4.0	1.2
2016	3.8	2.2	0.4	15.7	4.5	1.1

年份	COD_{Cr}(%)	BOD_5(%)	SS(%)	NH_3-N(%)	TN(%)	TP(%)
2017	5.3	4.1	3.3	20.0	5.1	1.7
2018	6.2	5.1	1.9	26.4	4.7	6.3
2019	5.6	3.1	6.3	26.5	5.6	4.1
2020	5.2	5.6	0.0	18.7	6.3	4.3

5.1.2 出水污染物浓度分布

2020 年全国城镇污水处理厂出水 COD、BOD、NH_3-N、SS、TN 和 TP 浓度水量分布如图 5-4~图 5-9 所示。由这些图可以看出，以上各水质指标出水浓度均呈正偏态分布。

出水 COD 浓度（图 5-4）的中位值为 16.7mg/L，平均值为 18.6mg/L，最频值为 15.0mg/L。全国绝大部分污水处理厂出水 COD 浓度介于 9~27mg/L（累积概率 5%~90%）。99.8% 的污水处理厂出水 COD 浓度低于 50mg/L，即优于一级 A 标准；98.9% 的出水 COD 浓度低于 40mg/L，即优于地表水 V 类标准；93.7% 的出水 COD 浓度低于 30mg/L，优于地表水 IV 类标准；69.0% 的出水 COD 浓度低于 20mg/L，优于地表水 III 类标准。

出水 BOD 浓度中位值为 4.4mg/L，平均值为 5.4mg/L，最频值为 2.0mg/L。绝大多数污水处理厂出水 BOD 浓度介于 1~7mg/L（累积概率 5%~90%）（图 5-5）。97.8% 的污水处理厂出水 BOD 浓度低于 10.0mg/L，即优于一级 A 标准和地表水 V 类标准；81.2% 的出水 BOD 浓度低于 6.0mg/L，即优于地表水 IV 类标准；58.5% 的出水 BOD 浓度低于 4.0mg/L，即优于地表水 III 类标准。

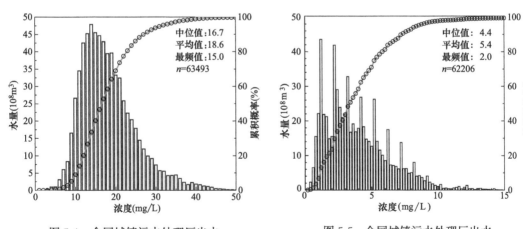

图 5-4 全国城镇污水处理厂出水　　　　　图 5-5 全国城镇污水处理厂出水
COD 浓度水量分布（2020 年）　　　　　　　BOD 浓度水量分布（2020 年）

出水 SS 浓度中位值为 6.0mg/L，平均值为 6.6mg/L，最频值为 6.0mg/L。绝大多数污水处理厂出水 SS 浓度介于 2~8mg/L（累积概率 5%~90%）（图 5-6）。95.2% 的污水处理厂出水 SS 浓度低于 10.0mg/L，即优于一级 A 标准；86.2% 的出水 SS 浓度低于 8.0mg/L，58.6% 的出水 SS 浓度低于 6.0mg/L；21.3% 的出水 SS 浓度低于 4.0mg/L。

出水 NH$_3$-N 浓度中位值为 0.55mg/L，平均值为 1.16mg/L，最频值为 0.20mg/L。绝大多数污水处理厂出水 NH$_3$-N 浓度介于 0.1～1.6mg/L（累积概率 5%～90%）（图 5-7）。99.2% 的污水处理厂出水 NH$_3$-N 浓度低于 5.0mg/L，即优于一级 A 标准；93.0% 的出水 NH$_3$-N 浓度低于 2.0mg/L，即优于地表水 V 类标准。88.2% 的出水 NH$_3$-N 浓度低于 20mg/L，即优于地表水 IV 类标准；79.2% 的出水 NH$_3$-N 浓度低于 1.0mg/L，即优于地表水 III 类标准。

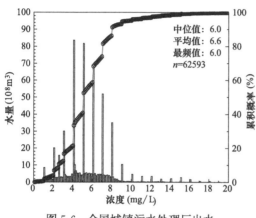

图 5-6　全国城镇污水处理厂出水
SS 浓度水量分布（2020 年）

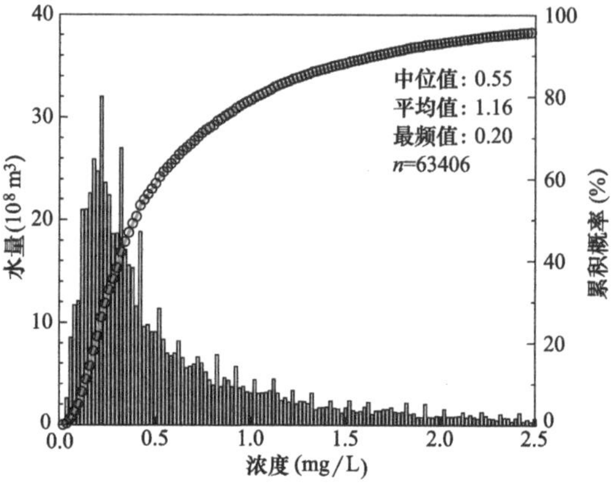

　　　图 5-7　全国城镇污水处理厂出水
NH$_3$-N 浓度水量分布（2020 年）

出水 TN 浓度中位值为 8.70mg/L，平均值为 8.85mg/L，最频值为 10.0mg/L。绝大多数污水处理厂出水 TN 浓度介于 4.6～12.2mg/L（累积概率 5%～90%）（图 5-8）。98.6% 的污水处理厂出水 TN 浓度低于 15.0mg/L，即优于一级 A 标准；67.6% 的出水 TN 浓度低于 10.0mg/L。6.9% 的出水 TN 浓度低于 5.0mg/L；只有 0.3% 的出水 TN 浓度低于 2.0mg/L，即优于地表水 V 类标准。

出水 TP 浓度中位值为 0.21mg/L，平均值为 0.28mg/L，最频值为 0.20mg/L。绝大多数污水处理厂出水 TP 浓度介于 0.06～0.37mg/L（累积概率 5%～90%）（图 5-9）。95.9% 的污水处理厂出水 TP 浓度低于 0.5mg/L，即优于一级 A 标准；92.8% 的出水 TP 浓度低于 0.4mg/L，即优于地表水 V 类标准；81.0% 的出水 TP 浓度低于 0.3mg/L，即优

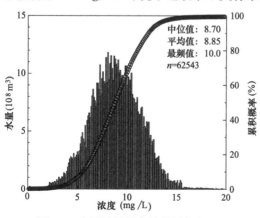

图 5-8　全国城镇污水处理厂出水 TN
浓度水量分布（2020 年）

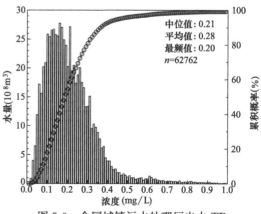

图 5-9　全国城镇污水处理厂出水 TP
浓度水量分布（2020 年）

于地表水Ⅳ类标准；54.4%的出水 TP 浓度低于 0.2mg/L，即优于地表水Ⅲ类标准。

结合第 4 章的进水水质进行计算可知，除 TN 外，全国城镇污水处理厂主要污染物去除率很高，均达到 90%以上。其中，去除率（中位值）COD 为 90.6%、BOD 为 94.2%、NH₃-N 为 97.3%、SS 为 95.1%、TN 为 70.7%、TP 为 92.3%。

综上所述，随着我国污水处理基础设施的逐步完善以及提标改造，2007～2020 年间，全国城镇污水处理厂的出水水质不断提升。截至 2020 年，全国城镇污水处理厂出水的 COD、BOD、NH₃-N、TN 和 TP 等指标基本达到或接近《城市污水再生利用　景观环境用水水质》GB/T 18921—2019，为推动我国污水再生利用产业发展提供了坚实的基础。

5.2　各省（区、市）城镇污水处理厂出水水质

2020 年各省（区、市）城镇污水处理厂出水 COD 浓度（月平均值，中位值）如图 5-10 和表 5-2 所示。污水处理厂出水 COD 浓度介于 13.0～26.3mg/L，北方地区出水 COD 浓度较高，南方地区出水 COD 浓度较低。其中黑龙江、甘肃和内蒙古的出水 COD 浓度最高，分别为 26.3mg/L、25.1mg/L 和 23.0mg/L；广东、重庆和湖南的出水 COD 浓度最低，分别为 13.0mg/L、13.1mg/L 和 13.6mg/L。

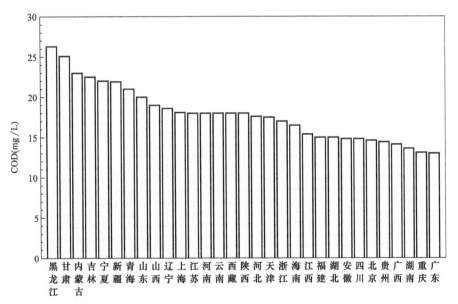

图 5-10　各省（区、市）城镇污水处理厂出水 COD 浓度（中位值）排序（2020 年）

各省（区、市）城镇污水处理厂出水 TN 浓度介于 5.2～10.9mg/L（图 5-11 和表 5-2），北方地区出水 TN 浓度较高，西藏、天津和南方地区较低。其中，甘肃、黑龙江和内蒙古出水 TN 浓度最高，分别为 10.9mg/L、10.8mg/L 和 10.6mg/L；西藏、天津和湖南出水 TN 浓度最低，分别为 5.2mg/L、7.0mg/L 和 7.2mg/L。

各省（区、市）城镇污水处理厂出水 TP 浓度（中位值）差异较大，介于 0.11～0.38mg/L（图 5-12 和表 5-2）。其中，云南和广西出水 TP 浓度最高，分别为 0.38mg/L 和 0.34mg/L；华东、华北地区出水 TP 浓度较低，上海、天津和江苏出水 TP 浓度最低，

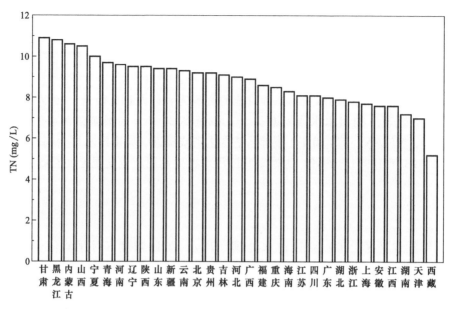

图 5-11　各省（区、市）城镇污水处理厂出水 TN 浓度（中位值）排序（2020 年）

分别为 0.11mg/L、0.14mg/L 和 0.14mg/L。

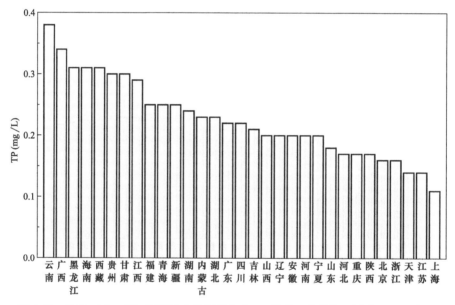

图 5-12　各省（区、市）城镇污水处理厂出水 TP 浓度（中位值）排序（2020 年）

　　污水处理厂出水 BOD 浓度（中位值）介于 2.0～9.0mg/L，各省份之间差距较大（表 5-2）。其中，甘肃、西藏和黑龙江出水 BOD 浓度最高，分别为 9.0mg/L、8.1mg/L 和 8.0mg/L；北京、重庆和上海出水 BOD 浓度最低，分别为 2.0mg/L、2.6mg/L 和 3.0mg/L。

　　出水 SS 浓度（中位值）介于 2.7～9.4mg/L（表 5-2），其中，甘肃、西藏和黑龙江出水 SS 浓度最高，分别为 9.4mg/L、8.2mg/L 和 8.0mg/L；青海、北京和天津出水 SS

浓度最低，分别为 4.2mg/L、3.2mg/L 和 2.7mg/L。

出水 NH₃-N 浓度（中位值）介于 $0.2\sim2.4$ mg/L（表 5-2），其中，西藏、青海和新疆浓度最高，分别为 2.4mg/L、1.3mg/L 和 1.2mg/L；重庆和上海最低，均为 0.2mg/L。

各省（区、市）城镇污水处理厂出水主要污染物浓度（中位值）（2020 年）　表 5-2

省份	COD_{Cr} (mg/L)	BOD_5 (mg/L)	SS (mg/L)	NH_3-N (mg/L)	TN (mg/L)	TP (mg/L)
北京	14.6	2.0	3.2	0.3	9.2	0.16
天津	17.5	3.9	2.7	0.3	7.0	0.14
河北	17.6	5.3	6.0	0.5	9.0	0.17
山西	19.0	6.2	6.8	0.5	10.5	0.20
内蒙古	23.0	6.6	7.0	0.7	10.6	0.23
辽宁	18.6	3.8	6.0	0.5	9.5	0.20
吉林	22.5	5.8	7.0	0.7	9.1	0.21
黑龙江	26.3	8.0	8.0	1.1	10.8	0.31
上海	18.1	3.0	6.0	0.2	7.7	0.11
江苏	18.0	3.2	6.0	0.4	8.1	0.14
浙江	17.0	3.0	5.0	0.3	7.8	0.16
安徽	14.8	4.2	5.0	0.5	7.6	0.20
福建	15.0	3.0	6.0	0.5	8.6	0.25
江西	15.4	5.5	6.3	0.9	7.6	0.29
山东	20.0	4.3	6.0	0.5	9.4	0.18
河南	18.0	5.5	6.2	0.7	9.6	0.20
湖北	15.0	4.5	6.0	0.6	7.9	0.23
湖南	13.6	4.0	6.0	0.8	7.2	0.24
广东	13.0	3.0	5.0	0.4	8.0	0.18
广西	14.1	4.0	6.0	0.7	8.9	0.34
海南	16.5	3.0	5.0	0.7	8.3	0.31
重庆	13.1	2.6	4.8	0.2	8.5	0.17
四川	14.8	4.5	5.9	0.5	8.1	0.22
贵州	14.4	5.6	6.0	1.1	9.2	0.30
云南	18.0	5.5	7.9	1.0	9.3	0.38
西藏	18.0	8.1	8.2	2.4	5.2	0.31
陕西	18.0	4.9	6.1	0.5	9.5	0.17
甘肃	25.1	9.0	9.4	1.2	10.9	0.30
青海	21.0	7.4	4.2	1.3	9.7	0.25
宁夏	22.0	3.9	5.0	0.4	10.0	0.20
新疆	21.9	6.9	7.0	1.2	9.4	0.25

5.3　重点城市城镇污水处理厂出水水质

重点城市城镇污水处理厂出水 COD 浓度（月平均值，中位值）介于 10.6～28.1mg/L，北方地区相对较高，北京、天津及南方地区出水 COD 浓度较低（图 5-13 和表 5-3）。其中，哈尔滨市、兰州市和银川市出水 COD 浓度最高，分别为 28.1mg/L、26.1mg/L 和 23.8mg/L；广州市、贵阳市和深圳市最低，分别为 10.6mg/L、10.6mg/L 和 11.8mg/L。

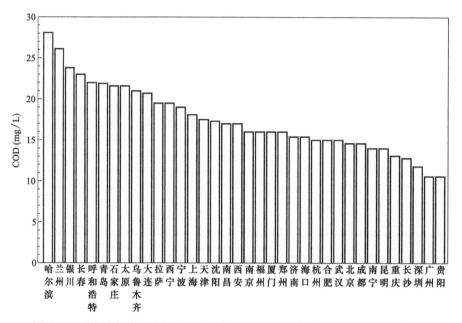

图 5-13　重点城市城镇污水处理厂出水 COD 浓度（中位值）排序（2020 年）

重点城市城镇污水处理厂出水 TN 浓度介于 4.5～12.1mg/L，北方地区出水 TN 浓度相对较高，南方地区较低（图 5-14 和表 5-3）。其中，兰州市、太原市和哈尔滨市出水 TN 浓度最高，分别为 12.1mg/L、11.5mg/L 和 11.1mg/L；合肥市、拉萨市和杭州市最低，分别为 4.5mg/L、4.7mg/L 和 6.3mg/L。

重点城市城镇污水处理厂出水 TP 浓度介于 0.11～0.43mg/L（图 5-15 和表 5-3），其中南宁市、拉萨市和兰州市出水 TP 浓度最高，分别为 0.43mg/L、0.41mg/L 和 0.39mg/L；上海市、合肥市和杭州市较低，分别为 0.11mg/L、0.11mg/L 和 0.12mg/L。

重点城市城镇污水处理厂出水 BOD 浓度介于 1.3～11.7mg/L（表 5-3），其中，兰州市、哈尔滨市和石家庄市出水 BOD 浓度最高，分别为 11.7mg/L、6.9mg/L 和 5.9mg/L；昆明市、郑州市和广州市最低，分别为 1.3mg/L、1.4mg/L 和 1.8mg/L。

出水 $NH_3\text{-}N$ 浓度介于 0.2～1.5mg/L（表 5-3），其中，兰州市、西宁市和南昌市出水 $NH_3\text{-}N$ 浓度最高，分别为 1.5mg/L、1.2mg/L 和 0.9mg/L；重庆市、合肥市和上海市最低，分别为 0.15mg/L、0.20mg/L 和 0.20mg/L。

出水 SS 浓度介于 2.7～12.5mg/L（表 5-3），其中，兰州市、哈尔滨市和石家庄市出水 SS 浓度最高，分别为 12.5mg/L、7.6mg/L 和 7.0mg/L；天津市、北京市和广州市最

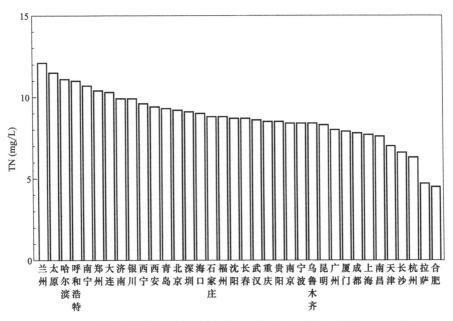

图 5-14　重点城市城镇污水处理厂出水 TN 浓度（中位值）排序（2020 年）

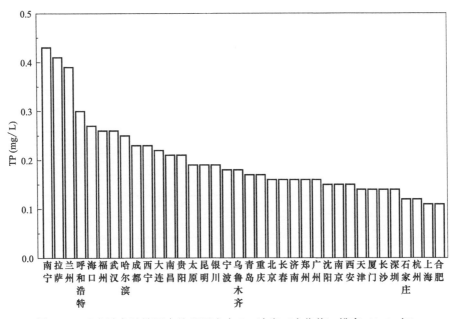

图 5-15　重点城市城镇污水处理厂出水 TP 浓度（中位值）排序（2020 年）

低，分别为 2.7mg/L、3.2mg/L 和 3.3mg/L。

重点城市城镇污水处理厂出水主要污染物（中位值）（2020 年）　　　　表 5-3

城市	COD_{Cr} (mg/L)	BOD_5 (mg/L)	SS (mg/L)	$NH_3\text{-}N$ (mg/L)	TN (mg/L)	TP (mg/L)
北京	14.6	2.0	3.2	0.3	9.2	0.16
天津	17.5	3.9	2.7	0.3	7.0	0.14

续表

城市	COD_{Cr} (mg/L)	BOD_5 (mg/L)	SS (mg/L)	NH_3-N (mg/L)	TN (mg/L)	TP (mg/L)
石家庄	21.6	5.9	7.0	0.4	8.8	0.12
太原	21.6	4.5	4.9	0.5	11.5	0.19
呼和浩特	22.0	3.8	5.9	0.9	11.0	0.30
沈阳	17.3	4.3	5.7	0.6	8.7	0.15
大连	20.7	4.0	5.3	0.5	10.3	0.22
长春	23.0	4.7	6.0	0.5	8.7	0.16
哈尔滨	28.1	6.9	7.6	0.7	11.1	0.25
上海	18.1	3.0	6.0	0.2	7.7	0.11
南京	16.0	2.5	5.0	0.4	8.4	0.15
杭州	15.0	2.3	4.5	0.3	6.3	0.12
宁波	19.0	2.7	5.0	0.3	8.4	0.18
合肥	15.0	3.3	4.0	0.2	4.5	0.11
福州	16.0	3.0	6.0	0.5	8.8	0.26
厦门	16.0	2.0	6.0	0.2	7.9	0.14
南昌	17.0	5.5	6.2	0.9	7.6	0.21
济南	15.4	2.7	5.0	0.4	9.9	0.16
青岛	21.9	3.0	5.4	0.5	9.3	0.17
郑州	16.0	1.4	5.0	0.3	10.4	0.16
武汉	15.0	3.6	4.3	0.5	8.6	0.26
长沙	12.8	2.2	4.0	0.3	6.6	0.14
广州	10.6	1.8	3.3	0.3	8.0	0.16
深圳	11.8	1.9	4.0	0.2	9.1	0.14
南宁	14.0	2.7	5.3	0.6	10.7	0.43
海口	15.4	2.5	5.0	0.7	9.0	0.27
重庆	13.1	2.6	4.8	0.2	8.5	0.17
成都	14.6	4.4	6.0	0.5	7.8	0.23
贵阳	10.6	3.5	4.0	0.4	8.5	0.21
昆明	14.0	1.3	5.0	0.3	8.3	0.19
拉萨	19.5	3.2	4.3	0.9	4.7	0.41
西安	17.0	4.0	5.6	0.3	9.4	0.15
兰州	26.1	11.7	12.5	1.5	12.1	0.39
西宁	19.5	3.0	3.6	1.2	9.6	0.23
银川	23.8	3.6	4.3	0.4	9.9	0.19
乌鲁木齐	21.0	4.5	6.0	0.6	8.4	0.18

第6章 城镇污水处理厂能耗与药耗

6.1 全国城镇污水处理厂能耗药耗

6.1.1 全国城镇污水处理厂电耗

全国城镇污水处理厂年平均吨水电耗分布如图 6-1 所示，数据均来源于全国城镇污水处理管理信息系统。年平均吨水电耗的计算公式如下：

$$吨水电耗(kWh/m^3) = \frac{\sum_1^{12} 月电耗}{\sum_1^{12} 月处理水量} \quad (6-1)$$

对于统计的 5389 座城镇污水处理厂，年平均吨水电耗的均值为 0.48kWh/m³，中位值为 0.36kWh/m³。电耗主要分布在 0.2～0.9kWh/m³（累积概率 5%～90%），95% 的污水处理厂年平均吨水电耗低于 1.19kWh/m³，80% 的污水处理厂吨水电耗量低于 0.61kWh/m³，50% 的污水处理厂吨水电耗量低于 0.36kWh/m³。

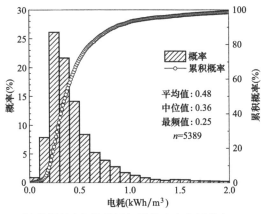

图 6-1 全国城镇污水处理厂年平均吨水电耗分布（2020 年）

城镇污水处理厂单位去除 COD 电耗的年平均值（计算公式见式（6-2））为 3.59kWh/kg COD，中位值为 2.14kWh/kg COD（图 6-2），主要分布在 0.4～3.8kWh/kg COD（累计概率 5%～90%），95% 的污水处理厂小于 11.1kWh/kg COD，80% 的污水处理厂小于 4.12kWh/kg COD，50% 的污水处理厂小于 2.14kWh/kg COD。

$$单位去除 COD 电耗(kWh/kg COD) = \frac{\sum_1^{12} 月电耗}{\sum_1^{12} \left[(C_{月进水COD} - C_{月出水COD}) \times 月处理水量 \right]}$$

$$(6-2)$$

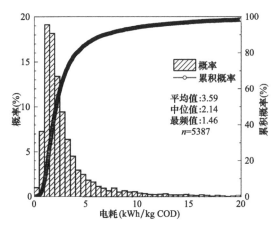

图 6-2　全国城镇污水处理厂年平均单位去除 COD 电耗分布（2020 年）

污水处理厂的电耗和处理能力密切相关，以下是参照生态环境部发布的《水污染治理工程技术导则》HJ 2015—2012 和《城镇污水处理厂污染物排放标准》（2015 年，征求意见稿）中的污水处理厂处理能力划分，对不同处理能力下的电耗进行的分析。

（1）按照生态环境部发布的《水污染治理工程技术导则》HJ 2015—2012，可将污水处理厂的处理能力分为如下六类：

Ⅰ类：处理水量在 50 万～100 万 m^3/d（含 50 万 m^3/d）；

Ⅱ类：处理水量在 20 万～50 万 m^3/d（含 20 万 m^3/d）；

Ⅲ类：处理水量在 10 万～20 万 m^3/d（含 10 万 m^3/d）；

Ⅳ类：处理水量在 5 万～10 万 m^3/d（含 5 万 m^3/d）；

Ⅴ类：处理水量在 1 万～5 万 m^3/d（含 1 万 m^3/d）；

Ⅵ类：处理水量小于 1 万 m^3/d。

按照以上分类，全国不同处理能力污水处理厂年平均吨水电耗如表 6-1 和图 6-3 所示。当污水处理厂的处理能力小于 10 万 m^3/d 时，随着处理能力的增大，吨水电耗显著降低，表现出显著的规模效应；当处理能力超过 10 万 m^3/d 后，处理能力对吨水电耗的影响不再显著；当处理能力超过 50 万 m^3/d 后，吨水电耗甚至有所升高，这可能是由于样本数量过少，数据有一定的偏差所致。

全国不同处理能力城镇污水处理厂年平均吨水电耗（中位值）-分类（1）（2020 年）　　　表 6-1

污水处理厂处理能力（万 m^3/d）	电耗（kWh/m^3）	样本数量（个）
<1	0.53	1502
1～5（含 1）	0.34	2785
5～10（含 5）	0.31	639
10～20（含 10）	0.30	330
20～50（含 20）	0.30	113
50～100（含 50）	0.35	18

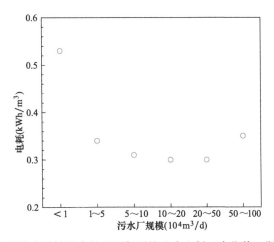

图 6-3 全国不同处理能力城镇污水处理厂年平均吨水电耗（中位值）-分类（1）（2020 年）

（2）按照生态环境部《城镇污水处理厂污染物排放标准》（2015 年，征求意见稿）编制说明，可将污水处理厂的处理能力分为以下三类：

大型污水处理厂：日处理能力≥10 万 m³/d；

中型污水处理厂：1 万 m³/d≤日处理能力＜10 万 m³/d；

小型污水处理厂：日处理能力＜1 万 m³/d。

按照以上分类，全国不同处理能力污水处理厂年平均吨水电耗如表 6-2 和图 6-4 所示。随着污水处理厂处理能力的增大，吨水电耗逐渐降低；当污水处理厂处理能力大于 10 万 m³/d 时，吨水电耗的降低幅度显著减小。

全国不同处理能力城镇污水处理厂年平均吨水电耗（中位值）-分类（2）（2020 年） 表 6-2

污水处理厂处理能力(万 m³/d)	电耗(kWh/m³)	样本数量(个)
＜1	0.53	1502
1～10(含 1)	0.33	3424
≥10	0.30	461

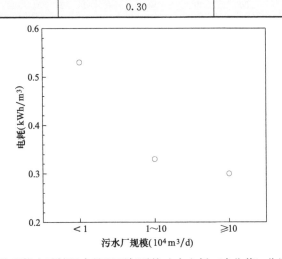

图 6-4 全国不同处理能力城镇污水处理厂年平均吨水电耗（中位值）-分类（2）（2020 年）

为进一步考察规模效应对污水处理厂吨水电耗的影响，以每座污水处理厂的处理能力为横坐标，该厂 2020 年的年平均吨水电耗为纵坐标，绘制了污水处理厂吨水电耗与处理能力的关系图。

处理能力 50 万 m³/d 以下污水处理厂的年平均吨水电耗与处理能力的关系如图 6-5 所示。在处理能力小于 10 万 m³/d 范围内，大多数污水处理厂的年平均吨水电耗高于 0.5kWh/m³，且随着处理能力的增大，年平均吨水电耗呈现显著下降趋势；当处理能力大于 10 万 m³/d 时，处理能力对年平均吨水电耗的影响不再显著。各污水处理厂的年平均吨水电耗在 0.10～0.59kWh/m³ 波动。在数据离散程度（数据标准差/数据平均值）方面，当处理能力大于 10 万 m³/d 时，电耗数据的离散程度为 0.41；当处理能力小于 10 万 m³/d，数据离散程度显著增大。

处理能力 10 万 m³/d 以下污水处理厂的年平均吨水电耗与处理能力的关系如图 6-6 所示。随着处理能力增大，年平均吨水电耗呈现显著下降趋势，当处理能力大于 1 万 m³/d 时，除少数极端值外，绝大多数污水处理厂的年平均吨水电耗低于 1.8kWh/m³。在数据离散程度方面，随着处理能力增大，数据离散程度显著降低，当处理能力在 1 万～10 万 m³/d 时（包含 1 万 m³/d），电耗数据的离散程度为 0.65。

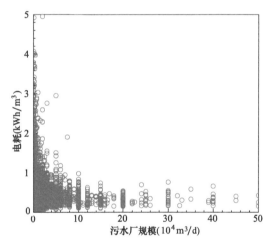

图 6-5　处理能力 50 万 m³/d 以下城镇污
水处理厂电耗（2020 年）

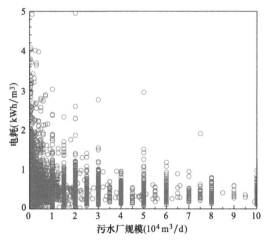

图 6-6　处理能力 10 万 m³/d 以下城镇污水
处理厂电耗（2020 年）

处理能力 1 万 m³/d 以下污水处理厂的年平均吨水电耗与处理能力的关系如图 6-7 所示。这部分数据的离散程度较大，达 0.85，但仍然呈现随处理能力增大，年平均吨水电耗逐渐降低的趋势。在处理能力低于 0.4 万 m³/d 后，会出现年平均吨水电耗高于 3.0kWh/m³ 的污水处理厂。

结合图 6-5～图 6-7，可以看出，处理能力 1 万 m³/d 以下的污水处理厂吨水电耗最高，其年平均吨水电耗的分布情况如图 6-8 所示。这部分污水处理厂的年平均吨水电耗主要集中在 0.2～1.0kWh/m³，累积概率达到了 71.9%，95% 的污水处理厂吨水电耗小于 2.5kWh/m³。

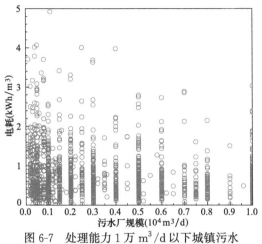

图 6-7 处理能力 1 万 m^3/d 以下城镇污水处理厂电耗（2020 年）

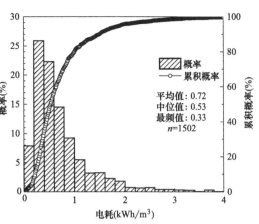

图 6-8 处理能力 1 万 m^3/d 以下城镇污水处理厂年平均吨水电耗分布（2020 年）

6.1.2 全国城镇污水处理厂碳源消耗

全国污水处理厂的碳源投加情况见表 6-3。污水处理厂样本共计 5750 个，总设计处理能力 1.89 亿 m^3/d；其中投加碳源的污水处理厂数量 2746 座，占污水处理厂总数的 47.7%，其处理能力合计 1.07 亿 m^3/d，占总设计处理能力的 56.6%。投加碳源的污水处理厂中，有 1294 座污水处理厂仅部分月份投加了碳源，占污水处理厂总数的 22.5%，处理能力 0.45 亿 m^3/d，占总设计处理能力的 23.8%。

全国城镇污水处理厂碳源投加占比 表 6-3

分类	污水处理厂数（座）	污水处理厂数量占比（%）	污水处理厂处理能力（万 m^3/d）	污水处理厂处理能力占比（%）
投加碳源	2746	47.7	10706	56.6
未投加碳源	3004	52.2	8203	43.4
部分月份投加碳源*	1294	22.5	4509	23.8

* 投加碳源的污水处理厂中，仅部分月份实施投加的污水处理厂。

全国污水处理厂使用的主要碳源见表 6-4。根据其化学成分，可以将这些碳源分为两类，即单一碳源和复合碳源。其中，单一碳源主要为有机酸（含其对应的盐）、糖类和醇类等三大类。

全国城镇污水处理厂使用碳源种类 表 6-4

类别	种类	化学品
单一碳源	有机酸及其盐类	乙酸钠 乙酸 柠檬酸
	糖类	葡萄糖 蔗糖（白糖） 果糖 淀粉（面粉）
	醇类	甲醇 乙醇 乙二醇

续表

类别	种类	化学品
复合碳源	有机酸+有机酸盐	乙酸+乙酸钠
	有机酸+糖	乙酸钠+葡萄糖 乙酸钠+果糖 乙酸钠+面粉 乙酸钠+淀粉 乙酸钠+葡萄糖+面粉
	糖+糖	淀粉+果糖 面粉+蔗糖
	糖+醇	甲醇+葡萄糖 甲醇+面粉
	有机酸+糖+醇	乙酸钠+葡萄糖+甲醇 乙酸钠+甲醇+葡萄糖+面粉

按照上述分类,统计出不同碳源的使用情况,结果见表6-5。使用比例最高的四种碳源依次为乙酸钠、葡萄糖、乙酸和甲醇。全国投加碳源的污水厂中,超过95%的污水处理厂使用这四种碳源。其中,使用乙酸钠作为碳源的污水处理厂数量和处理能力占比均显著高于其他碳源,分别达到54.9%和65.3%;使用甲醇作为碳源的污水处理厂数量较少,数量和处理能力占比仅为4.6%和7.2%。

全国城镇污水处理厂不同碳源使用情况 表6-5

碳源	污水处理厂数 (座)	投加厂数量占比* (%)	污水处理厂处理能力 (万 m³/d)	投加厂处理能力 占比*(%)
乙酸钠	1508	54.9	6993	65.3
乙酸	202	7.4	816	7.6
葡萄糖	794	28.9	1672	15.6
甲醇	126	4.6	773	7.2
其他	116	4.2	451	4.2

* 指使用某种碳源的污水处理厂在全部投加碳源的污水处理厂中的占比。

表6-6分析了乙酸钠、葡萄糖、乙酸和甲醇的吨水消耗量和单位TN去除量的消耗量。考虑到碳源的有效成分含量,统一用COD当量进行比较。以乙酸钠作为碳源的吨水碳耗和单位TN碳耗最低,分别为16.9g COD/m³和0.73g COD/g TN;以甲醇作为碳源的吨水药耗和单位TN药耗最高,分别为43.7g COD/m³和1.47g COD/g TN。

全国城镇污水处理厂的碳源投加量*（中位值,2020年） 表6-6

碳源	COD当量	吨水药耗 (g COD/m³)	单位TN去除量的药耗 (g COD/g TN)	污水处理厂数量 (座)
乙酸钠	0.78	16.9	0.73	1245
乙酸	1.07	23.6	1.17	200
葡萄糖	1.07	25.4	1.29	780
甲醇	1.50	43.7	1.47	122

* 仅针对投加碳源的污水厂进行统计。

以乙酸钠、葡萄糖、乙酸和甲醇的消耗量（按 COD 当量计）为基准，考察碳源消耗量的分布情况，如图 6-9 和图 6-10 所示。仅针对投加碳源的污水厂进行了统计。可以看到，全国投加碳源的污水厂中，95％的污水处理厂吨水碳源消耗量小于 115g COD/m³，80％的污水处理厂吨水碳源消耗量小于 51.5g COD/m³，50％的污水处理厂吨水碳源消耗量小于 18.9g COD/m³（图 6-9）。

在单位 TN 去除的碳源消耗量方面，全国投加碳源的污水厂中，95％的污水处理厂单位 TN 去除的碳源消耗量小于 4.7g COD/g TN，80％的污水处理厂单位 TN 去除的碳源消耗量小于 2.2g COD/g TN，50％的污水处理厂单位 TN 去除的碳源消耗量小于 0.8g COD/g TN（图 6-10）。

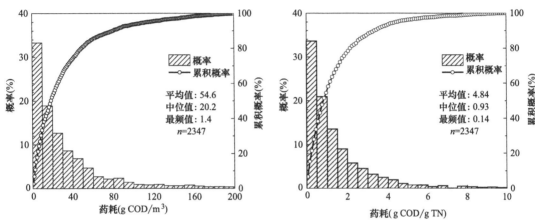

图 6-9　全国城镇污水处理厂吨水碳源消耗
量分布（以四种主要碳源计，2020 年）

图 6-10　全国城镇污水处理厂单位 TN 碳源消耗
量分布（以四种主要碳源计，2020 年）

6.1.3　全国城镇污水处理厂混凝剂消耗

全国城镇污水处理厂的混凝剂使用情况见表 6-7。样本共计 5754 个，总设计处理能力达 1.89 亿 m³/d，其中投加化学混凝剂的城镇污水处理厂数量达 4340 座，占污水处理厂总数的 75.4％，处理能力 1.63 亿 m³/d，占总设计处理能力的 86.4％。投加化学混凝剂的污水处理厂中，有 842 座污水处理厂仅部分月份投加了混凝剂，占污水处理厂总数的 14.6％，处理能力为 0.21 亿 m³/d，占总设计处理能力的 11.0％。

全国城镇污水处理厂的混凝剂使用情况　　　　　　　　　　　　　　　　表 6-7

分类	污水处理厂数（座）	污水处理厂数量占比（%）	污水处理厂处理能力（万 m³/d）	污水处理厂处理能力占比（%）
投加药剂	4340	75.4	16362	86.4
未投加药剂	1414	24.6	2575	13.6
部分月份投加药剂*	842	14.6	2074	11.0

* 投加碳源的污水处理厂中部分月份投加的污水处理厂。

不同混凝剂的使用情况见表 6-8。使用比例（以投加污水处理厂数量计）最高的五种依次为聚合氯化铝、聚合硫酸铁、氯化铁、聚合氯化铝铁和硫酸铝，超过 97％的污水处理厂使用了这五种混凝剂。其中，聚合氯化铝和聚合硫酸铁的使用比例远超于其他混凝剂。

在污水处理厂数量上，超过90％的污水处理厂使用聚合氯化铝和聚合硫酸铁作为混凝剂；在处理能力上，超过80％的污水处理厂使用聚合氯化铝和聚合硫酸铁作为混凝剂。

全国城镇污水处理厂混凝剂使用情况   表6-8

混凝剂	污水处理厂数(座)	投加厂数量占比*(％)	污水处理厂处理能力(万m³/d)	投加厂处理能力占比*(％)
聚合氯化铝	2628	60.6	9595	58.6
聚合硫酸铁	1290	29.7	3887	23.8
氯化铁	130	3	695	4.2
聚合氯化铝铁	116	2.7	627	3.8
硫酸铝	88	2.0	1067	6.5
其他	88	2.0	490	3.0

* 指使用某种混凝剂的污水处理厂占全部使用混凝剂污水处理厂的比例。

表6-9分析了聚合氯化铝（PAC）和聚合硫酸铁（PFS）的吨水消耗量、单位TP去除的消耗量和投加比（金属元素的投加量与进水总磷的摩尔比，Me/P）。两种混凝剂的吨水消耗量、单位TP去除的消耗量、投加比均较为接近。

全国城镇污水处理厂混凝剂投加量（中位值，2020年）   表6-9

	聚合氯化铝	聚合硫酸铁
有效成分	Al_2O_3	铁
吨水消耗量(g有效成分/m³)	6.7	6.9
单位TP去除的消耗量(g有效成分/g TP)	2.8	2.6
投加比 Me/P(mol/mol)	1.5	1.3
污水处理厂数(座)	2623	1286

聚合氯化铝和聚合硫酸铁用量的分布情况如图6-11和图6-12所示。对于聚合氯化铝，其吨水消耗量主要分布在$1\sim22g$ Al_2O_3/m^3（累积概率5％～90％），中位值为6.7g Al_2O_3/m^3；单位TP去除的消耗量主要分布在$0.4\sim10g$ Al_2O_3/g TP，中位值为2.8g Al_2O_3/g TP；投加比分布在$0.2\sim5mol$ Al/mol P，中位值为1.5mol Al/mol P。

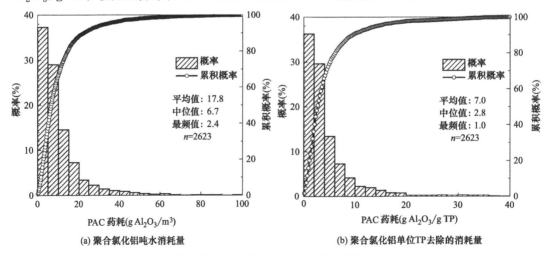

(a) 聚合氯化铝吨水消耗量   (b) 聚合氯化铝单位TP去除的消耗量

图6-11 全国城镇污水处理厂的聚合氯化铝消耗量分布（2020年）（一）

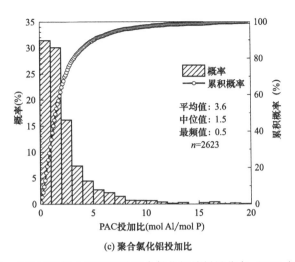

(c) 聚合氯化铝投加比

图 6-11 全国城镇污水处理厂的聚合氯化铝消耗量分布（2020 年）（二）

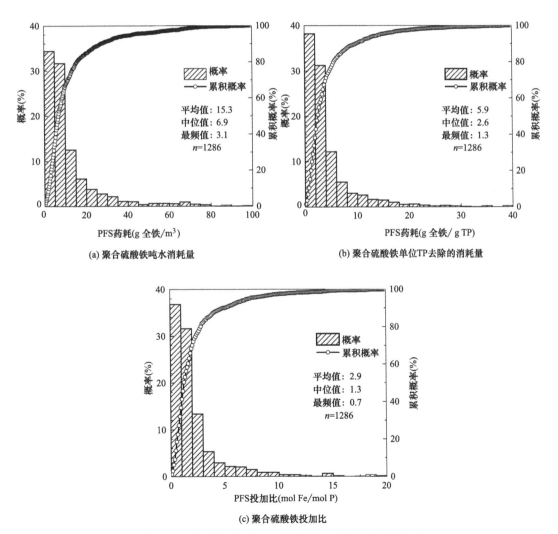

图 6-12 全国城镇污水处理厂的聚合硫酸铁消耗量分布

对于聚合硫酸铁，其吨水消耗量主要分布在 0.9～30g Fe/m³（累积概率 5%～90%），中位值为 6.9g Fe/m³；单位 TP 去除的消耗量主要分布在 0.5～10g Fe/g TP，中位值为 2.6g Fe/g TP；投加比主要分布在 0.1～5mol Fe/mol P，中位值为 1.3mol Fe/mol P（图 6-12）。

6.2 各省（区、市）城镇污水处理厂能耗药耗情况

6.2.1 各省（区、市）城镇污水处理厂电耗

不同省（区、市）污水处理厂的年平均电耗如图 6-13、图 6-14 和表 6-10 所示。各省（区、市）污水处理厂的吨水电耗呈现明显的从北到南递减趋势。结合全国不同省（区、市）污水处理厂进水 COD 浓度分布图（图 4-14），可以看出吨水电耗的地域分布与进水 COD 浓度的分布趋势一致，即进水 COD 浓度越高，污水处理厂吨水电耗越高。各省（区、市）中，内蒙古、北京、宁夏和山西的污水处理厂吨水电耗最高，分别为 0.68kWh/m³、0.64kWh/m³、0.61kWh/m³ 和 0.60kWh/m³；广西、湖南、云南的污水处理厂吨水电耗最低，均为 0.23kWh/m³。

对比图 6-13 和图 6-14 可以看出，吨水电耗和单位去除 COD 电耗之间没有明显的关系。西藏、贵州、海南、四川和青海单位去除 COD 电耗最高，分别为 8.89kWh/kg COD、3.70kWh/kg COD、3.31kWh/kg COD、3.29kWh/kg COD 和 3.22kWh/kg COD，这些（区、市）的污水处理厂进水 COD 浓度也是全国最低。山东、甘肃、黑龙江和上海单位去除 COD 电耗最低，分别为 1.57kWh/kg COD、1.58kWh/kg COD、1.62kWh/kg COD 和 1.64kWh/kg COD。

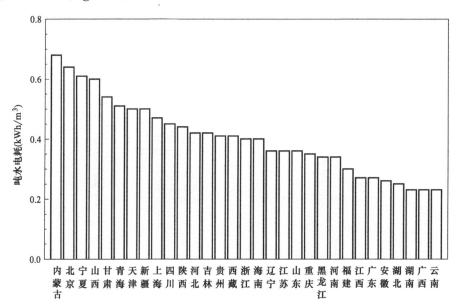

图 6-13 各省（区、市）城镇污水处理厂吨水电耗（2020 年）

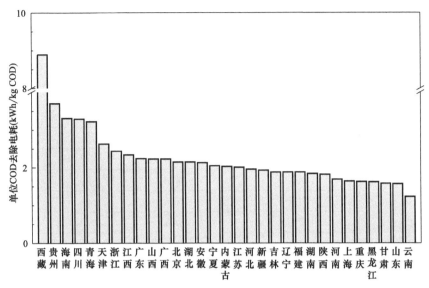

图 6-14　各省（区、市）城镇污水处理厂单位去除 COD 电耗（2020 年）

各省（区、市）城镇污水处理厂电耗（中位值，2020 年）　　　　表 6-10

地区	省份	吨水电耗 （kWh/m³）	单位去除 COD 电耗 （kWh/kg COD）
华北	北京	0.64	2.15
	天津	0.50	2.63
	河北	0.42	1.96
	山西	0.60	2.23
	内蒙古	0.68	2.03
东北	辽宁	0.36	1.88
	吉林	0.42	1.88
	黑龙江	0.34	1.62
华东	上海	0.47	1.64
	江苏	0.36	2.01
	浙江	0.40	2.44
	安徽	0.26	2.13
	福建	0.30	1.88
	江西	0.27	2.34
	山东	0.36	1.57
华中	河南	0.34	1.69
	湖北	0.25	2.15
	湖南	0.23	1.84
华南	广东	0.27	2.24
	广西	0.23	2.23
	海南	0.40	3.31

地区	省份	吨水电耗 (kWh/m³)	单位去除 COD 电耗 (kWh/kg COD)
西南	重庆	0.35	1.63
	四川	0.45	3.29
	贵州	0.41	3.70
	云南	0.23	1.23
	西藏	0.41	8.89
西北	陕西	0.44	1.82
	甘肃	0.54	1.58
	青海	0.51	3.22
	宁夏	0.61	2.05
	新疆	0.50	1.93

根据吨水电耗和单位去除 COD 电耗的全国中位值 0.36kWh/m³ 和 2.14kWh/kg COD，可将不同省划分为四类，分别为（Ⅰ）吨水电耗小、单位去除 COD 电耗小；（Ⅱ）吨水电耗大、单位去除 COD 电耗小；（Ⅲ）吨水电耗小、单位去除 COD 电耗大；（Ⅳ）吨水电耗大、单位去除 COD 电耗大（图 6-15）。

西藏污水处理厂的单位去除 COD 电耗远高于其他省，但吨水电耗只是略高于全国吨水电耗的中位值。这可能是由于西藏污水处理厂进水有机物 COD 浓度全国最低（图 4-14），导致污水处理厂运行效能偏低。

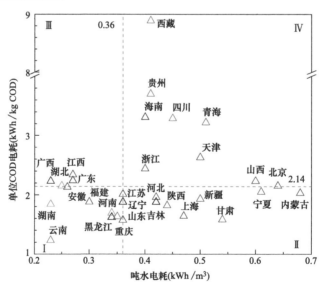

图 6-15　各省（区、市）城镇污水处理厂吨水电耗和单位去除 COD 电耗的关系（2020 年）

进一步考察进水 COD 浓度对单位去除 COD 电耗的影响，由图 6-16 可以看出，随着进水 COD 浓度的升高，单位去除 COD 电耗呈显著下降趋势。因此，加强污水管网建设，提高污水处理厂进水 COD 浓度可有效提高污水处理厂的运行效能。

此外，在相同的进水 COD 浓度下，不同污水处理厂的单位去除 COD 电耗相差较大。

以进水 COD 浓度 200mg/L 为例，单位去除 COD 电耗分布在 0.1～20kWh/kg COD，相差 200 倍，这与处理工艺和规模等有关，也说明部分污水处理厂仍有较大的节能降耗优化运行空间。

6.2.2 各省（区、市）城镇污水处理厂碳源消耗

不同省（区、市）污水处理厂的年平均碳源消耗量（以乙酸钠、葡萄糖、乙酸和甲醇等四种主要碳源计，这里仅针对投加碳源的污水厂进行统计。）如图 6-17、图 6-18 和表 6-11 所示。结合污水处理厂进水 TN 浓度

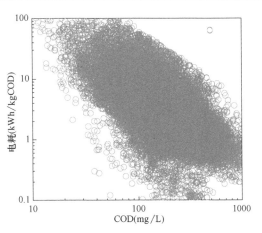

图 6-16 全国城镇污水处理厂单位去除 COD 电耗与进水 COD 浓度的关系（2020 年）

与图 6-17，可以看出，吨水碳源消耗量由北往南呈递减趋势，基本与进水 TN 浓度的地域分布趋势一致，即进水 TN 浓度越高，污水处理厂的吨水碳源消耗也越高。华北地区污水处理厂的吨水碳源消耗普遍较高，华中和华南地区污水处理厂的吨水碳源消耗普遍较低。

天津、内蒙古和宁夏污水处理厂的吨水碳源消耗量最高，分别为 79.7g COD/m³、55.8g COD/m³ 和 43.3g COD/m³。青海、湖南和广东污水处理厂的吨水碳源消耗量最低，分别为 5.9g COD/m³、6.0g COD/m³ 和 6.0g COD/m³。

在单位 TN 去除的碳源消耗量方面，华北地区的污水处理厂普遍较高，华中、华南和西北地区的污水处理厂普遍较低。天津、重庆和贵州的污水处理厂单位 TN 去除的碳源消耗量最高，分别为 2.21g COD/g TN、1.45g COD/g TN 和 1.39g COD/g TN。上海、广东和甘肃的污水处理厂单位 TN 去除的碳源消耗量最低，分别为 0.29g COD/g TN、0.34g COD/g TN 和 0.37g COD/g TN。

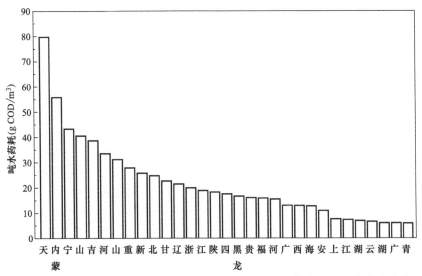

图 6-17 各省（区、市）城镇污水处理厂吨水碳源消耗量（以四种主要碳源计，仅针对碳源投加污水处理厂，2020 年）

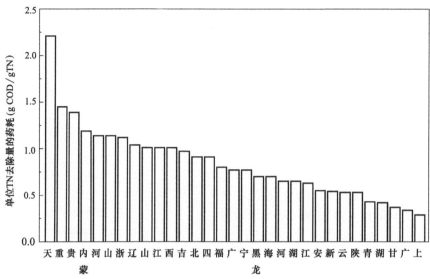

图 6-18　各省（区、市）城镇污水处理厂单位 TN 去除的碳源消耗量
（以四种主要碳源计，仅针对投加碳源的污水处理厂进行统计，2020 年）

各省（区、市）城镇污水处理厂碳源消耗量（以四种主要碳源计，中位值，2020 年）　　表 6-11

地区	省份	吨水药耗 （g COD/m³）	单位 TN 去除量的 药耗（g COD/g TN）
华北	北京	24.8	0.91
	天津	79.7	2.21
	河北	33.5	1.14
	山西	40.6	1.01
	内蒙古	55.8	1.19
东北	辽宁	21.5	1.04
	吉林	38.7	0.97
	黑龙江	16.7	0.70
华东	上海	7.6	0.29
	江苏	18.9	1.01
	浙江	20.0	1.12
	安徽	10.9	0.55
	福建	15.9	0.80
	江西	7.3	0.63
	山东	31.2	1.14
华中	河南	15.5	0.65
	湖北	6.9	0.42
	湖南	6.0	0.65
华南	广东	6.0	0.34
	广西	13.0	0.77
	海南	12.7	0.70

地区	省份	吨水药耗 （g COD/m³）	单位 TN 去除量的 药耗(g COD/g TN)
西南	重庆	27.9	1.45
	四川	17.6	0.91
	贵州	16.1	1.39
	云南	6.6	0.53
	西藏	12.9	1.01
西北	陕西	18.3	0.53
	甘肃	22.7	0.37
	青海	5.9	0.43
	宁夏	43.3	0.77
	新疆	25.8	0.54

根据吨水碳源消耗量和单位 TN 去除的碳源消耗量全国中位值 19.7g COD/m³ 和 0.89g COD/g TN，可将全国不同省划分为四类，即：

（Ⅰ）吨水碳源消耗量、单位 TN 去除的碳源消耗量均小；

（Ⅱ）吨水碳源消耗量大、单位 TN 去除的碳源消耗量小；

（Ⅲ）吨水碳源消耗量小、单位 TN 去除的碳源消耗量大；

（Ⅳ）吨水碳源消耗量、单位 TN 去除的碳源消耗量均大（图 6-19）。

天津污水处理厂的吨水碳源消耗量和单位 TN 去除的碳源消耗量均高于其他省份，这可能与其进水水质特征和处理标准有关。关于导致不同省（区、市）碳源消耗量差异的原因，有待进一步分析。

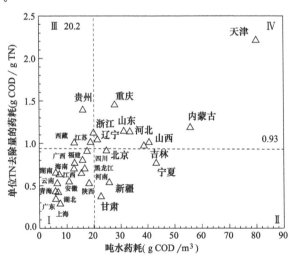

图 6-19 各省（区、市）城镇污水处理碳源消耗（仅针对投加碳源的污水处理厂进行统计）

6.3 重点城市城镇污水处理厂能耗药耗情况

6.3.1 重点城市城镇污水处理厂电耗

全国重点城市污水处理厂的年平均电耗如图 6-20、图 6-21 和表 6-12 所示。各重点城市吨水电耗呈现北高南低的地域分布特征，华北地区吨水电耗总体较高，华中地区吨水电耗总体较低。北京、成都和乌鲁木齐的吨水电耗最高，分别为 0.64kWh/m³ 和 0.57kWh/m³、0.56kWh/m³；拉萨的吨水电耗远低于其他重点城市，为 0.13kWh/m³；此外，南昌、武汉和昆明污水处理厂的吨水电耗较低，均为 0.23kWh/m³。

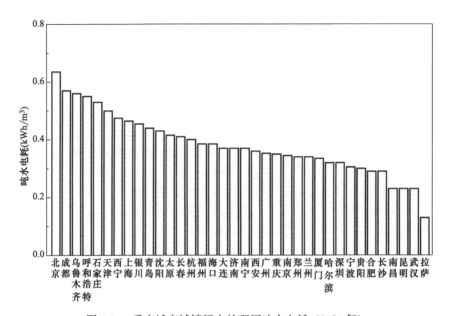

图 6-20 重点城市城镇污水处理厂吨水电耗（2020 年）

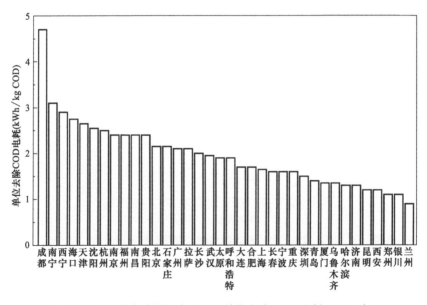

图 6-21 重点城市城镇污水处理厂单位去除 COD 电耗（2020 年）

对比图 6-20 和图 6-21 可以看出，吨水电耗和单位去除 COD 电耗没有明显的关联关系，单位去除 COD 电耗没有显著的地域特征。全国重点城市中，成都市污水处理厂的单位去除 COD 电耗高于其他城市，达到 4.7kWh/kg COD。这可能是由于成都市处理能力小于 0.5 万 m³/d 的小型污水处理厂较多（主要分布在各镇），其进水 COD 浓度低，导致单位去除 COD 的电耗较高。此外，南宁和西宁污水处理厂的单位去除 COD 电耗较高，分别为 3.1kWh/kg COD 和 2.9kWh/kg COD；兰州、银川和郑州污水处理厂的单位去除 COD 电耗最低，分别为 0.9kWh/kg COD、1.1kWh/kg COD 和 1.1kWh/kg COD。

重点城市城镇污水处理厂电耗（中位值，2020 年）　　　表 6-12

地区	城市	吨水电耗 （kWh/m³）	单位去除 COD 电耗 （kWh/kg COD）
华北	北京	0.64	2.15
	天津	0.50	2.65
	石家庄	0.53	2.15
	太原	0.42	1.90
	呼和浩特	0.55	1.90
东北	沈阳	0.43	2.55
	大连	0.37	1.70
	长春	0.41	1.60
	哈尔滨	0.32	1.30
华东	上海	0.47	1.65
	南京	0.35	2.40
	杭州	0.40	2.50
	宁波	0.31	1.60
	合肥	0.29	1.70
	福州	0.39	2.4
	厦门	0.34	1.35
	南昌	0.23	2.40
	济南	0.37	1.30
	青岛	0.44	1.40
华中	郑州	0.34	1.10
	武汉	0.23	1.95
	长沙	0.29	2.00
华南	广州	0.35	2.10
	深圳	0.32	1.50
	南宁	0.37	3.10
	海口	0.39	2.75
西南	重庆	0.35	1.60
	成都	0.57	4.70
	贵阳	0.30	2.40
	昆明	0.23	1.20
	拉萨	0.13	2.10

续表

地区	城市	吨水电耗 （kWh/m³）	单位去除 COD 电耗 （kWh/kg COD）
西北	西安	0.36	1.20
	兰州	0.34	0.90
	西宁	0.48	2.90
	银川	0.46	1.10
	乌鲁木齐	0.56	1.35

按照图 6-15 的分类方式，根据吨水电耗和单位去除 COD 电耗，将各个重点城市划分为四类，如图 6-22 所示。成都、南宁和海口的吨水电耗和单位去除 COD 电耗均较高，特别是单位去除 COD 电耗显著高于全国其他重点城市。

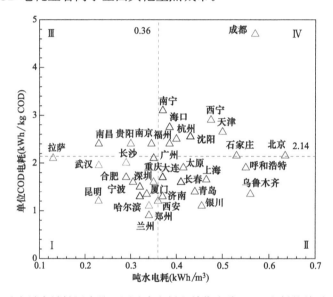

图 6-22　重点城市城镇污水处理厂吨水电耗和单位去除 COD 电耗的关系（2020 年）

6.3.2　重点城市城镇污水处理厂碳源消耗

全国重点城市污水处理厂中，投加碳源的污水厂占 45.9％，这些污水处理厂的年平均碳源消耗量如图 6-23、图 6-24 和表 6-13 所示。长春和拉萨投加碳源的污水处理厂少，未列入统计范围。吨水碳源消耗量呈现北高南低，东西低、中间高的地域分布特征。华北地区吨水碳源消耗量总体较高，华中和华南地区总体较低。

天津和石家庄吨水碳源消耗量最高，分别为 79.7g COD/m³ 和 61.6g COD/m³；广州、贵阳、昆明、郑州和哈尔滨吨水碳源消耗量最低，分别为 3.5g COD/m³、4.2g COD/m³、4.5g COD/m³、4.5g COD/m³ 和 4.6g COD/m³。

对比图 6-23 和图 6-24 可以看出，单位 TN 去除的碳源消耗量和吨水碳源消耗量的地域分布相似，即北高南低，东西低、中间高。天津单位 TN 去除的碳源消耗量最高，为 2.21g COD/kg TN。此外，沈阳、重庆和石家庄 TN 去除碳源消耗量也较高，分别为 1.51g COD/kg TN、1.45g COD/kg TN 和 1.44g COD/kg TN。兰州、郑州和哈尔滨单位 TN 去除的碳源消耗量最低，分别为 0.12g COD/kg TN、0.17g COD/kg TN 和 0.18g COD/kg TN。

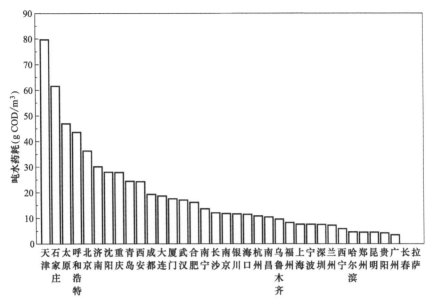

图 6-23 重点城市城镇污水处理厂吨水碳源消耗量
（以四种主要碳源计，仅针对投加碳源污水处理厂进行统计，2020 年）

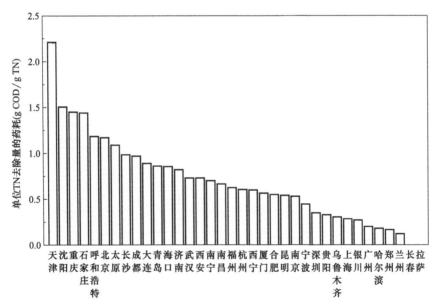

图 6-24 重点城市城镇污水处理厂单位 TN 去除的碳源消耗量
（以四种主要碳源计，仅针对投加碳源污水处理厂进行统计，2020 年）

重点城市城镇污水处理厂碳源消耗（以四种主要碳源计，仅针对投加碳源
污水处理厂进行统计，中位值，2020 年）   表 6-13

地区	城市	吨水药耗 （g COD/m³）	单位 TN 去除量的 药耗（g COD/g TN）
华北	北京	36.3	1.17
	天津	79.7	2.21
	石家庄	61.6	1.44

地区	城市	吨水药耗 （g COD/m³）	单位 TN 去除量的 药耗（g COD/g TN）
华北	太原	46.9	1.09
	呼和浩特	43.6	1.19
东北	沈阳	28.0	1.51
	大连	18.7	0.89
	长春	—	—
	哈尔滨	4.6	0.18
华东	上海	7.6	0.29
	南京	11.9	0.53
	杭州	10.9	0.61
	宁波	7.6	0.45
	合肥	16.2	0.55
	福州	8.3	0.63
	厦门	17.6	0.57
	南昌	10.5	0.67
	济南	30.1	0.82
	青岛	24.4	0.86
华中	郑州	4.5	0.17
	武汉	17.1	0.73
	长沙	12.1	0.99
华南	广州	3.5	0.2
	深圳	7.5	0.35
	南宁	13.7	0.7
	海口	11.6	0.86
西南	重庆	27.9	1.45
	成都	19.3	0.97
	贵阳	4.2	0.33
	昆明	4.5	0.54
	拉萨	—	—
西北	西安	24.3	0.73
	兰州	7.3	0.12
	西宁	5.9	0.6
	银川	11.7	0.27
	乌鲁木齐	9.6	0.31

按照图 6-19 的分类方式，根据吨水碳源消耗量和单位 TN 去除的碳源消耗量全国中位值，可将各个重点城市划分为四类（图 6-25）。除了 6.2.2 节中已经讨论过的天津外，长

春、沈阳和石家庄城镇污水处理厂的吨水碳源消耗量和单位 TN 去除的碳源消耗量均相对较高。关于导致不同城市碳源消耗差异的原因，有待进一步分析。

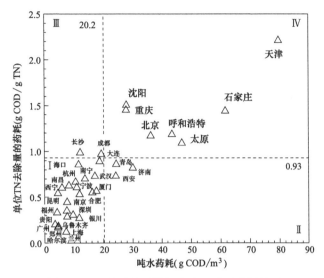

图 6-25　重点城市城镇污水处理碳源消耗情况
（以四种主要碳源计，仅针对投加碳源的污水处理厂进行统计）

第7章 城镇再生水利用标准

7.1 再生水利用途径与水质要求

7.1.1 再生水利用途径

再生水用途广泛，可代替常规供水，用于生产、生活和生态。《城市污水再生利用 分类》GB/T 18919—2002 将再生水利用途径分为农林牧渔业用水、城市杂用水、工业用水、环境用水和补充水源水共五个类别，具体细分见表7-1。

再生水利用途径分类　　　　　　　表 7-1

分类名称	细目名称	范　围
农、林、牧、渔业用水	农田灌溉	种籽与育种、粮食与饲料作物、经济作物
	造林育苗	种籽、苗木、苗圃、观赏植物
	农、牧场	兽药与畜牧、家畜、家禽
	水产养殖	淡水养殖
城市杂用水	城市绿化	公共绿地、住宅小区绿化
	冲厕、街道清扫	厕所便器冲洗、城市道路的冲洗及喷洒
	车辆冲洗	各种车辆冲洗
	建筑施工	施工场地洒扫、灰尘抑制、混凝土养护与制备、施工中的混凝土构建和建筑物冲洗
	消防	消火栓、喷淋、喷雾、泡沫、消火炮
工业用水	冷却用水	直流式、循环式
	洗涤用水	冲渣、冲灰、消烟除尘、清洗
	锅炉用水	高压、中压、低压锅炉
	工艺用水	溶料、水浴、蒸煮、漂洗、水利开采、水利输送、增湿、稀释、搅拌、选矿
	产品用水	浆料、化工制剂、涂料
景观环境用水	娱乐性景观环境用水	娱乐性景观河道、景观湖泊及水景
	观赏性景观环境用水	观赏性景观河道、景观湖泊及水景
	湿地环境用水	恢复自然湿地、营造人工湿地
补充水源水	补充地表水	河流、湖泊
	补充地下水	水源补给、防止海水入侵、防止地面沉降

我国北方地区严重缺水，水体生态基流缺乏；南方地区水体污染严重，黑臭现象突出，

生态补水是水环境治理的关键措施之一。再生水用于生态补水的前景广阔、需求量大。

此外，美国科学院 2012 年发布了《城镇污水再生利用提高城市供水能力》（Potential for Expanding the Nation's Water Supply Through Reuse of Municipal Wastewater）的报告，提出在水质保障策略和措施能够确保处理系统可靠性的前提下，现有污水再生处理技术和工艺能够达到与目前供水系统同等的污染物风险控制水平。美国环境保护署于 2017 年发布了《再生水补给饮用水水源纲要》（2017 Potable Reuse Compendium），旨在逐步引导并规范再生水补给饮用水水源的可持续发展，并提出了有关再生水直接补充饮用水水源的指导性意见。

目前，生态补水、直接补充饮用水水源等再生水利用新途径，尚未纳入《城市污水再生利用 分类》GB/T 18919—2002 中。我国城镇再生水利用途径分类需要根据新需求和新发展，不断完善。另外，我国尚缺乏工业废水再生利用的分类标准和相关标准。

7.1.2 再生水利用水质要求

再生水利用遵循"以用定质、以质定用"原则，再生水水质除了参照城镇再生水利用水质标准外，应根据实际用途、应用场景和应用条件等确定相应的用水水质要求。

再生水用作农田灌溉用水时，可参考《城市污水再生利用 农田灌溉用水水质》GB 20922—2007，同时应满足现行国家标准《农田灌溉水质标准》GB 5084—2021 的要求。

再生水用作工业用水时，可参考《城市污水再生利用 工业用水水质》GB/T 19923—2005 的要求。当再生水作为锅炉补给水时，应进行软化、除盐等处理。当再生水作为工艺与产品用水时，应通过试验或根据相关行业水质标准，确定可否直接使用或补充处理后再用。

7.1.3 再生水水质确定的基本原则

根据《城镇污水再生利用工程设计规范》GB 50335—2016 的要求，当再生水同时用于多种用途时，水质可按最高水质要求确定或分质供水；也可按用水量最大用户的水质要求确定。个别水质要求更高的用户，可自行补充处理，从而达到其水质要求。

再生水水质指标和标准限值的确定应遵循"科学性、合理性、操作性和经济性"原则。近年来，基于风险评价来制定再生水水质标准的方法日益得到重视。早在 1991 年，美国—以色列联合召开的"污水再生利用会议"就提出了采用定量风险评价方法制定再生水水质标准的理念。在世界卫生组织（WHO）《再生水补充饮用水水水源指南》、美国环保署《再生水利用指南》、澳大利亚《污水再生利用健康和环境风险管理指南》等标准制定的过程中，专家普遍认为风险评价方法是一种较为可靠的水质标准制定方法。

对于不同的再生水利用途径，利用过程面临的主要潜在风险，以及相应的水质要求将在第 8 章中进行详细论述。

7.2 再生水标准与规范、指南

7.2.1 再生水利用国家和行业标准

我国于 1973 年颁布了第一部工业三废排放限值的国家标准《工业"三废"排放试行

标准》GBJ 4—1973，之后于 1988 年颁布了《污水综合排放标准》GB 8978—1988，污水排放标准体系日益完善。同时，为规范污水再生利用的工程设计，鼓励和推动再生水利用，我国颁布了一系列设计规范及再生水标准。目前，已颁布 9 项国家标准（其中包含 4 项强制性国家标准）、4 项行业标准以及城镇污水再生利用技术指南（试行）（表 7-2）。

我国现有再生水利用国家和行业标准　　　　　　　　　　　　　表 7-2

提出部门	标准名称	标准号	发布/修订时间
住房和城乡建设部	《城市污水再生利用分类》	GB/T 18919	2002.12.20
住房和城乡建设部	《城市污水再生利用 城市杂用水水质》	GB/T 18920	2002.12.20/2020.03.31
住房和城乡建设部	《城市污水再生利用 景观环境用水水质》	GB/T 18921	2002.12.20/2019.06.04
住房和城乡建设部	《城市污水再生利用 地下水回灌水质》	GB/T 19772	2005.05.25
住房和城乡建设部	《城市污水再生利用 工业用水水质》	GB/T 19923	2005.09.28
住房和城乡建设部	《城市污水再生利用 农田灌溉用水水质》	GB 20922	2007.04.06
住房和城乡建设部	《城市污水再生利用 绿地灌溉水质》	GB 25499	2010.12.01
住房和城乡建设部	《城镇污水再生利用工程设计规范》	GB 50335	2003.01.10/2016.08.18
住房和城乡建设部	《建筑中水设计标准》	GB 50336	2003.01.10/2018.07.10
住房和城乡建设部	《城镇污水再生利用技术指南（试行）》	—	2012.12.28
水利部	《再生水水质标准》	SL 368	2007.03.01
国家发展和改革委员会	《循环冷却水用再生水水质标准》	HG/T 3923	2007.04.13
国家能源局	《火力发电厂再生水深度处理设计规范》	DL/T 5483	2013.11.28
住房和城乡建设部	《城镇再生水厂运行、维护及安全技术规程》	CJJ 252	2016.11.15

从 2002 年开始，住房和城乡建设部组织编写和发布了《城市污水再生利用》系列水质标准以及《污水再生利用工程设计规范》《城市污水再生利用技术指南》《建筑中水设计规范》等标准。

2007 年，水利部发布了《再生水水质标准》SL 368—2006，作为再生水行业是否符合增值税退税的执行依据。

2012 年，住房和城乡建设部印发《城镇污水再生利用技术指南（试行）》，为再生水利用的规划、设施建设、运行、维护及管理提供了指南。此外，相关行业标准，如《城镇再生水厂运行、维护及安全技术规程》等也相继发布。

总体上，我国污水再生利用的标准化工作已取得系列成果，但标准体系仍需进一步完善，如缺少再生水利用量统计标准、再生水利用效益评价标准、生态环境风险管理标准、技术工艺标准、装备标准和服务与监管标准等。

7.2.2　再生水利用地方标准

甘肃、河北、内蒙古、北京、天津、太原、昆明、新乡等地，根据各自的实际情况，相继出台了再生水利用地方标准，内容涉及设计规程、工程建设、生产利用、运行管理和评价服务等方面（表 7-3）。

为提升北京市用水效率，推动城市高质量发展，北京市启动了《北京市百项节水标准规范提升工程实施方案（2020—2023 年）》（京节水办〔2020〕8 号），从 2020 年开始对居民生活、园林绿化、洗车和人工滑雪场等几个用水领域的近百项节水标准进行制定或修订，包括制定 4 项与再生水利用相关的标准：

《再生水利用指南 第 1 部分：工业》
《再生水利用指南 第 2 部分：空调冷却》
《再生水利用指南 第 3 部分：市政杂用》
《再生水利用指南 第 4 部分：景观环境》

上述北京市地方标准预计在 2023 年前陆续发布。

再生水利用相关地方标准（示例） 表 7-3

颁布省市	标准名称	标准号
北京市	《再生水热泵系统工程技术规范》	DB11/T 1254—2015
	《城镇再生水厂恶臭污染治理工程技术导则》	DB11/T 1755—2020
	《安全生产等级评定技术规范 第 65 部分:城镇污水处理厂（再生水厂）》	DB11/T 1322.65—2019
	《再生水灌溉绿地技术规范》	DB11/T 672—2009
	《再生水农业灌溉技术导则》	DB11/T 740—2010
	《再生水利用指南 第 1 部分:工业》	DB11/T 1767—2020
	《地下再生水厂运行及安全管理规范》	DB11/T 1818—2021
	《生态再生水厂评价指标体系》	DB11/T 1658—2019
天津市	《城镇再生水供水服务管理规范》	DB12/T 470—2020
	《天津市再生水设计标准》	DB/T 29—167—2019
	《天津市再生水厂工程设计、施工及验收规范》	DB/T 29—235—2015
	《天津市再生水管道工程技术规程》	DB 29—232—2015
	《天津市二次供水工程技术标准》	DB 29—69—2016
	《天津市再生水管网运行、维护及安全技术规程》	DB 29—225—2014
	《天津市城镇再生水厂运行、维护及安全技术规程》	DB/T 29—194—2018
太原市	《太原市城市污水再生利用 总则》	DB14/T 1102—2015
	《太原市城市污水再生利用 城市杂用水水质》	DB14/T 1103—2015
昆明市	《城市生活污水再生利用设施运营管理规范》	DB53/T 435—2012
甘肃省	《再生水灌溉绿地技术规范》	DB62/T 2573—2015
河北省	《再生水灌溉工程技术规范》	DB13/T 2691—2018
内蒙古	《再生水灌溉工程技术规范》	DB15/T 1092—2017
新乡市	《再生水高效利用农田灌溉技术规范》	DB4107/T 463—2020

7.2.3 再生水利用团体标准

中国环境科学学会等学术组织和产业技术联盟也颁布了再生水利用相关的团体标准，内容涉及再生水利用效益评价、分级与标识、系统运行管理等方面（表 7-4）。

我国再生水利用相关团体标准　　　　　　　　　　　表 7-4

颁布机构	标准名称	标准号
中国环境科学学会	《再生水利用效益评价》	T/CSES 01—2019
	《水回用指南　再生水分级与标识》	T/CSES 07—2020
	《水回用指南　污水再生处理反渗透系统运行管理》	T/CSES 10—2020
中国工业节能与清洁生产协会	《工业污水处理与回用工程运行维护管理规范》	T/CIECCPA 006—2020
嘉兴市标准质量建设促进会	《喷水织机行业中水回用水质要求》	T/JX 001—2018
	《喷水织机行业中水回用处理站建设及运行规程》	T/JX 002—2018
	《喷水织机污水处理及中水回用工程设计规程》	T/JX 003—2018

7.3　再生水水质分级

我国现行国家标准《城市污水再生利用　分类》GB/T 18919 主要规定了城镇再生水不同用途分类，未涉及再生水厂的处理工艺和再生水水质等方面内容。《城市污水再生利用　城市杂用水水质》GB/T 18920 等系列标准主要明确了不同用途对再生水水质的要求，但未对再生水本身进行评价。上述标准基本解决了"以用定质"的问题，但是缺少"以质定用"和"按质管控"标准，难以满足日益增长的污水再生利用工作需求。

不同用途的再生水水质要求差异大、跨度大。不同来源、处理工艺产出的再生水水质差异大，同时，达到同一水质标准的处理工艺种类也有很多。笼统地以"再生水"表述，在再生水配置规划、安全管理、效益评价、再生水统计和标识等方面易造成不同理解、困惑及歧义，会得出完全不同或相反的结论和判断。不同再生水厂的出水用于多个途径的情况十分普遍，仅依据再生水不同用途的水质标准，难以评价和管理相关再生水厂。

在我国，再生水水质分级需求越来越迫切。但由于缺少判断依据，规划和监管时易混淆，不利于分类施策、分质用水。再生水水质分级不清，不利于"再生水供应企业和用户按照优质优价的原则自主协商定价"，无法形成"优质获得优价、优价促进优质"的良性循环。再生水水质分级不清，也不利于公众信任度提升。

为满足再生水标准化工作需求，有必要结合国内外再生水利用经验，制定突出行业特点、系统性强、可操作性强、针对性强的再生水分级标准，指导再生水的分级和管理，促进再生水的合理高效开发与利用。

在此背景下，《水回用导则　再生水分级》（国家标准报批稿）于 2018 年立项，由全国节水标准化技术委员会（SAC/TC 422）与全国环保产业标准化技术委员会（TC275）提出并归口，由清华大学等单位起草。该标准规定了以城镇污水为水源的再生水分级方法，提出了适用于城镇再生水配置规划、安全管理、效益评价、再生水统计和标识等的再生水分级原则。该标准从"以质定用"和"按质管控"的角度，在充分考虑再生水处理工艺和再生水水质的基础上，将再生水分为 A、B 和 C 三个级别。根据再生水水质基本要求，将再生水进一步分为 10 个细分级别（表 7-5）。

10 个细分级别的典型用途分别与《城市污水再生利用　分类》GB/T 18919—2002 中

的用途对应，具体用途的水质基本要求引用了现行国家标准《工业锅炉水质》GB/T 1576、《农田灌溉水质标准》GB 5084、《电子级水》GB/T 11446.1、《火力发电机组及蒸汽动力设备水汽质量》GB/T 12145、《城市污水再生利用 城市杂用水水质》GB/T 18920、《城市污水再生利用 景观环境用水水质》GB/T 18921、《城市污水再生利用 地下水回灌水质》GB/T 19772、《城市污水再生利用 工业用水水质》GB/T 19923、《城市污水再生利用 农田灌溉用水水质》GB 20922 和《城市污水再生利用 绿地灌溉水质》GB/T 25499 中的相关内容。

水质达到相关要求时，再生水可用于相应用途。A级再生水亦可用于B级和C级再生水对应的用途，B级再生水亦可用于C级再生水对应的用途。

再生水分级 表 7-5

级别		水质基本要求[a]	典型用途	对应处理工艺
C	C2	GB 5084(旱地作物、水田作物)[b] GB 20922(纤维作物、旱地谷物、油料作物、水田谷物)[b]	农田灌溉[c](旱地作物)等	采用二级处理和消毒工艺。常用的二级处理工艺主要有活性污泥法、生物膜法等
	C1		农田灌溉[c](水田作物)等	
B	B5	GB 5084(蔬菜)[b] GB 20922(露地蔬菜)[b]	农田灌溉[c](蔬菜)等	在二级处理的基础上，采用三级处理和消毒工艺。三级处理工艺可根据需要，选择以下一个或多个技术:混凝、过滤、生物滤池、人工湿地、微滤、超滤、臭氧等
	B4	GB/T 25499	绿地灌溉等	
	B3	GB/T 19923	工业利用(冷却用水)等	
	B2	GB/T 18921	景观环境利用等	
	B1	GB/T 18920	城市杂用等	
A	A3	GB/T 1576	工业利用(锅炉补给水)等	在三级处理的基础上，采用高级处理和消毒工艺。高级处理和三级处理可以合并建设。高级处理工艺可根据需要选择以下一个或多个技术:纳滤、反渗透、高级氧化、生物活性炭、离子交换等
	A2	GB/T 19772(地表回灌)	地下水回灌(地表回灌)等	
	A1	GB/T 19772(井灌)	地下水回灌(井灌)等	
		GB/T 11446.1	工业利用(电子级水)	
		GB/T 12145	工业利用(火力发电厂锅炉补给水)	

[a] 当再生水同时用于多种用途时，水质可按最高水质标准要求确定；也可按用水量最大用户的水质标准要求确定。

[b] 农田灌溉的水质指标限值取 GB 5084 和 GB 20922 中规定的较严值。

[c] 农田灌溉应满足《水污染防治法》的要求，保障用水安全。

对再生水水质进行分级是国际上的普遍做法。国际标准化组织（ISO）、欧盟、澳大利亚等也颁布了相关的再生水分级标准。其中，国际标准《水回用 水质分级》ISO 20469 根据再生水的潜在暴露量和暴露途径，将再生水分为高、中和低三个等级，规定了相应再生水等级的应用案例和再生水处理应满足的基本处理要求（表 7-6）。高等级的再生水可用于冲厕、洗车、消防等人体非限制性接触用途。

欧盟再生水农业灌溉分级标准针对再生水农业利用的不同情景，根据再生水水质和主要污染物指标控制目标，将再生水分为 A、B、C 和 D 四个等级，规定了相应再生水等级应控制的指标及限值、再生水处理应满足的基本工艺要求以及适用的灌溉方法（表 7-7 和表 7-8）。

再生水非饮用用途的水质分级（国际标准 ISO 20469） 表 7-6

等级	暴露程度	应用示例	最低处理要求示例
高	直接身体接触 (1)公众接触 (2)儿童接触 (3)可能被意外摄入和吸入	1. 娱乐活动； 2. 设备及车辆清洗； 3. 城市环境的粉尘抑制； 4. 下游不作为饮用水的河流补充水； 5. 公共厕所和便池冲洗； 6. 消防供水； 7. 操场灌溉； 8. 非限制的城市灌溉； 9. 生食作物的农业灌溉； 10. 公众进入不受限的公园和高尔夫球场地面灌溉	二级处理； 采用过滤和消毒
中	偶然身体接触(不建议身体直接接触)	1. 景观水景； 2. 景观蓄水； 3. 工业用水； 4. 制造过程用水； 5. 电力设施及建筑物冷却水； 6. 对公众进入受限的花园进行灌溉； 7. 限制性城市灌溉； 8. 加工食品作物的农业灌溉； 9. 除蔬菜(果园、葡萄园)和园艺外的粮食作物灌溉； 10. 公众进入受限的公园和高尔夫球场地面灌溉； 11. 非粮食作物的农业灌溉	二级处理和消毒
低	禁止身体接触	1. 种子作物的灌溉； 2. 农业饲料作物灌溉； 3. 工业和能源作物的灌溉； 4. 没有公众接触的景观灌溉	二级处理； 采用混凝、絮凝的高速率澄清或稳定塘

建议的再生水农业灌溉水质类别（欧盟标准） 表 7-7

水质等级	作物类别	灌溉方法	处理工艺说明
A	生食的块根作物；粮食作物，可食用部分与再生水直接接触；其他粮食作物	所有方法	二级、三级和深度处理
B	生食作物，可食用部分生长在地表之上且不与再生水直接接触；加工食品作物；	所有方法	二级和三级处理
C	非粮食作物，包括饲养产奶或产肉动物的作物	只有滴灌	
D	工业,能源和种子作物	所有方法	

建议的再生水农业灌溉水质要求（欧盟标准） 表 7-8

水质等级	水质要求				
	大肠杆菌 (cfu/100 mL)	BOD$_5$ (mg/L)	TSS (mg/L)	浊度 (NTU)	其 他
A	≤10	≤10	≤10	≤5	军团菌<1000cfu/L温室中存在气溶胶的风险
B	≤100			—	
C	≤1000	25mg/L O$_2$	35mg/L O$_2$	—	肠道线虫(蛔虫卵)≤1
D	≤10000				个/L,用于牧场或草料灌溉

澳大利亚维多利亚州再生水分级标准根据再生水水质和主要污染物指标控制目标，将再生水分为 A、B、C 和 D 四个等级，规定了相应再生水等级应控制的指标及限值、再生水处理应满足的基本工艺要求（表 7-9）。其中，A 级再生水可用于冲厕、洗衣、浇花、景观环境利用、消防和工业利用等多种利用途径。

再生水分级及相应的水质要求（澳大利亚维多利亚州标准）　　　　　　表 7-9

等级	水质目标	处理工艺	用途范围
A	<10 大肠杆菌/100mL <2NTU 浊度 <10mg/L BOD <5mg/L SS pH 6～9 1mg/L 余氯	二级处理和病原微生物去除和控制,以实现: <10 大肠杆菌/100mL; <1 寄生虫/L; <1 原生动物/50L; <1 病毒/50L	城市(非饮用):公众接触不受限; 农业:例如可生食作物; 工业:工人可能接触的开放系统
B	<100 大肠杆菌/100mL pH 6～9 <20mg/L BOD <30mg/L SS	二级处理和病原微生物去除和控制(包括为了放牧而减少寄生虫)	农业:例如奶牛放牧; 工业:例如洗涤用水
C	<1000 大肠杆菌/100mL pH 6～9 <20mg/L BOD <30mg/L SS	二级处理和病原微生物去除和控制(包括减少寄生虫的放牧使用计划)	城市(非饮用):公众接触受限; 农业:例如人类食用的煮熟/加工作物,家畜的放牧/饲料; 工业:工人不可能接触的系统
D	<10000 大肠杆菌/100mL pH 6～9 <20mg/L BOD <30mg/L SS	二级处理	农业:包括速生草皮、林地和花卉的非粮食作物

第8章 城镇再生水利用水质要求

8.1 再生水生态环境利用

8.1.1 再生水生态环境利用的主要途径

再生水生态环境利用主要包括景观环境利用和生态补水等。

现行国家标准《城市污水再生利用 景观环境用水水质》GB/T 18921—2019 将再生水景观环境利用途径分为观赏性景观环境、娱乐性景观环境和景观湿地环境三类。再生水的观赏性景观环境利用途径包括不设娱乐设施的景观河道和景观湖泊补给、人工水景营造等。再生水的娱乐性景观环境利用途径包括设有娱乐设施的景观河道和景观湖泊补给、人工水景营造等。再生水的景观湿地环境利用途径包括营造城市景观而建造或恢复的湿地。

生态补水可满足水体生态需水，提高水体流动性，加大水环境容量及自净能力，改善水环境等需求。目前再生水的生态补水尚无统一的定义，通常是指以再生水为水源补给河流、湖泊等特定水体，以满足其最小生态环境需水量及基本生态功能需水量。

生态环境利用是再生水利用的重要途径。2018 年北京市河湖湿地补水量为 12.45 亿 m^3，其中再生水占比高达 85.9%，达 10.7 亿 m^3。此外，天津、青岛、合肥、成都和昆明等城市也将再生水用于补充景观河道、湖泊等途径，我国再生水生态环境利用的规模仍在不断增加。

国际上，再生水生态环境利用亦受到关注。2013～2014 年澳大利亚大约 57% 的再生水用于环境补水和灌溉用水（刘俊含等人，2022）。美国加利福尼亚州约 25% 的再生水用于补充河湖湿地。

（1）再生水生态环境利用量统计的界定

再生水利用实践中，在如何区分污水达标排放和再生水生态环境利用方面存在很多困惑或不同的理解，导致再生水利用量的统计数据存在很大的偏差。为了规范再生水生态环境利用的范畴，科学计算再生水利用效益，中国环境科学学会团体标准《再生水利用效益评价指南》T/CSES 01—2019，对景观环境利用定义为"满足景观环境用水水质要求，用于景观水体和人工水景营造、河湖池塘补水、湿地补水等，而且有政府部门批准的利用规划、用户明确、相关费用支付和管理机制健全的利用情景。"

水利部于 2019 年发出《关于进一步加强和规范非常规水源统计工作的通知》（办节约〔2019〕241 号），对再生水生态补水量的统计进行了明确。根据该通知，对于污水处理厂尾水直接排入自然水体（包括河流、湖泊、湿地等）进行生态补水的情况，补水水质标准应符合或优于现行行业标准《再生水水质标准》SL368—2006 或现行国家标准《城市污水再生利用 景观环境用水水质》GB/T 18921—2019 中再生水利用于景观用水控制项目和指标限值，具备生态补水需求和通过生态补水工程实施的纳入再生水利用统计范围，否则不纳入再生水利用量统计范围。

（2）观赏性景观环境用水

观赏性景观环境用水是指以观赏为主要使用功能的、人体非直接接触的景观环境用水，包括不设有娱乐设施的景观河道、景观湖泊及其他观赏性景观用水。其由再生水补给，或部分由再生水补给。

再生水在观赏性景观环境中的实际应用十分普遍。例如，北京奥林匹克森林公园景观水系是以再生水为主要补充水源的典型案例。奥林匹克森林公园位于北京市市区北部，是奥林匹克公园的重要组成部分。森林公园龙形水系是亚洲最大的城区人工水系，主要由主湖、洼里湖、湿地、氧化塘等构成，其补水水源主要为高品质再生水，2017 年日均补水量约 7 万 m^3。

（3）娱乐性景观环境用水

娱乐性景观环境用水是指以娱乐为主要使用功能、人体非全身性接触的景观环境用水，包括设有娱乐设施的景观河道、景观湖泊及其他娱乐性景观用水。其由再生水补给，或部分由再生水补给。

许多由再生水补给的景观水体通常设有娱乐设施。例如，北京奥林匹克森林公园、朝阳公园、圆明园等水系均开设游人划船等娱乐项目。自 2007 年以来圆明园的景观环境用水全部来自清河再生水厂，2020 年湖水水质达到Ⅲ类水的水质标准。美国德克萨斯州 Lubbock 的 Yellowhouse Canyon Lakes 公园，再生水补给娱乐性湖泊的水量约为 1.5 万 m^3/d。

（4）景观湿地环境用水

景观湿地环境用水是指为营造城市景观而建造或恢复的湿地的环境用水，景观湿地属于受纳型湿地，有别于用于处理污水或污水处理厂尾水的处理型湿地。

再生水在湿地中的应用十分普遍，对恢复湿地面积、维护湿地的自然生态属性具有重要意义。北京市南海子湿地有接近 2.4 km^2 的水面，日蒸发量约 6 万 m^3，自 2010 年以来，除了极少量天然降水，用水均来自小红门再生水厂。

（5）生态补水

生态补水的对象包括河流、湖泊、沼泽、水库等地表水体。该补水途径尤其针对最小生态环境需水量无法满足而受损的水体，旨在补充其生态用水，维持水体生态环境功能。

我国北方严重缺水，水体生态基流缺乏；南方水体污染严重，黑臭现象突出，生态补水是水环境治理的关键措施之一。我国大部分城镇污水处理厂的出水水质良好，具有作为河道、湖泊等环境水体补水水源的良好基础。利用再生水作为水源进行生态补水，可遏制生态系统结构的破坏和功能的丧失。目前，北京已逐步将再生水作为河湖生态补水的主要水源，北京境内的 425 条河流，尤其在主城区的河流，若没有再生水的补充，在非汛期基本是断流状态。

8.1.2 再生水生态环境利用的潜在风险

再生水生态环境利用虽可带来显著的环境效益，但利用过程若不采用有效的处理和管理保障措施，仍存在一定的潜在风险，包括健康风险、水华风险、有毒有害污染物累积风险等（表 8-1）（胡洪营等人，2011）。

再生水生态环境利用的潜在风险分析　　　　　　　　表 8-1

用途	风险类型		暴露对象	暴露途径	风险因子
观赏性景观环境水体	健康风险		游人、职工	呼吸吸入	病原微生物、嗅味、有毒有害污染物
	水华风险		水生生物	—	氮磷、藻毒素
	有毒有害污染物累积风险	毒害水生生物	水生生物	—	余氯、重金属、有毒有害污染物
		底泥、地下水累积	—	—	重金属、有毒有害污染物
娱乐性景观环境水体	健康风险		游人、职工	呼吸吸入、皮肤接触、摄入	病原微生物、嗅味、重金属、有毒有害污染物
	水华风险		水生生物、游人、职工	皮肤接触、摄入	氮磷、藻毒素
	有毒有害污染物累积风险	毒害水生生物	水生生物	—	余氯、重金属、有毒有害污染物、重金属、有毒有害污染物
		底泥、地下水累积	—	—	
景观湿地	有毒有害污染物累积风险	毒害水生生物	水生生物	—	盐度、余氯、重金属、有毒有害污染物
		底泥、地下水累积	—	—	重金属、有毒有害污染物
生态补水	水华风险		水生生物、游人、职工	皮肤接触、摄入	氮磷、藻毒素
	有毒有害污染物累积风险	毒害水生生物	水生生物	—	余氯、重金属、有毒有害污染物
		底泥、地下水累积	—	—	重金属、有毒有害污染物

（1）水华风险

再生水中含有一定浓度的氮、磷等营养物质，其作为补充水源，存在藻类大量生长的风险，不但会破坏水体的景观娱乐效果，亦可产生藻毒素等有毒有害藻类次生代谢产物，甚至会出现水体恶臭、水生生物大量死亡的现象，破坏整个水生生态系统。

（2）健康风险

再生水生态环境利用过程中危害人体健康的途径包括呼吸吸入、皮肤接触和摄入。再生水在用于喷泉、瀑布等水景类景观水体时可雾化成小液滴，水中的病原微生物、有毒有害物质等可能伴随小液滴被人体吸入，从而引发潜在健康风险。再生水用于娱乐性景观水体（划船、钓鱼）时，人体可能与再生水发生皮肤接触或不慎摄入，引发潜在健康风险。

（3）有毒有害污染物累积风险

再生水中重金属、有毒有害污染物等在水体中转化和累积风险值得关注。余氯等物质对水生动植物具有较强的急性毒性，可导致水中鱼类大量死亡，对于生态环境利用，需要控制余氯。重金属、有毒有害污染物等亦可在水生生物体内累积，具有慢性毒性风险。有毒有害污染物积累风险需要从污水收集的源头进行解决，应避免有毒有害工业废水排入城镇排水管道系统。

8.1.3 再生水生态环境利用的水质要求

再生水生态环境利用途径和利用情景不同，对水质的要求也有较大差异，可根据不同利用途径的再生水水质标准、水环境质量标准、城镇污水处理厂排放标准及再生水水质特点、水环境功能区划等确定水质目标。需要重点关注的水质指标包括色度、嗅味、浊度/悬浮颗粒物、营养盐、病原微生物、余氯、有毒有害有机物和重金属等。

根据《水回用导则　再生水分级与标识》T/CSES 07—2020，B1 或 A 级再生水，在满足相关水质标准的条件下，可用于生态环境补水。

表 8-2 为国内外再生水生态环境利用的水质要求比较。表 8-3 为我国再生水生态环境利用地表水相关的水质要求比较。

（1）色、嗅和浊度/悬浮颗粒物

景观水体具有观赏和娱乐功能，再生水用于这些用途时需重点关注其感官效果。与再生水感官效果有关的水质指标包括色度、嗅味和浊度/悬浮颗粒物等，需按照相关标准，结合公众感官感受，确定水质目标。

（2）营养盐

高浓度氮磷营养盐是引起景观水体水华暴发的主要原因，因此如何确定再生水生态环境利用中氮磷的水质目标是关键问题。除参照已有相关水质标准外，基于水华藻类的生长特性、水华临界氮磷浓度分布方法确定氮磷水质目标。此外，在确定再生水生态环境利用的氮磷水质目标时，还应考虑环境特质（温度、光照、水体流动性）和生态禀赋（水体自净能力、水生生物、底质）等因素。

（3）病原微生物及余氯

病原微生物会影响人体健康，从控制风险的角度来看，再生水中的病原微生物浓度越低越好，但需要考虑经济可行性。总大肠菌群、粪大肠菌群、大肠杆菌等为常用的病原微生物指示指标，可根据相关标准确定不同利用途径的水质目标。此外，还可基于健康风险评价确定病原微生物的水质目标，即从可接受的健康风险水平出发，按照健康风险定量评价方法推算再生水中可接受的浓度限值。

余氯含量对于控制在管网输配和储存过程中的病原微生物再生长非常重要，应把管网和贮存设施中的余氯设为重点关注指标。但是，余氯会对水生生物及人体带来急性毒性风险，在再生水排入水体之前，应将余氯控制在符合相应水质标准的浓度。

（4）重金属和有毒有害污染物

再生水中的重金属和有毒有害污染物可能对水生生物、人体、底泥及地下水产生毒害及累积风险。除按照已有相关水质标准确定水质目标外，还应根据我国区域特征、生态环境利用用水对象的实际情况、再生水厂处理工艺等因素来确定重金属和有毒有害污染物的限值。

再生水中的微量有毒有害污染物的生态健康风险受到较多关注，新兴微量有毒有害污染物包括持久性有机污染物（POPs）、内分泌干扰物（EDCs）、药品及个人护理品（PPCPs）等。我国再生水利用水质标准中，尚无微量有机污染物的水质标准，可参考《水回用指南　再生水中药品和个人护理品类微量污染物去除技术》（团体标准　征求意见

国内外再生水生态环境利用的水质要求比较

表8-2

水质指标	中国[a]			美国[b]				日本[c]		澳大利亚[d]		欧盟[e]	
	观赏类	娱乐类	景观湿地	娱乐观赏用水(非限制性)	娱乐观赏用水(限制性)	环境用水	景观用水	景观用水	亲水性用水	非限制性	限制性	允许接触	不允许接触
pH	6~9	6~9	6~9	6~9	6~9	6~9	6~9	5.8~8.6	5.8~8.6	6~9	6~9	6~9.5	6~9.5
BOD$_5$(mg/L)	10(6)	10(6)	10	10	30	30	—	—	—	10	20	10	10~20
SS(mg/L)	10(5)	10(5)	10	—	30	30	—	—	—	5	30	10	10~20
浊度(NTU)	—	—	—	2	—	—	—	—	2	2	—	—	—
色度(倍)	—	20	—	—	—	—	—	40	10	—	—	—	—
总磷(mg/L)	0.5(0.3)	0.5(0.3)	0.5(0.3)	—	—	—	—	—	—	—	—	0.2~1	0.2~1
总氮(mg/L)	15(10)	15(10)	15	—	—	—	—	—	—	—	—	—	—
氨氮(mg/L)	5(3)	5(3)	5	—	—	—	—	—	—	—	—	1.5	1.5
余氯(mg/L)	0.05~0.1*	0.05~0.1*	—	1	1	—	—	—	0.01(游离氯) 0.4(结合氯)	1	—	0.05	0.05
粪大肠菌群(个/L)	1000	1000(3*)	1000	不得检出	—	2000	2000	—	—	—	—	—	—
大肠杆菌(个/100mL)	—	—	—	—	—	—	—	1000	不得检出	10	1000	—	—
总细菌数(CFU/L)	—	—	—	—	—	—	—	—	不得检出	—	—	10	10

注：
1. 表中标准的全称从左到右依次为：[a]《城市污水再生利用 景观环境用水水质》GB/T 18921—2019，[b]《美国水回用指南》(2012)，[c]《日本污水处理再利用水质标准》(2005)，[d]《澳大利亚水回用指南》(2008)和[e]《欧盟再生利用水质标准》(2006)。

2. 《城市污水再生利用 景观环境用水水质》GB/T 18921—2019中，观赏性及娱乐性景观环境分为河道类、湖泊类、水景类，括号外为河道类景观环境用水水质限值，括号内数值为湖泊、水景类景观环境用水水质要求的水质限值。

3. 《美国水回用指南》(2012)中，娱乐与观赏用水分为了限制性与非限制性，即不允许人体直接接触与允许人体直接接触（包括全身性接触），环境用水又分为了湿地用水，不允许人体直接接触，限制性为限制公众接触，允许人体直接接触。《澳大利亚水回用指南》(2008)中，非限制性为不限制公众接触，允许人体直接接触，限制性为限制公众接触，不允许人体直接接触。《欧盟再生水质标准》(2006)中，允许公众接触不包括洗浴。

表 8-3

我国再生水生态环境用水与地表水、污水厂出水的水质要求比较

水质指标	再生水景观环境用水水质标准a			地表水环境质量标准b			国家排放标准c		北京标准d		昆明标准e	天津标准f
	观赏类	娱乐类	景观湿地	Ⅲ类	Ⅳ类	Ⅴ类	一级A	一级B	A标准	B标准	A级	A标准
pH	6~9			6~9			6~9		6~9		—	6~9
BOD$_5$(mg/L)	10(6)	10(6)	10	4	6	10	10	20	4	6	4	6
COD(mg/L)	—	—	—	20	30	40	50	60	20	30	20	30
SS(mg/L)	10(5)	10(5)	5	—	—	—	10	20	5	5	—	5
浊度(NTU)	—	—	—	—	—	—	—	—	—	—	—	—
色度(倍)	20			—	—	—	30	30	10	15	—	15
总磷(mg/L)	0.5(0.3)	0.5(0.3)	0.5(0.3)	0.2(0.05)	0.3(0.1)	0.4(0.2)	1(0.5)	1.5(1)	0.2	0.3	0.05	0.3
总氮(mg/L)	15(10)	15(10)	15	1	1.5	2	15	20	10	15	5(8)	10
氨氮(mg/L)	5(3)	5(3)	5	1	1.5	2	5(8)	8(15)	1.0(1.5)	1.5(2.5)	1.0(1.5)	1.5(3.0)
余氯(mg/L)	(0.05~0.1*)	0.1*										
粪大肠菌群(个/L)	1000(3*)	1000	1000	10000	20000	40000	1000	10000	500	1000		1000
总汞(mg/L)				0.0001	0.001	0.001	0.001	0.001	0.001	0.001		0.001
总镉(mg/L)				0.005	0.005	0.01	0.01	0.01	0.005	0.005		0.005
六价铬(mg/L)				0.05	0.05	0.1	0.05	0.05	0.05	0.05		0.05
总砷(mg/L)				0.05	0.1	0.1	0.1	0.1	0.05	0.05		0.05
总铅(mg/L)				0.05	0.05	0.1	0.1	0.1	0.05	0.05		0.05

注:
1. 表中标准的全称从左到右依次为:a《城市污水再生利用 景观环境用水水质》GB/T 18921—2019,b《地表水环境质量标准》GB 3838—2002,c《城镇污水处理厂污染物排放标准》GB 18918—2002,d《城镇污水处理厂水污染物排放标准》DB11 890—2012,e《城镇污水处理厂主要水污染物排放限值》DB5301/T 43—2020,f《城镇污水处理厂水污染物排放标准》DB12/T 599—2015;
2.《城市污水再生利用 景观环境用水水质》GB/T 18921—2019中,括号内数值为湖泊、水景类景观环境用水水质 * 值为水景类景观环境用水要求的水质限值;
3.《地表水环境质量标准》GB 3838—2002中,括号内数值为湖、库的水质限值;
4.《城镇污水处理厂污染物排放标准》GB 18918—2002 中,总磷括号内的数值为2006年1月1日起建设的污水处理厂执行的限值,氨氮括号内数值为水温不超过12℃的限值;
5.《城镇污水处理厂水污染物排放标准》DB11 890—2012中,括号内数值为每年12月1日至次年的3月31日执行括号内的排放限值;
6.《城镇污水处理厂主要水污染物排放限值》DB5301/T 43—2020中,每年12月1日至次年3月1日执行括号内的排放限值;
7.《城镇污水处理厂水污染物排放标准》DB12599—2015中,每年11月1日至次年的3月31日执行括号内的排放限值。

稿)、《欧盟再生水水质标准》及再生水水质特点和我国微量污染物研究现状来确定相关水质目标。

8.2　再生水工业利用

8.2.1　再生水工业利用的主要途径

再生水工业利用途径包括冷却用水、锅炉用水、洗涤用水和工艺用水等。其中,冷却用水、洗涤用水和锅炉用水等不与产品直接接触或对产品的影响小,并且水质要求、用户处理工艺和安全保障措施明确,在实际工程中被广泛利用。再生水用作工艺用水时,一般需要通过试验或相似利用案例分析等验证其可行性。再生水不应直接用于食品、医药等与人体直接接触的产品及生产过程。

(1) 冷却用水

冷却用水是再生水工业利用的重要途径之一。工业冷却水系统分为直流式和循环式两大类。直流式冷却水系统采用再生水进行一次性热交换后便将其直接外排,耗水量较大。循环冷却水系统则最为常用,其利用再生水吸收生产过程中释放的热量,然后通过蒸发转移吸收的热量。由于冷却水在循环过程中有损失,因此需要定期补充一定量的再生水。电厂冷却用水耗水量大,北京市热电厂已全部利用再生水替代常规水源,其中冷却用水量约占总用水量的 60%～70%。

(2) 锅炉用水

电力、热力行业和工业企业采用再生水作为锅炉补给水,可解决其供水水源短缺、生产成本较高的问题。北京市热电厂已全部采用再生水补给锅炉用水。锅炉补给水对硬度等水质指标要求十分严格。工业锅炉、电站锅炉、热水热力网和热采锅炉因工况不同而水质要求不同。锅炉用水多采用超滤和反渗透工艺生产的 A 级再生水,水质要求高时可增加离子交换或电渗析除盐等深度处理单元。

(3) 洗涤用水

洗涤用水指生产过程中,用于对原材料、半成品、成品和设备等进行洗涤的水。采用再生水作为洗涤用水的工业用户种类多,工业用户可采用城镇再生水厂集中供给的再生水作为洗涤用水,或将厂内污水再生处理后用于洗涤。再生水用于洗涤时,工业用户可根据原材料、半成品、成品和设备的实际情况和再生水水质特征,评价再生水对产品、设备等的影响。

(4) 工艺用水

再生水用于工业过程的适用性与具体用途密切相关。例如,电子行业对水质要求很高,需要用纯水冲洗电路板和其他电子器件。与此不同,皮革厂则可以接受低品质的用水。纺织、纸浆和造纸以及金属制造等行业的用水水质介于上述两者之间。

1) 电子行业

电子行业是支撑我国国民经济发展的重要产业,其生产过程中需要消耗大量的高品质水。电子行业用水环节包括清洗、冷却、洗涤塔和生活用水。其中,清洗环节需使用超纯水,其用水量占全厂的 2/3 以上。2018 年我国大陆地区高端芯片产能达 2800 万片晶圆(8

英寸当量），电子级超纯水用量超过 2 亿 m^3，相当于 135 万人口城市的生活用水量，电子行业属于高耗水行业。

在北京经济技术开发区，再生水的需求量中将有接近 70% 为工业企业工艺生产用水，且生产工艺再生水需求量中接近 60% 为电子类企业用户。目前，该开发区建有两座再生水厂——经开再生水厂和东区再生水厂，再生水厂的主体工艺为微滤—反渗透工艺。经开再生水厂设计处理能力为 3.1 万 m^3/d，设计产水能力为 2.1 万 m^3/d，目前日供水量约为 0.8 万 m^3/d，生产的 A1 级再生水主要供给各工业企业使用。东区再生水厂设计处理能力为 6.2 万 m^3/d，产水能力为 4.2 万 m^3/d，目前日供水量约 2.5 万 m^3/d，生产的 A1 级再生水主要供应京东方八代线。

2）造纸行业

造纸行业是一个高耗水的行业，先进的造纸机用水量约为 $10\sim30m^3/t$ 纸，而以草浆为原料的小造纸机用水量则高达 $100m^3/t$ 纸。出于节省生产成本的考虑，造纸企业广泛开展企业内部的循环水回用或使用城镇再生水厂供应的再生水。造纸行业的再生水利用方式根据产品类型、生产环节对水质要求而各不相同，具体如下：

① 纸机白水可用于制浆等生产环节。在废纸制浆生产线中，从纸机排出的白水可直接用于碎浆机。

② 瓦楞纸、包装纸、纸板等生产对水质要求不高，纸机废水经过混凝沉淀、气浮等工艺处理后便可回用于生产系统。

③ 特种纸生产对水质要求较高，再生水需根据水质要求进行强化处理。

3）印染行业

印染是一个高耗水、高排污的行业，其耗水量约为 $0.2\sim0.5m^3/kg$ 产品。随着水资源短缺日益严重、工业自来水水价上涨、所允许的排水量不断下降，印染企业对再生水的需求量不断加大。在山东潍坊，金丝达公司将其生产过程中产生的印染废水经过"厌氧—絮凝—过滤—臭氧氧化—活性炭吸附"处理后回用于企业生产，处理能力达 1.5 万 m^3/d。在美国加利福尼亚州，某地毯制造企业使用再生水作为地毯染色用水，节约自来水水量为 $1800m^3/d$。

8.2.2 再生水工业利用的潜在风险

再生水工业利用可有效缓解工业用水的紧张，但是再生水中含有一定浓度的微生物、无机盐、重金属和有机物，可能导致管道腐蚀、水垢增加和微生物生长等问题，从而影响产品质量。各种工业利用再生水的方式不同，再生水利用的潜在风险亦存在差异。表 8-4 给出了再生水工业利用的潜在风险。

再生水工业利用的潜在风险分析　　　　　　　　　　　　　　　　表 8-4

用途	风险类型	风险因子
冷却用水	管道腐蚀、结垢、微生物生长	微生物、无机盐(Cl^-、Ca^{2+}、Mg^{2+}、SO_4^{2-}、PO_4^{3-}、SiO_2 等)、NH_4^+-N、有机物
锅炉补给水	腐蚀和结垢	无机盐(硬度、碱度、SiO_2 等)、有机物
工艺用水	影响产品质量	致色物质、悬浮物、无机盐(Cl^- 等)、Fe、Mn、微生物

（1）再生水用于冷却水的潜在风险

再生水用于冷却用水时，再水中的微生物、无机盐（Cl^-、Ca^{2+}、Mg^{2+}、SO_4^{2-}、PO_4^{3-}、SiO_2 等）和 NH_4^+-N 可导致冷却系统结垢、腐蚀，影响着冷却系统的安全运行。再生水中的有机物、氮和磷可为细菌、藻类生长提供营养物质，促进微生物的生长并加速结垢和腐蚀。

对于敞开循环式冷却系统，病原微生物和有毒物质带来的健康风险亦不容忽视。目前电厂多采用敞开式循环冷却系统进行冷却。冷却塔运行时产生的气溶胶随风飘散，气溶胶中的病原微生物、有毒有害化学物质会给工作人员以及周边居民的健康带来威胁。

（2）再生水用于锅炉用水的潜在风险

再生水工业锅炉利用时，与结垢有关的水质指标主要包括再生水的硬度、碱度、二氧化硅等，与腐蚀有关的水质指标主要为碳酸氢根。碳酸氢根受热分解产生的二氧化碳，是用汽设备和冷凝水回水系统腐蚀的主要根源。碳酸氢根含量和再生水碱度密切相关。碱度和有机物浓度高易形成泡沫，导致过热器结垢。锅炉的结垢和腐蚀将缩短锅炉使用寿命，增加维修和燃料费用，严重时可发生爆管等重大事故。

（3）再生水用于电子行业的潜在风险

用于电子行业的 A1 级再生水多通过反渗透工艺处理 B 级再生水（例如，城镇污水处理厂二级出水）获得。与常规水源相比，再生水水源的反渗透产水存在有机物浓度高、组分更复杂、超高标准去除更加困难等问题。特别是，尿素及其衍生物等有机物在反渗透产水中检出浓度高（$10\sim40\mu g/L$），且基本不能被现有的处理技术去除，难以达到小于 $5.0\mu g/L$ 的电子级超纯水标准。此外，反渗透过程产生的浓缩水含有无机盐、有毒有害污染物、病原微生物等，若将浓缩水直接排放到环境中，水中的污染物将对人体健康和生态安全产生较大的威胁，需对其进行处理。

（4）再生水用于造纸行业的潜在风险

造纸厂厂内循环使用再生水时，水中无机盐容易在系统中积累结垢，可能导致阳离子聚合物失效、降低填料存留于成纸中的留着率、腐蚀生产系统、影响纸页施胶等问题出现。

制浆造纸过程中，管壁和池内常生长黏液状、质地柔软且具有恶臭的附着物，常称为"腐浆"。其成分包括微生物、细小纤维、填料颗粒等。腐浆可堵塞管道、铜网，混入纸浆，导致纸张断头、有异味，纸面上有洞眼、异色点等问题。造纸厂厂内循环使用再生水时，水中有机物、微生物容易积累，使得腐浆问题更加严重，缩短了纸机的清洗周期，降低了生产效率。

（5）再生水用于印染行业的潜在风险

再生水中含有的无机盐、致色物质、溶解性有机物、悬浮态固体等污染物对纺织品质量存在潜在影响。水中无机盐（Cl^- 等）、染料、表面活性剂和致色物质会影响染色效果，导致纺织品出现色差；水质过硬导致某些染料和助剂沉淀，并会在纺织品上形成絮状沉淀；漂洗时具有较高色度的再生水易使漂洗后的纺织品发黄。

8.2.3　再生水工业利用的水质要求

再生水工业利用的潜在风险决定了再生水用于工业用途时需要满足合适的水质要求。

在不同的工业生产工艺中，再生水的利用方式不同，再生水对产品质量和生产设备的影响不相同，再生水与工人接触程度亦不相同，可根据不同工业利用途径的相关标准、再生水水质特点和试验研究等确定水质要求。

根据《水回用导则　再生水分级与标识》T/CSES 07—2020，B3 或 A 级再生水在满足相关水质标准的条件下，可用于工业用水。

表 8-5 给出了国内外再生水工业利用的水质要求比较。其中我国再生水工业利用的水质指标限值来源于《城市污水再生利用　工业用水水质》GB/T 19923—2005，新修订标准已于 2021 年 7 月公开征求意见，目前尚未发布。

国内外再生水工业利用的水质要求比较　　　　　　　　表 8-5

水质指标	中国（GB/T 19923）					美国					
	冷却用水水源		洗涤用水水源	锅炉补给水水源	工艺与产品用水水源	USEPA 推荐值		加利福尼亚州		佛罗里达州	
	直流冷却水	敞开式循环冷却水系统补充水				管内流动冷凝	循环冷凝塔	喷雾用冷却水	非喷雾用冷却水	冲洗用水或工艺用水	开放式冷却塔用水
pH	6.5~9.0	6.5~8.5	6.5~9.0	6.5~8.5	6.5~8.5	6~9	6~9	—	—	6~8.5	6~8.5
色（度）	30	30	30	30	30	—	—	—	—	—	—
浊度（NTU）	—	5	—	5	5	—	—	2	—	—	—
TSS（mg/L）	30	—	30	—	—	30	30	—	—	20[a]	5
TDS（mg/L）	1000	1000	1000	1000	1000	—	—	—	—	—	—
BOD$_5$（mg/L）	30	10	30	10	10	30	30	—	—	20[a] CBOD$_5$	20[b] CBOD$_5$
COD$_{Cr}$（mg/L）	—	60	—	60	60	—	—	—	—	—	—
氨氮（mg/L）	—	10(1[c])	—	10	10	—	—	—	—	—	—
总磷（mg/L）	—	1	—	1	1	—	—	—	—	—	—
铁（mg/L）	—	0.3	0.3	0.3	0.3	—	—	—	—	—	—
锰（mg/L）	—	0.1	0.1	0.1	0.1	—	—	—	—	—	—
氯离子（mg/L）	250	250	250	250	250	—	—	—	—	—	—
二氧化硅（SiO$_2$）（mg/L）	50	50	—	30	30	—	—	—	—	—	—
总硬度（以 CaCO$_3$ 计）（mg/L）	450	450	450	450	450	—	—	—	—	—	—
总碱度（以 CaCO$_3$ 计）（mg/L）	350	350	350	350	350	—	—	—	—	—	—
硫酸盐（mg/L）	600	250	250	250	250	—	—	—	—	—	—
石油类（mg/L）	—	1	—	1	1	—	—	—	—	—	—
阴离子表面活性剂（mg/L）	—	0.5	—	0.5	0.5	—	—	—	—	—	—
余氯（mg/L）	0.05[d]	0.05[d]	0.05[d]	0.05[d]	0.05[d]	1[e]	1[e]	—	—	1[f]	1[f]

续表

水质指标	中国(GB/T 19923)					美国					
	冷却用水水源		洗涤用水水源	锅炉补给水水源	工艺与产品用水水源	USEPA 推荐值		加利福尼亚州		佛罗里达州	
	直流冷却水	敞开式循环冷却水系统补充水				管内流动冷凝	循环冷凝塔	喷雾用冷却水	非喷雾用冷却水	冲洗用水或工艺用水	开放式冷却塔用水
粪大肠菌群(个/L)	2000	2000	2000	2000	2000	2000[g]	2000[g]	—	—	2000[b]	检测限以下
总大肠杆菌(个/100mL)	—	—	—	—	—	—	—	2.2	23	—	—
对处理工艺的要求	—	—	—	—	—	二级处理、消毒	二级处理、消毒[h]	氧化、混凝、过滤和消毒	二级处理、消毒	二级处理、消毒	二级处理、过滤、深度消毒

a. 碳化生化需氧量 $CBOD_5$ 和 TSS（年平均）$\leqslant$20mg/L，$CBOD_5$ 和 TSS（月平均）$\leqslant$30mg/L，$CBOD_5$ 和 TSS（周平均）$\leqslant$45mg/L，$CBOD_5$ 和 TSS（单个样品）$\leqslant$60mg/L；

b. 年平均值；

c. 当敞开式循环冷却水系统换热器为铜质时，循环冷却系统中循环水的氨氮指标应小于 1mg/L；

d. 加氯消毒时管末梢值；

e. 余氯量应在接触时间至少为 30min 时测定；

f. 峰值流量时接触至少 15min 后总余氯达到 1mg/L 以上；

g. 推荐的大肠杆菌数标准指的是检测前最近 7d 内细菌数量的中位数，采用滤膜法或三管法测定，任何样品中粪大肠杆菌数不超过 800 个/100mL；

h. 也可以采用化学絮凝和过滤代替消毒；

i. 对经膜过滤且/或浊度达标的，可不用混凝工艺。

（1）冷却用水

再生水用作冷却用水的水质标准包括《城市污水再生利用 工业用水水质》GB/T 19923—2005、《循环冷却用再生水水质标准》HG/T 3923—2007 和《工业循环冷却水处理设计规范》GB 50050—2017，其指标和限值见表 8-6。

除上述标准外，北京市地方标准《再生水利用指南 第 1 部分：工业》DB11/T 1767—2020 提出，再生水冷却利用需关注再生水的化学稳定性、生物稳定性等指标；化学稳定性评价宜根据管网材料和设备类型选择指标，生物稳定性评价可选用生物可降解溶解性有机碳（BDOC）、可同化有机碳（AOC）等。

冷却用水水质要求比较　　　　　　　　　　　　表 8-6

水质指标	GB/T 19923—2005		HG/T 3923—2007	GB 50050—2017
适用条件	直流冷却水	敞开式循环冷却水系统补充水	循环冷却用再生水	直接作为间冷开式系统补充水
pH	6.5~9.0	6.5~8.5	6.0~9.0	6.0~9.0(25℃)
悬浮物(mg/L)	$\leqslant$30	—	$\leqslant$20	$\leqslant$10
浊度(NTU)	—	$\leqslant$5	$\leqslant$10	$\leqslant$5.0
色度(度)	$\leqslant$30	$\leqslant$30	—	—

续表

水质指标	GB/T 19923—2005		HG/T 3923—2007	GB 50050—2017
适用条件	直流冷却水	敞开式循环冷却水系统补充水	循环冷却用再生水	直接作为间冷开式系统补充水
BOD(mg/L)	≤30	≤10	≤5	≤10
COD$_{Cr}$(mg/L)	—	≤60	≤80	≤60
铁(mg/L)	—	≤0.3	≤0.3	≤0.5
猛(mg/L)	—	≤0.1	—	≤0.2
氯离子(mg/L)	≤250	≤250	≤500（氯化物）	≤250
二氧化硅(SiO$_2$)(mg/L)	≤50	≤50		
总硬度(以 CaCO$_3$ 计)(mg/L)	≤450	≤450	合计≤700	≤250(钙硬度)
总碱度(以 CaCO$_3$ 计)(mg/L)	≤350	≤350		≤200(全碱度)
硫酸盐(mg/L)	≤600	≤250	≤0.1(硫化物)	—
氨氮(以 N 计)(mg/L)		≤10[a]	≤15	≤5.0[c]
总磷(以 P 计)(mg/L)	—	≤1	≤5(以 PO$_4^{3-}$ 计)	≤1.0
TDS(mg/L)	≤1000	≤1000	≤1000	≤1000
石油类(mg/L)	—	≤1	≤0.5(油含量)	≤0.5
阴离子表面活性剂(mg/L)	—	≤0.5		
余氯(mg/L)	≥0.05[b]	≥0.05[b]	—	0.1~0.2(游离氯，补水管道末端)
粪大肠菌群(个/L)	≤2000	≤2000	≤10000	≤1000

a. 当敞开式循环冷却水系统换热器为铜质时，循环冷却系统中循环水的氨氮指标应小于 1mg/L。

b. 加氯消毒时管末梢值。

c. 换热器为同合金换热器时，≤1.0。

（2）锅炉用水

再生水用作锅炉补给水水源的水质标准参见表 8-5。达到该标准的再生水尚不能直接补给，需要根据锅炉运行压力等要求，对补给水源水进行脱盐、软化等附加处理，以满足锅炉用水的水质标准。锅炉补给水的水质控制指标包括余氯、重金属、无机盐、悬浮性固体、浊度和 pH 等，具体水质要求需要根据锅炉运行压力而定。一般来说，压力越高，水质要求越高。通常锅炉补给水的硬度接近零。

工业锅炉用水水质应满足现行国家标准《工业锅炉水质》GB/T 1576—2018 的要求。电站锅炉用水水质应满足现行国家标准《火力发电机组及蒸汽动力设备水汽质量》GB/T 12145—2016 的要求；热水热力网和热采锅炉水质应满足相关的现行行业标准的要求。此外，北京市地方标准《再生水利用指南 第 1 部分：工业》DB11/T 1767—2020 提出，再生水用作锅炉补给水时，除满足相关标准外，应关注再生水的化学稳定性等指标。

（3）洗涤用水

再生水用作洗涤用水水源的水质标准参见表 8-5。《城市污水再生利用 工业用水水质》GB/T 19923—2005 指出，再生水满足其要求时，可直接用作洗涤用水，必要时也可对再生水进行补充处理或与新鲜水混合使用。

（4）工艺用水

再生水用作工艺用水水源的水质标准参见表 8-5。《城市污水再生利用 工业用水水质》GB/T 19923—2005 指出，再生水用作工艺或产品用水水源时，达到该标准的控制指标时，尚应根据不同生产工艺或产品的具体情况，通过试验或相似经验证明可行时，工业用户可以直接使用；当该标准规定的水质不能满足供水水质指标要求，而又无再生水利用经验可借鉴时，则需要对再生水作补充处理试验，直至达到相关工艺或产品的用水水质指标要求。

（5）电子行业用水

再生水用作高纯清洗用水时的水质标准应满足《电子级水》GB/T 11446.1—2013 的要求（表 8-7）。与清洁水源相比，再生水存在有机物浓度较高、组分更复杂、超高标准去除更加困难等问题。在以再生水为水源的反渗透产水中，常检测出尿素及其衍生物（10～40μg/L）。反渗透产水中的尿素及其衍生物去除难度大，影响电子产品生产。因此，北京市地方标准《再生水利用指南 第 1 部分：工业》DB11/T 1767—2020 提出，再生水用作电子和半导体工业高纯清洗用水时，除满足相关标准外，应关注尿素及其衍生物、硼和总有机碳等指标。

电子级水（EW）的技术指标　　　　　表 8-7

项　目		EW-Ⅰ级	EW-Ⅱ级	EW-Ⅲ级	EW-Ⅳ级
电阻率(25℃)(MΩ·cm)		≥18 (5%时间不低于17)	≥15 (5%时间不低于17)	≥12	≥0.5
全硅(μg/L)		≤2	≤10	≤50	≤1000
微粒数 (个/L)	0.05～0.1μm	500	—	—	—
	0.1～0.2μm	300	—	—	—
	0.2～0.3μm	50	—	—	—
	0.3～0.5μm	20	—	—	—
	＞0.5μm	4	—	—	—
细菌个数(个/mL)		≤0.01	≤0.1	≤10	≤100
铜(μg/L)		≤0.2	≤1	≤2	≤500
锌(μg/L)		≤0.2	≤1	≤5	≤500
镍(μg/L)		≤0.1	≤1	≤2	≤500
钠(μg/L)		≤0.5	≤2	≤5	≤1000
钾(μg/L)		≤0.5	≤2	≤5	≤500
铁(μg/L)		≤0.1	—	—	—
铅(μg/L)		≤0.1	—	—	—
氟(μg/L)		≤1	—	—	—
氯(μg/L)		≤1	≤1	≤10	≤1000
硝酸根(μg/L)		≤1	≤1	≤5	≤500
磷酸根(μg/L)		≤1	≤1	≤5	≤500
硫酸根(μg/L)		≤1	≤1	≤5	≤500
总有机碳(μg/L)		≤20	≤100	≤200	≤1000

8.3　再生水城镇杂用

8.3.1　再生水城镇杂用的主要途径

再生水的城镇杂用主要是指将再生水用于城镇绿化、冲厕、道路清扫、车辆冲洗、建筑施工和消防等。虽然目前再生水用于城镇杂用比例较低，但涉及公众生活的方方面面，逐渐成为人们关注的焦点。

（1）用于城镇绿化

城市绿化包括公共绿地、住宅小区、商业区、高尔夫球场绿化，是城市建设的重要组成部分，对改善城市生态环境，增加城市美学效果，提高公众生活品质具有重要意义。随着城市绿地面积的扩大，城市绿化对水资源的需求量亦不断增加，除了降水补给以外，还需消耗大量的地表水、地下水乃至饮用水。为了满足日益增长的绿地用水需求，北京、宁波等多个城市逐步将再生水用于绿地灌溉。

（2）用于冲厕

冲厕是居民生活用水的重要利用途径。由于冲厕用水对水质的要求低于饮用水，再生水已经在北京、天津、东京、新南威尔士州等国内外许多城市和地区用于居民小区、机关事业单位、宾馆酒店等的冲厕。

用于冲厕的再生水可以分为建筑自行进行污水收集处理生产再生水和市政管线输配再生水两种。其中，建筑内自行生产的再生水主要来源为建筑内洗浴、盥洗和厨房用水等。在美国尔湾牧场，给水管理部门将再生水用于高层建筑卫生间冲洗，这使得饮用水的消耗量减少了约 75%。

（3）用于道路清扫

街道清扫耗水环节主要包括道路冲刷、降尘等。目前，在北京、唐山等地，再生水已成为道路清扫的重要水源。如唐山市在其新华道、建设路、北新道等主干道采用再生水作为道路喷洒用水，利用量约为 $50m^3/d$。

（4）用于车辆冲洗

随着国民经济的发展，城市汽车拥有量不断增加。汽车拥有量的快速增长促进了洗车行业的发展，也使得洗车行业用水量不断增加。为了有效节约水资源，北京等城市提出再生水管网覆盖区域内洗车站点必须使用再生水洗车。在相关措施的推动下，再生水在洗车行业得到了推广和应用。

（5）用于建筑施工

建筑施工中的施工场地洒扫、灰尘抑制、混凝土养护与制备、混凝土构件和建筑物冲洗等环节都需要消耗大量水资源。如北京市的建筑行业用水定额为 $1\sim1.5m^3/m^2$。近年来，再生水已逐步开始作为建筑施工用水。

（6）用于消防

消防水源保障是城市消防工作必不可少的环节。目前，消防用水的来源包括城市饮用水管网、消防水池、天然水源等，以城市饮用水管网为主。在美国的部分地区，再生水作为消防用水水源，主要供应室外消火栓。

在加利福尼亚州旧金山，再生水是双管道系统的一部分，主要用于高层建筑的消防设施。在美国佛罗里达州圣·彼得斯堡市，饮用水和再生水共同作为消防用水的水源，其中再生水为备用水源。

再生水用于室内消防喷洒系统可通过将建筑再生水池与消防水池合并实现。该方法避免了消防水池与饮用水池合并带来的停留时间过长、微生物生长污染饮用水等问题，但因其对人仍存在较大的暴露风险且节约饮用水资源有限，尚未被普遍采用。

8.3.2　再生水城镇杂用的潜在风险

再生水城镇杂用与人们日常生活密切相关，其涉及人群众多、影响面广，再生水与人体接触频繁。由于再生水中仍然存在一定浓度的污染物，这些污染物所引发的潜在风险和问题是人们关注的热点。再生水城镇杂用可能引起的潜在风险见表 8-8。其中，危害健康、影响感官是再生水各杂用用途中具有共性的风险。

再生水城镇杂用的潜在风险分析　　　　表 8-8

用途	风险类型	对象	暴露途径	风险因子
城镇绿化	公众健康危害	游客、绿化工人	呼吸吸入 皮肤接触	病原微生物、重金属、有毒有机物、嗅味物质、致色物质
	植物影响	植物	接触	无机盐、余氯
	土壤及地下水污染	土壤、地下水		病原微生物、重金属、有毒有害有机物
	喷洒系统结垢/堵塞	喷洒系统	接触	悬浮性颗粒物、无机盐、营养物质
冲厕	公众健康危害	居民	呼吸吸入	病原微生物、重金属、有毒有害有机物、嗅味物质、致色物质
	系统结垢/堵塞	管道	接触	悬浮性颗粒物、无机盐、营养物质
	金属管网腐蚀	管道	接触	水中腐蚀性物质
	微生物滋生	管道	接触	营养物质
街道清扫	公众健康危害	路人、司机	呼吸吸入	病原微生物、重金属、有毒有害有机物、嗅味物质
车辆冲洗	公众健康危害	洗车工人	呼吸吸入 皮肤接触	病原微生物、重金属、有毒有害有机物、嗅味物质
建筑施工	公众健康危害	工人、居民	呼吸吸入 皮肤接触	病原微生物、重金属、有毒有害有机物
	钢筋腐蚀/混凝土强度降低	钢筋、混凝土制品		Cl^-、SO_4^{2-}
消防	公众健康危害	消防员、居民	呼吸吸入 皮肤接触	病原微生物、重金属、有毒有害有机物

（1）健康风险

再生水在各种杂用过程中常与人体发生接触，可能导致水中的病原微生物、毒害性有机物和重金属进入人体内，从而危害人体健康。污染物的暴露途径包括呼吸吸入、皮肤接触和摄入。

1）呼吸吸入途径

再生水用于绿地喷灌滴灌、街道清扫、洗车、消防、施工场地洒扫降尘等时，水中的病原微生物、有毒有害污染物在随着空气运动的过程中，会因为水逐渐雾化，形成气溶胶被人体所吸入。此外，在喷洒过程中，水中的挥发性有毒物质亦可能从水中挥发出来并被人体吸入。

2）皮肤接触和摄入途径

再生水在城市杂用过程中，工人和居民有可能被再生水溅到或利用再生水洗手、洗脸，从而与再生水发生皮肤接触，使得有毒有机物通过皮肤渗透进入体内。此外，再生水利用设施无明显标识、再生水管道与饮用水管道错误连接，均可引发误饮再生水的事故，存在潜在健康风险。

（2）影响感官

二级处理出水中常含有致色致嗅物质，未经深度处理的再生水有时会具有较为明显的色度和嗅味。当再生水输配过程中停留时间过长，管网中的硫酸盐在厌氧条件下被微生物还原成硫化氢等嗅味物质，亦会使再生水嗅味问题进一步加剧。此外，在部分建筑小区自行收集运行的再生水系统（分散式系统）中，由于运行不稳定，再生水发黑发臭、座便器内积累污渍的现象时有发生。嗅味和色度使得公众对再生水水质产生怀疑，影响公众对再生水的认可度。

（3）再生水用于城镇绿化的潜在风险

再生水中的无机盐、余氯、有毒有害有机物、重金属、营养物质、悬浮物等所带来的潜在风险和问题不容忽视，具体包括毒害绿地植物，堵塞喷洒系统，污染土壤、地下水和饮用水等风险。

再生水对草坪、林木生长的影响是园林工作者关注的焦点。再生水中的余氯对草坪草等绿地植物有急性毒性作用，水中高浓度的 Na^+ 可使植物叶片焦边、黄化。再生水长期灌溉时，水中悬浮物将在喷洒系统中淤积，此外由于再生水中含盐量和营养物质含量较高，易形成水垢和微生物膜，亦可堵塞喷洒系统。

再生水长期灌溉可能对土壤、地下水乃至饮用水产生影响。Na^+、Cl^-、NO_3^-、SO_4^{2-} 等无机盐离子在土壤中蓄积，并导致土壤的电导率、钠吸收率等用于评价土壤盐碱化的指标显著上升。土壤中积累的 NO_3^- 等污染物亦可能从土壤中淋溶并造成对地下水乃至饮用水的污染。

（4）再生水用于冲厕的潜在风险

再生水用于冲厕时需要关注嗅味、色度以及对公众健康的潜在影响，此外还需关注结垢、堵塞、金属腐蚀和微生物膜滋生等问题。水中的 Ca^{2+}、磷等成分可能引起管道、便具的结垢，悬浮、胶体和溶解性固体亦可在冲厕系统中形成污垢。水中的营养物质可为冲厕系统中的微生物提供碳源等，促进微生物膜形成。此外，再生水中的物质还可导致金属材质的再生水管道腐蚀。

（5）再生水用于车辆冲洗的潜在风险

再生水用于车辆冲洗时，除了需要关注其危害人体健康、影响感官的潜在风险，还需关注水中污染物对车辆的潜在影响。无机盐等溶解性固体残留在汽车表面，可能形成水渍等污点。鉴于此，美国洗车行业常利用经反渗透脱盐的再生水或自来水进行最后一次漂洗，以防止污点产生。

（6）再生水用于建筑施工的潜在风险

再生水用于建筑施工时，除了需要关注喷洒时对施工人员健康的潜在影响外，还需关注再生水作为混凝土拌合用水时无机盐对建筑质量的潜在影响。例如，水中的 Cl^- 可腐蚀钢筋，SO_4^{2-} 可降低混凝土的后期强度，因此在现行行业标准《混凝土用水标准》JGJ 63—2006 中要求控制水中的 Cl^- 和 SO_4^{2-} 含量。高含盐量再生水对混凝土强度的潜在影响需要关注。

8.3.3　再生水城镇杂用的水质要求

再生水城镇杂用的水质要求与各利用途径的潜在风险密切相关。例如，再生水用于绿地灌溉的水质要求需要考虑对人体健康的影响，亦需关注再生水对植物、土壤、地下水等的潜在影响。再生水用于建筑施工除了关注对人体健康的影响外，也需关注对建筑质量的影响。此外，人体接触再生水程度越高，对再生水水质的要求也就越高。

根据《水回用导则　再生水分级与标识》T/CSES 07—2020，B2 或 A 级再生水在满足相关水质标准的条件下，可用于城镇杂用水。表 8-9 对比了我国和其他国家再生水用于城镇杂用的水质要求。

国内外再生水城市杂用的水质要求比较　　表 8-9

国家或地区	中国		北京市	日本	美国（EPA 推荐）		加拿大
用途	冲厕、车辆冲洗	城市绿化、道路清扫、消防、建筑施工	城市绿化	冲厕浇洒a	城区用水b	建筑用水c	冲厕
pH	6～9	6.0～9.0	6.5～8.5	5.8～8.6	6～9		
色（度）	15	30	—	—	清澈		
嗅	无不快感		无不快感	无不快感	无不快感		
浊度（NTU）	5	10	10	2	2d		2
TSS（mg/L）	—	—	—	—		30	
TDS（mg/L）	1000（2000）e		1000				
BOD₅（mg/L）	10	10	20	—	10	30	10
氨氮（mg/L）	5	8	20	—			
总磷（mg/L）	—	—	10				
阴离子表面活性剂（mg/L）	0.5		1				
铁（mg/L）	0.3	—	0.3		5.0		
锰（mg/L）	0.1	—	—		0.2		
汞（mg/L）	—	—	0.001				
镉（mg/L）	—	—	0.005		0.01		
砷（mg/L）	—	—	0.05		0.1		
铬（mg/L）	—	—	0.1（六价）		0.1		
铅（mg/L）	—	—	0.1		5.0		
溶解氧（mg/L）	2.0	2.0					

续表

国家或地区	中国		日本	美国 (EPA 推荐)		加拿大
		北京市				
总余氯(mg/L)	1.0（出厂），0.2（管网末端）f	0.2≤管网末端≤0.5	管网末梢：游离氯≥0.1或结合氯≥0.4	接触 30min 后≥1.0		≥0.5（蓄水池出水）
总大肠菌群	—	—	未检出/100mL			未检出/100mL
粪大肠菌群数（个/100mL）	—	—	—	未检出	200	—
耐热大肠菌（个/100mL）	—	—	—	—		未检出
大肠埃希氏菌（个/100mL）	—	—	—	—		—
对处理工艺的要求	—	—	砂滤或等价工艺	二级处理、过滤、消毒	二级处理、消毒	—
与饮用水井的距离(m)	—	—	—	15	—	—

a. 浇洒用水指用于城市绿化和道路冲洗的再生水。

b. 城区用水指所有的土地灌溉（含高尔夫球场、墓地等限制公众进入的区域）、洗车、消防系统、空调以及其他类似的使用方式。如果灌溉区域是可控的，并且其设计运行的范围都显著小于公众可接触的范围，那么较低程度的处理也是可以接受的，如消毒后粪大肠杆菌＜14 个/100mL。

c. 建筑用水包括土壤夯实、粉尘控制、混凝料冲刷和混凝土制作。应尽量减少工人与再生水的接触。如需连续与再生水接触，则必须采用高剂量消毒，如达到粪大肠杆菌≤14 个/100mL。

d. 推荐的浊度标准应在消毒前达到。平均浊度指 24h 周期内的平均值。任何时候浊度都不能超过 5NTU。如果采用 TSS 代替浊度，则 TSS 不能超过 5mg/L。

e. 括号内指标值为沿海及本地水源中溶解性固体含量较高的区域的指标。

f. 用于城镇绿化时，不应超过 2.5mg/L。

在美国，再生水城市杂用分成非限制性杂用和限制性杂用。非限制性利用指灌溉公众可进入区域（如公园、操场、校园以及居住区）、冲厕、空调、消防、建筑、景观喷泉以及景观水体等；而限制性利用指灌溉公众限制性进入区域，如高尔夫球场、墓地、高速公路中线绿化带等。通常非限制性杂用的水质要求高于限制性杂用的水质要求。对非限制性杂用和限制性杂用的规定，参见《再生水水质安全评价与保障原理》（胡洪营，2011）第 7章 7.2 再生水城市杂用及其潜在风险。

再生水城镇杂用的具体水质要求包括色度、嗅味、浊度/悬浮颗粒物、无机盐、余氯、病原微生物、有毒有害有机物和重金属等方面：

（1）色度、嗅味和浊度/悬浮颗粒物

感官效果是公众评价再生水水质的直接方式，与公众对再生水的接受程度直接相关。与再生水感官效果有关的水质指标包括色度、嗅味和浊度/悬浮颗粒物等。其中，浊度/悬浮颗粒物在再生水用于冲厕时还可能在冲厕系统中形成污垢，在用于洗车时可能在车辆表面形成污点。因此，在我国《再生水水质标准》SL 368—2006 中，冲厕和洗车用途的浊度/悬浮颗粒物指标限值严于道路清扫、消防、城市绿化、建筑施工等用途。

（2）无机盐

再生水用于城市杂用时，需要控制无机盐的含量，防止无机盐腐蚀管网。在城市绿化用途中，控制再生水无机盐含量，特别是 Na^+、Cl^- 等无机盐离子的含量，可防止无机盐毒害植物、导致土壤和地下水盐碱化等问题。在车辆清洗用途中，控制无机盐可防止其在车辆表面形成污点。在建筑施工用途中，控制无机盐还可防止 SO_4^{2-}、Cl^- 等无机盐腐蚀钢筋，降低混凝土强度。

（3）余氯

再生水城镇杂用时，常要求再生水在消毒 30min 后或管网末梢保持一定浓度的余氯，以有效灭活病原微生物、控制管网中微生物的生长。目前，我国《城市污水再生利用　城市杂用水水质》GB/T 18920—2020 中要求出厂水余氯浓度大于 1.0mg/L，管网末端大于 0.2mg/L。此外，由于过高浓度的余氯对植物有害，因此再生水用于城市绿化时余氯浓度应低于一定限值；规定再生水用于城市绿化时，余氯浓度应不超过 2.5mg/L。

（4）病原微生物、重金属和有毒有害有机物

再生水城镇杂用涉及人口众多，人体暴露于再生水利用区域的频率高、暴露时间长。水中病原微生物、重金属和有毒有害有机物可能通过呼吸吸入、皮肤接触等途径侵入人体。因此，需要控制水中病原微生物、重金属和有毒有害有机物的含量。此外，还需采取区别性颜色、指示牌等手段防止再生水管网与饮用水管连接、居民误入再生水使用区等，从而降低居民误饮、误接触再生水引发的风险。

8.4　再生水农业利用

8.4.1　再生水农业利用的主要途径

再生水农业利用的主要途径是农业灌溉，其前身是污灌。污灌是指利用未处理或经简单处理的工业废水、生活污水灌溉农田的一种形式。我国从 20 世纪六七十年代开始开展城市污水灌溉方面的工作。据统计，1998 年全国的污水灌溉面积占总灌溉面积的 7.3%，约为 3.62km²，其中约 85% 分布在水资源严重短缺的黄、淮、海、辽四大流域。随着再生水农业利用标准的出台，北京等地开始采用再生水替代未经处理的污水灌溉农田，但缺乏具体使用量等统计信息。

由于农业灌溉需水量大，在部分国家，农业灌溉已成为再生水利用的重要途径。例如，澳大利亚 2000 年用于农业灌溉的再生水用量为 4.2 亿 m³，占其再生水总利用量的 82%。在美国，佛罗里达州和加利福尼亚州用于农业灌溉的再生水量分别占再生水总量的 19% 和 44%。以色列作为水资源严重短缺的国家，农业灌溉是再生水的主要利用途径，约占再生水利用量的 85%。

8.4.2　再生水农业利用的潜在风险

再生水用于农业灌溉可确保农作物对水的需求并补充氮磷等营养元素，有利于农作物的生长和减少化肥的用量，但需要有效控制再生水利用的相关风险。再生水用于农业灌溉时，水中的无机盐、病原微生物、有毒有害有机物、重金属等带来的潜在风险不容忽视，

这些风险涉及损害作物、危害食品安全和公众健康、污染土壤地下水、堵塞灌溉系统等五个方面的问题。

（1）再生水对作物的潜在风险

再生水中的无机盐、重金属、有毒有害有机物等污染物可能对作物的生长产生不良影响，需要对其浓度进行有效控制。

（2）再生水对食品安全和公众健康的潜在风险

食品安全和公众健康是公众所关注的热点。污水中的重金属、类金属、有毒有害有机物、病原微生物等污染物，其对食品安全和公众健康的影响是关系再生水能否用于农业的关键。应重点关注有毒物质在农作物中积累、病原微生物污染食品和污染物影响公众健康等风险。

（3）再生水对土壤的潜在风险

土壤的物理化学性质是影响作物生长的重要因素。再生水灌溉时，水中的无机盐、溶解性有机物、重金属等污染物可能在土壤中积累，从而可能对作物生长产生长期影响。

（4）再生水对地下水的潜在风险

长期灌溉时，在上层土壤中积累的 Na^+、NO_3^- 等无机盐离子、重金属等污染物经渗透淋溶，可进入埋深较浅的含水层，污染浅层地下水。若该地下水是封闭型含水层（即地下水层与地表水系不连通），则地下水中的无机盐、重金属等污染物将不断累积。若地下水含水层与地表水系相连通，则污染物可能重新进入河流、湖泊等地表水系统，导致地表水的富营养化等问题。如果灌溉区域地下水含水层或地表水水体为饮用水水源地，再生水中的污染物亦将威胁饮用水水质安全。

（5）再生水堵塞灌溉系统

长期使用再生水灌溉系统时，水中的 Ca^{2+}、Mg^{2+}、HCO_3^- 等无机盐和颗粒物易形成水垢、沉淀，从而堵塞喷嘴、滴头。此外，水中的营养物质可导致微生物在管线和喷嘴处大量生长。

8.4.3 再生水农业利用的水质要求

（1）我国再生水农业利用的水质要求

根据《水回用导则 再生水分级与标识》T/CSES 07—2020，C级再生水在满足相关水质标准的条件下，可用于农业用水。

目前，我国有关农田灌溉水质的标准包括《城市污水再生利用 农田灌溉用水水质》GB 20922—2007 和《农田灌溉水质标准》GB 5084—2021。现行标准依据灌溉作物的类型制定了不同灌溉水质指标。我国农田灌溉水质基本控制指标和选择性控制指标分别见表 8-10 和表 8-11。

我国农田灌溉水质基本控制项目要求　　　　　　　　　　表 8-10

水质指标	城市污水再生利用 农田灌溉用水水质				农田灌溉水质标准		
	纤维作物	旱地作物与油料作物	水田谷物	露地蔬菜	水田作物	旱地作物	蔬菜
BOD_5(mg/L)	100	80	60	40	60	100	40[a],15[b]
COD_{Cr}(mg/L)	200	180	150	100	150	200	100[a],60[b]
SS(mg/L)	100	90	80	60	80	100	60[a],15[b]
溶解氧(mg/L)	—	0.5			—		

续表

水质指标	城市污水再生利用 农田灌溉用水水质				农田灌溉水质标准		
	纤维作物	旱地作物与油料作物	水田谷物	露地蔬菜	水田作物	旱地作物	蔬菜
pH	5.5～8.5				5.5～8.5		
TDS(mg/L)	非盐碱土地区 1000,盐碱土地区 2000			1000	非盐碱土地区 1000,盐碱土地区 2000		
氯化物(mg/L)	350				350		
硫化物(mg/L)	1.0				1.0		
余氯(mg/L)	1.5		1.0		—		
石油类(mg/L)	10		5.0	1.0			
挥发酚(mg/L)	1.0				—		
阴离子表面活性剂(mg/L)	8.0		5.0		5.0	8.0	5.0
汞(mg/L)	0.001						
镉(mg/L)	0.01						
砷(mg/L)	0.1		0.05		0.05	0.1	0.05
铬(六价)(mg/L)	0.1						
铅(mg/L)	0.2						
粪大肠菌群数(个/L)	40000		20000		40000		20000[a],10000[b]
蛔虫卵数(个/L)	2				2		2[a],1[b]
水温(℃)	—				35		

a. 加工、烹调及去皮蔬菜。

b. 生食类蔬菜、瓜类和草本水果。

我国农田灌溉水质选择控制项目要求　　　　表 8-11

水质指标	城市污水再生利用农田灌溉用水水质	农田灌溉水质标准		
		水田作物	旱地作物	蔬菜
氰化物(以 CN⁻ 计)(mg/L)	0.5	0.5		
氟化物(以 F⁻ 计)(mg/L)	2.0	2.0(一般地区),3.0(高氟区)		
石油类(mg/L)	—	5.0	10.0	1.0
挥发酚(mg/L)	—	1.0		
总铜(mg/L)	1.0	0.5	1.0	
总锌(mg/L)	2.0	2.0		
总镍(mg/L)	—	0.2		
硒(mg/L)	0.02	0.02		
硼(mg/L)	1.0	1.0[a],2.0[b],3.0[c]		
苯(mg/L)	2.5	2.5		
甲苯(mg/L)	—	0.7		

续表

水质指标	城市污水再生利用农田灌溉用水水质	农田灌溉水质标准		
		水田作物	旱地作物	蔬菜
二甲苯(mg/L)	—		0.5	
异丙苯(mg/L)	—		0.25	
苯胺(mg/L)	—		0.5	
三氯乙醛(mg/L)	0.5	1.0	0.5	
丙烯醛(mg/L)	0.5		0.5	
氯苯(mg/L)	—		0.3	
1,2-二氯苯(mg/L)	—		1.0	
1,4-二氯苯(mg/L)	—		0.4	
硝基苯(mg/L)	—		2.0	
铍(mg/L)	0.002	—		
钴(mg/L)	1.0	—		
铁(mg/L)	1.5	—		
锰(mg/L)	0.3	—		
钼(mg/L)	0.1	—		
钒(mg/L)	0.1	—		
甲醛(mg/L)	0.5	—		

a. 对硼敏感作物，如黄瓜、豆类、马铃薯、笋瓜、韭菜、洋葱、柑橘等。

b. 对硼耐受性较强的作物，如小麦、玉米、青椒、小白菜、葱等。

c. 对硼耐受性强的作物，如水稻、萝卜、油菜、甘蓝等。

《城市污水再生利用 农田灌溉用水水质》GB 20922—2007 将作物类型分为纤维作物、旱地作物与油料作物、水田谷物和露地蔬菜四种。规定了五日生化需氧量（BOD$_5$）、化学需氧量（COD$_{Cr}$）、悬浮物（SS）、溶解氧、pH、溶解性总固体、氯化物、硫化物、余氯、石油类、挥发酚、阴离子表面活性剂、汞、镉、砷、铬（六价）、铅、粪大肠菌群数和蛔虫卵数等 19 项水质基本控制指标和铍、钴、铜、氟化物、铁、锰、钼、镍、硒、锌、硼、钒、氰化物、三氯乙醛、丙烯醛、甲醛和苯等 17 项选择控制指标。

《农田灌溉水质标准》GB 5084—2021 将作物类型分为水田作物、旱地作物和蔬菜三种。规定了 BOD$_5$、COD$_{Cr}$、SS、阴离子表面活性剂、水温、pH、全盐量、氯化物、硫化物、总汞、镉、总砷、铬（六价）、铅、粪大肠菌群数和蛔虫卵数等 16 项水质基本控制指标以及铜、锌、硒、氟化物、氰化物、石油类、挥发酚、苯、三氯乙醛、丙烯醛、硼、镍、氯苯、1,2-二氯苯、1,4-二氯苯、硝基苯、甲苯、二甲苯、异丙苯和苯胺等 20 项选择控制指标。

（2）国际再生水农业利用的水质要求

世界上多个国家和国际组织制定了农业灌溉水质标准，用于指导再生水农业灌溉。联合国粮食及农业组织于 1994 年再版的《农业用水标准》(Water quality for agriculture)，评估了灌溉用水的水质标准，以提高现有水资源的利用效率。《农业用水标准》规定了一些水质指标和微量物质的最高限值。

国际标准组织（ISO）于2015年发布了《再生水灌溉工程指南 第一部分：灌溉再生利用工程基础》（Guidelines for treated wastewater use for irrigation projects-Part 1：The basis of a reuse project for irrigation）ISO 16075—1：2015。其参考了以色列《公众健康规定-处理过的污水水质要求和污水处理规定》（Public health regulation：regulation of treated wastewater quality and rules for wastewater treatment），针对以色列再生水用于农业灌溉的情况，提出了污水用于灌溉的水质要求，其指标包括氨氮、总氮、总磷、电导率、铝、汞等。

美国没有全国统一的农业灌溉水质标准，各州依据当地的条件和水体功能参照水质基准制定不同区域的水质标准。加利福尼亚州、亚利桑那州和佛罗里达州均对再生水农业利用制定了相关水质标准，基本控制项目如表8-12所示。

美国用于农业灌溉的再生水水质要求 　　　　　表8-12

水质指标	需经加工食用作物				非食用作物			
	EPA 推荐限值[a]	加利福尼亚州[b]	亚利桑那州[c]	佛罗里达州[d]	EPA 推荐限值[a]	加利福尼亚州[b]	亚利桑那州[c]	佛罗里达州[d]
BOD_5(mg/L)	30	—	—	20[e] ($CBOD_5$)	30	—	—	20[e] ($CBOD_5$)
SS(mg/L)	30	—	—	20[e]	30	—	—	20[e]
pH	6～9	—	—	6～8.5	6～9	—	—	6～8.5
TDS(mg/L)	500～2000	—	—	—	500～2000	—	—	—
余氯(mg/L)	1.0[f]	—	—	>1.0[g]	1.0[f]	—	—	>0.5[g]
粪大肠菌群数(个/L)	2000	—	2000	75%不得检出 (30d 以上)	2000	—	2000	2000 (年平均值)
大肠菌群数(个/100mL)	—	23 (7d 中位值)	—	—	—	23 (7d 中位值)	—	—

a. 灌溉产奶动物的牧场、作为饲料的作物、使用纤维、种子的作物。灌溉后15d内禁止放牧产奶动物，如果要缩短此期限，则必须采用高剂量消毒，如达到粪大肠杆菌≤14/100mL。

b. 在美国加利福尼亚州，满足该标准的再生水可用于灌溉对公众接触无限制的观赏性苗圃树木和绿地，产奶动物的牧场，限制公众接触且灌溉区域无与公园、运动场或校园类似功能的任何非食用作物地。再生水用于灌溉无果树木、观赏性苗圃树木和绿地，草料和纤维作物、奶不用于人类消费的产奶动物牧场、种子不被人类食用的种子作物时，仅需满足采用二级生物处理的标准。此外，灌溉观赏性苗圃树木、绿地，在收获、零售或公众接触前的14d均需停止。

c. 在美国亚利桑那州，满足该标准的再生水可用于产奶动物牧场的灌溉和牲畜（产奶动物）饮水。再生水用于非奶制品动物牧场的灌溉，牲畜饮水（非产奶动物），草场、纤维、种子、草料、类似作物和森林的灌溉时，仅需经二级处理（可用系列稳定塘，停留时间＞20d）且水中粪大肠杆菌含量应＜1000 个/100mL（最近 7d 中至少 4d 不能超过）。

d. 在美国佛罗里达州，满足该标准的再生水可用于牧场、大规模苗圃、草场、森林或用于种植饲料、草料、纤维或种子的作物。再生水使用后15d内禁止放牧奶牛。

e. $CBOD_5$ 和 TSS（年平均）≤20mg/L，$CBOD_5$ 和 TSS（月平均）≤30mg/L，$CBOD_5$ 和 TSS（周平均）≤45mg/L，$CBOD_5$ 和 TSS（单个样品）≤60mg/L。用于地下灌溉系统时（单个样品）TSS≤10mg/L。

f. 管网末梢游离性余氯＜1.0mg/L，接触时间 30min 时余氯≥1.0mg/L。

g. 峰值流量时接触时间至少 15 min 后余氯≥0.5mg/L。

8.5 再生水补给饮用水水源

8.5.1 再生水补给饮用水水源的主要途径

再生水补给饮用水水源的方式包括无计划间接补给饮用水水源（de facto potable re-use，FPR）、有计划间接补给饮用水水源（indirect potable reuse，IPR）和直接补给饮用水水源（direct potable reuse，DPR）。

无计划间接补给饮用水水源是指污水经处理后排入河流，下游城市从河流取水作为饮用水源的现象。无计划间接补给饮用水水源由于执行排放标准而非再生水利用标准，容易造成饮用水源水质恶化。

有计划间接补给饮用水水源是指污水经深度处理达到再生水利用标准后，排入水库和地下等水源地，经环境缓冲和自然净化后，作为水源进入给水处理系统。这种方式增加了自然净化过程，有利于提高水质、提升公众的接受度。

直接补给饮用水水源是指污水经过深度处理达到再生水利用标准后，与饮用水源直接混合进入给水处理系统。直接补给饮用水水源对污水再生处理的要求高，适于极度缺水的地区。

再生水补给饮用水水源是解决饮用水危机的有效方法之一，国际上已有超过50年的研究和工程实践。我国再生水利用起步较晚，这方面的理论和实践研究均较为薄弱。2015年国务院颁布的《水污染防治行动计划》中特别指出，要加快开展高品质再生水补充饮用水水源等研究。进一步研究再生水处理技术、拓展再生水补给饮用水水源等新途径将为我国"十四五"城镇污水处理及资源化利用发展规划的顺利实施提供坚强保证。

（1）无计划间接补给饮用水水源

无计划间接补给饮用水水源在大型河流流域普遍存在。例如在我国的长江，欧洲的莱茵河，日本的淀川及美国特拉华河、俄亥俄州河、密西西比河等流域，上游城市向河流、湖泊中排放处理后的污水，下游城市从接纳大量污水的江河、湖泊中取水作为饮用水，实际上就是无计划间接补给饮用水水源。图8-1为我国长江水系示意图，上游城市污水经处理后排入长江，下游城市的居民则以长江水系作为饮用水水源。

（2）有计划间接补给饮用水水源

有计划间接补给饮用水水源在国际上已有较多的应用案例，但主要集中在美国、澳大利亚和新加坡等国家（表8-13）。

目前，间接补给饮用水水源项目规模范围较宽，水量从几百 m^3/d 到几十万 m^3/d。补给比例通常较小，但在干旱季节，补给比例可能急剧增加（如弗吉尼亚州的上奥柯昆）。

间接补给饮用水水源工程项目在再生水厂采取的处理工艺包括粉末活性炭过滤、臭氧氧化、生物活性炭、微滤、反渗透和紫外线高级氧化等。处理之后，再生水排入环境缓冲水体，例如土壤含水层或河流、水库及湖泊等。美国上奥柯昆、洛杉矶等地区的有计划间接补给饮用水水源项目已运行超过30年，目前未见危害公众健康的事件报道。

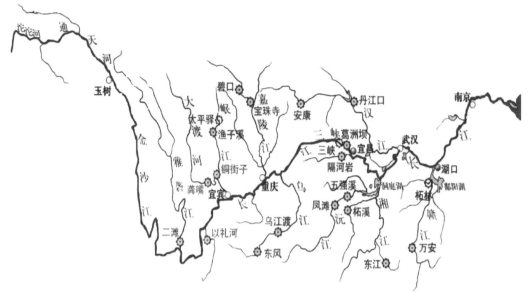

图 8-1 长江水系示意图

再生水有计划间接补给饮用水水源工程案例　　　　　　　表 8-13

国家和地区		产水量 (万 m³/d)	占饮用水水源比例(%)	再生水处理工艺
美国	上奥柯昆,弗吉尼亚州	20	通常5; 旱季90	二级—石灰除磷—两级再碳酸化—多级介质过滤—GAC—氯消毒/脱氯—水库
	弗雷德赫维,德克萨斯州	45	65	二级—PAC—石灰软化—介质过滤—臭氧—BAC—氯消毒—土壤含水层
	雷诺斯特德,内华达州	—	—	二级—UF—臭氧/双氧水—BAC—环境缓冲水体
	韦恩山,佐治亚州	23	—	二级—石灰软化—再碳酸化—三重介质过滤(超滤)ª—BAC—臭氧—河流
	丹佛,科罗拉多州	0.38	—	二级—混凝—再碳酸化—过滤—选择性离子交换—活性炭吸附—臭氧—活性炭吸附—RO—二氧化氯消毒
	蓓丽沃特,科罗拉多	19	—	岸边过滤—土壤含水层—软化—紫外/双氧水—介质过滤—膜过滤
	斯科茨代尔,亚利桑那	7.6	—	二级—臭氧—MF—RO—UV—土壤含水层
	奥兰治县,加利福尼亚州	38	3~20	二级—MF—RO—紫外/双氧水—环境缓冲水体
	圣地亚哥,加利福尼亚州	—	—	二级—MF—RO—紫外/双氧水—水库
	洛杉矶,加利福尼亚州	—	—	二级—MF—RO—紫外—水库
	埃尔塞贡多,加利福尼亚州	—	—	二级—臭氧—MF—RO—UV/H₂O₂
	洛杉矶,加利福尼亚州	—	—	二级—MF—RO—臭氧/双氧水—环境缓冲水体
	洛杉矶,加利福尼亚州	140	<23	次氯酸钠—过滤—氯消毒—酸性亚硫酸盐—土壤含水层
	米申谷,加利福尼亚州	0.019	—	二级—混凝—过滤—紫外消毒—过滤—RO—活性炭

116

国家和地区		产水量 (万 m³/d)	占饮用水水 源比例(%)	再生水处理工艺
澳大利亚	珀斯	—	—	二级—UF—RO—紫外—水库
	杰林冈,新南威尔士	—	—	二级—臭氧—BAC—膜过滤—紫外—环境缓冲水体
	南卡布尔切,昆士兰	—	—	二级—石灰软化—再碳酸化—三重介质过滤—超滤—预臭氧—BAC—臭氧—河流
	昆士兰	23	—	二级—MF—RO—紫外/双氧水—水库
	兰大卫,昆士兰	—	—	二级—臭氧—BAC—紫外—环境缓冲水体
其他	比利时	0.69	—	二级—MF/UF—RO—土壤含水层
	新生水厂,新加坡	1.36	约2	二级—MF—RO—紫外—水库
	雷根斯多夫,瑞士	—	—	二级—PAC—石灰软化—介质过滤—臭氧—生物砂滤—氯消毒—土壤含水层

a F. Wayne Hill 再生水厂采用两套工艺,其中一套采用再碳酸化—三重介质过滤,另一套用超滤取代。

（3）直接补给饮用水水源

在一些极度缺水的城市或地区,由于需水量不断增大、替代水源短缺和旱季的延长,再生水短期或长期直接用于补给饮用水水源,但相关案例相对较少。纳米比亚（Namibia）的温得和克市（Windhoek）从1968年起便将再生水直接作为饮用水使用。其将经滴滤/活性污泥法—稳定塘工艺处理后的生活污水,与当地的 Goreangab 水库水按1:3.5的比例混合,经混凝、气浮、砂滤、臭氧氧化和活性炭吸附等处理后,又与其他来源饮用水混合作为饮用水。该厂经2002年改建后处理能力达2.1万 m³/d,旱季可满足城内50%的日常饮用水需要。

为了保障再生水的安全性,温得和克市的再生水系统建立了严格的源头控制措施,以减少工业废水对饮用水安全的影响。同时,该系统在水处理阶段采用了一套完善的水质净化组合工艺,以控制微生物和化学污染物,工艺流程为:二级处理—预臭氧—混凝—溶气气浮—快速砂滤—臭氧—生物活性炭—颗粒活性炭—超滤—氯消毒,出水再与饮用水源混合。自来水厂的出水参考纳米比亚、美国和欧盟的饮用水标准,一旦发现水质超标,处理后的再生水将不会进入给水管网。该厂成功运行了几十年,目前未见影响公众健康的负面报道。这表明,再生水直接补给饮用水水源在技术上具有一定的可行性。

除了纳米比亚以外,美国新墨西哥州和德克萨斯州也有直接补给饮用水水源的案例（表8-14）。

再生水直接补给饮用水水源工程案例　　　　　　　　　　表 8-14

名称	产水量 (万 m³/d)	占饮用水 水源比例 (%)	再生水处理工艺
温得和克、纳米比亚	2.6	25	二级出水—预臭氧—混凝—溶气气浮—快速砂滤—臭氧—BAC—GAC—UF—氯消毒—自来水厂（与饮用水源混合）
克劳德克罗夫特、新墨西哥州、美国	0.0379	<49	MBR—RO—紫外/双氧水—与饮用水源混合—UF—紫外—GAC—氯消毒—用户

续表

名称	产水量 （万 m³/d）	占饮用水 水源比例 （%）	再生水处理工艺
大斯普林、德克萨斯 州、美国	0.95	<15	消毒出水—MF—RO—紫外/双氧水—与饮用水源混合—混 凝沉淀—介质过滤—氯消毒—用户

公众在心理上难以接受是再生水直接补给饮用水水源面临的重要障碍。相比于直接补给饮用水水源，公众更容易接受再生水间接补给饮用水水源的利用方式。公众认为再生水间接补给饮用水水源，可在河道、水库或者蓄水层贮存过程中得到天然净化。此外，人们直接饮用的水量占总用水量的比例很小。

8.5.2　再生水补给饮用水水源的潜在风险

再生水补给饮用水水源虽可有效增加饮用水的供应，但仍存在一定的潜在风险，主要包括水体富营养化，有毒物质在底泥、土壤和地下水中积累，危害公众健康等方面，见表 8-15。

再生水补充饮用水的潜在风险分析　　　　　　　　表 8-15

用途	风险类型	暴露对象	暴露途径	风险因子
直接补给饮用 水水源	危害公众健康、影响 感官	人体	摄入	病原微生物、重金属、有毒有害有机物、嗅味 物质
间接补给饮用 水水源	危害公众健康、污染地 下水、影响感官	人体	摄入	病原微生物、重金属、有毒有害有机物、嗅味 物质
	水华	—	—	营养元素（富营养化）

（1）水体富营养化

再生水补给地表饮用水水源地时，水中的氮磷营养物质可能引发藻类大量生长。藻类大量生长可产生藻毒素等有毒有害次生藻类代谢产物，使得水源水和饮用水恶臭、鱼类死亡，引发城市供水危机。2007 年 5～6 月太湖暴发水华，形成的污染团进入无锡饮用水源取水口，导致无锡市饮用水出现腥臭现象，引发了无锡市饮用水危机。

（2）有毒有害物质在底泥、土壤和地下水积累

再生水在补给地表水、地下水水源地时，水中病原微生物、有毒污染物可能会在水源地底泥、土壤乃至地下水中积累，其风险有待评估。

（3）健康风险

再生水补给饮用水水源时，若未经严格处理，水中的有毒有害有机物、重金属和病原微生物可能污染饮用水，并通过摄入途径进入人体内，从而引发潜在的健康风险。

在现有的大部分研究中，用于补给饮用水水源的再生水水质与饮用水相近或优于饮用水。再生水用于补给饮用水水源需要对再生水作为饮用水水源的风险进行分析、识别和评价。

8.5.3　再生水补给饮用水水源的水质要求

再生水用于补给饮用水水源的水质要求很高，通常要求达到或超过饮用水水质标准。

根据《水回用导则 再生水分级与标识》T/CSES 07—2020，A3、A2 或 A1 级再生水在满足相关水质标准的条件下，可用于补充水源。

需要关注的水质指标要求包括色、嗅、浊度/悬浮颗粒物、营养物质、余氯、病原微生物、有毒有害有机物、重金属等方面。

(1) 色、嗅和浊度/悬浮颗粒物

对于公众而言，颜色、嗅味、浊度等感官效果是评价饮用水水质好坏的最直观方式。因此，在再生水补给饮用水水源时，需关注其色度、嗅味和浊度/悬浮颗粒物等与感官效果有关的水质指标。

(2) 营养元素

再生水用于补给地表水源地时，需要控制和去除氮磷等营养元素，防止水源地富营养化、水华暴发等问题。当再生水用于补给地下水时，需要控制氨氮、硝酸盐氮、亚硝酸盐氮等含氮化合物，从而防止硝酸盐在人体唾液和肠胃道内经微生物作用后被还原成有毒的亚硝酸盐，危害人体健康。

(3) 病原微生物、有毒有害有机物和重金属

再生水补给饮用水水源时，需对水中病原微生物、有毒有害有机物、重金属进行控制，防止污染物通过摄入途径进入人体体内，造成潜在健康风险。

(4) 世界卫生组织（WHO）相关指南的水质要求

WHO 于 2017 年首次发布了《再生水补给饮用水水源：安全饮用水生产指南》，旨在为各国开展再生水补给饮用水水源规划、设计、运行、管理和系统评价等工作提供技术指导，逐步引导并规范再生水补给饮用水水源的广泛、深入和可持续发展。指南从保障公众健康安全的角度，提出了再生水补给饮用水水源管理原则、系统评价、管理方法及监管要求，强调了水回用系统全流程控制、多屏障水质安全保障等措施。

针对病原微生物去除目标，该指南采用《WHO 饮用水水质准则》中设定的每人每年 10^{-6} 的残疾调整寿命年的可容许的疾病风险水平(式(8-1))。针对微量化学污染物，该指南未设定基准值（注：基准值并不是强制性的限值，而是为国家或地区制定水质指标限值提供科学依据）。针对常量化学污染物和放射性污染物，基准值参考《WHO 饮用水水质准则》，该指南未设定新的指标和基准值。

$$需要的病原微生物对数去除量 = \log\left(\frac{再生水原水中病原微生物的浓度}{病原微生物相当于 10^{-6} \, DALYs/（人·年的浓度）}\right)$$

$$(8-1)$$

(5) 美国相关指南的水质要求

美国环境保护署（US EPA）和各州均提出了针对有计划间接补给饮用水水源的水质标准（表 8-16）。

其对 BOD_5（五日生化需氧量）或 $CBOD_5$（五日碳质生化需氧量）、总悬浮固体、浊度、pH、余氯、总氮、总有机碳（TOC）和总有机卤素浓度（均以质量浓度计）等化学污染物指标以及总大肠菌群和粪大肠菌群等微生物指标都给出了明确的限定。美国环境保护署规定 TOC 浓度需小于 2mg/L，总大肠菌群不得检出且某些指标需要满足饮用水标准，对再生水的处理工艺都提出了很高要求。

美国环保署及各州再生水间接补给饮用水水源的水质要求　　表 8-16

水质指标	美国环境保护署			马萨诸塞州	加利福尼亚州[b]	佛罗里达州	德克萨斯州	华盛顿州		
	地表渗流入地下水	直接注入地下水	补充地表水					地表渗流入地下水	直接注入地下水	补充地表水
BOD₅ 或 CBOD₅ (mg/L)	—	—	—	<10	—	CBOD₅:20(年平均); 35(月平均);45(周平均);60(最大值)	5	30	5	30
TSS(mg/L)	—	—	—	<5	—	5(最大值)	5	30	5	30
浊度(NTU)	≤2	≤2	≤2	<2	2(平均,介质过滤);10(最大,介质过滤);0.2(平均,膜过滤);0.5(最大,膜过滤)	2~2.5	3	2(平均值);5(最大值)	0.1(平均值);0.5(最大值)	—
pH	6.5~8.5	6.5~8.5	6.5~8.5	6~9	—	—	—	—	—	—
余氯(mg/L)	1[a]	1[a]	1[a]	—	—	—	—	—	—	—
TN(mg/L)	—	—	—	<10	10(4个连续样品平均值)	10(年平均)	—	—	10	依据受纳水体
TOC(mg/L)	≤2	≤2	≤2	—	0.5	3(月平均);5(最大值)	—	—	1	—
TOX(mg/L)	—	—	—	<140	—	0.2(月平均值);0.3(最大值)	—	—	—	—
总大肠菌群(个/100mL)	不得检出	不得检出	不得检出	—	2.2(7d平均);23(30d不得超过);240(最大)	4(最大)	—	2.2(7d平均);23(最大)	1(平均);5(最大)	—
粪大肠菌群(个/100mL)	—	—	—	—	—	—	20(平均值);75(最大值)	—	—	200(平均);400(周最大值)

a. 仅适用于氯作为主要消毒剂。总余氯应满足至少90min的接触时间或相同或指示病原微生物达到相同灭活效果的时间。任何情况下,实际接触时间不得少于30min。

b. 该项要求为草案,摘自《再生水补给地下水条例草案》(CDPH, 2011)。

2012 年，美国国家水研究所（National Water Research Institute）和美国水回用研究基金会（Water Reuse Association）对再生水直接补给饮用水水源的水质标准提出了建议（见表 8-17）。在化学污染物指标方面，该建议主要对消毒副产物（DBPs）、全氟辛酸和 1,4-二恶烷等微量有机污染物作出了限定。在微生物指标方面，该建议对隐孢子虫和总大肠菌群等病原微生物的去除率提出了很高的要求。

再生水直接补给饮用水水源的水质要求建议　　　　　　　　　　表 8-17

项目	污染物	水质标准	标准参考依据*
消毒副产物	三卤甲烷（THMs）	80μg/L	US EPA
	卤乙酸（HAA₅）	60μg/L	US EPA
	亚硝基二甲胺（NDMA）	10ng/L	CDPH
	溴酸盐	10μg/L	US EPA，WHO
	氯酸盐	800μg/L	CDPH
其他化学污染物	全氟辛酸（PFOA）	0.4μg/L	US EPA
	全氟辛烷磺酸（PFOS）	0.2μg/L	US EPA
	高氯酸盐	15μg/L 6μg/L	US EPA 加利福尼亚州
	1,4-二恶烷	1μg/L	CDPH
病原微生物	肠道病毒	12(log 去除率)	US EPA，NRC
	隐孢子虫	10(log 去除率)	US EPA，NRC，CDPH
	总大肠菌群	9(log 去除率)	US EPA，NRC

* WHO 为世界卫生组织；US EPA 为美国环境保护署；CDPH 为美国加利福尼亚州公众健康部；NRC 为美国国家研究委员会。

上述再生水补给饮用水水源的水质标准也存在局限性。首先，美国的间接补给饮用水水源标准中没有对常用污染指标总磷浓度提出要求，这可能是由于美国污水排放基本标准中未规定总磷浓度限值，总磷标准通常会具体到某流域。缺乏对总磷的控制可能导致再生水补充地表水之后暴发水华。同时，现有水质标准多关注常规化学指标及少量受控消毒副产物，缺乏对新兴消毒副产物、个人护理品和内分泌干扰物等微量有机污染物的控制。再者，化学污染物指标不能完全反映再生水在补给饮用水水源过程中的水质安全风险，将来在再生水补给饮用水水源的实践中，需评估再生水对人体健康的影响，考察再生水的哺乳动物细胞毒性等指标。

除以上水质指标外，还应重视再生水在饮用水处理尤其是消毒过程中的水质变化，关注总有机卤素生成潜能和细胞毒性生成潜能等指标。另外，应考虑再生水在管网输配和环境缓冲储存中的生物稳定性，关注可同化有机碳及微藻生长潜力等指标。

第9章 城镇再生水利用安全保障

9.1 再生水系统与利用模式

9.1.1 再生水系统的定位与基本构成

再生水系统是一个非传统供水工程，既具有污水处理系统的特征，又具有供水系统的特征。再生水系统，包括水源、处理、管网、终端利用等单元（图9-1、表9-1）。污水经过再生处理单元，成为达到一定水质要求的再生水，继而通过管网配送到用户。在某些特定的情况下，再生水需要储存，以方便利用。

图9-1 再生水系统基本构成

再生水系统与污水系统的比较 表9-1

指标	污水处理（达标排放）	污水再生利用（再生水利用）
系统构成	二级处理、深度处理	二级处理、深度处理、管网、储存、用户
处理技术	生物处理、混凝过滤、消毒等	高级氧化、生物滤池、膜过滤、消毒等
水质要求	达标排放	满足不同用户的水质要求
管网系统	排水管道	供水管道（管网微生物生长控制等）
储存系统	（无）	地表、地下、水箱
用户	（无）	用户种类与数量多
可靠性	要求高	要求更高

注：深度处理为三级处理。

污水再生处理系统包括（但不限于）一级处理、二级处理、三级处理（深度处理）和消毒处理等，但通常指二级处理之后的深度处理与消毒处理（图9-2）。污水一级和二级处理是污水再生处理的基础，深度处理是再生水处理的主体单元，消毒处理是再生水处理的必备单元。再生水输配与储存主要用于将再生水从再生处理设施输配到用户端，包括清水池、再生水主干管网、支网或移动式再生水罐装车等。

9.1.2 再生水利用模式

根据利用模式的不同，再生水利用系统主要分为集中式、分散式和分布式三种。这三

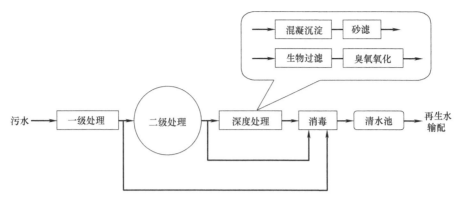

图 9-2　污水再生处理系统基本构成和流程

种模式各有利弊,在实践中应根据不同地区的特点以及现实情况,坚持"优水高用、劣水低用"原则,因地制宜地确定再生水利用模式。

(1) 集中式

集中利用模式通常以集中式城镇污水处理厂出水为水源,进行集中处理,再将再生水通过输配管网输送到不同的用水场所或用户管网。

集中利用模式在污水再生处理环节具有规模效应、经济节能等特征,通常拥有完备的调控系统、完备的监测设施和安全备用设施以及熟练的工作人员,可以应对进水水量水质波动等问题,在中国和美国、澳大利亚、新加坡、日本、以色列等国家已成为主流的再生水利用模式,得到了大规模应用。

但是集中利用模式存在管网建设费用高、输送距离长、难以实现"分质使用"和"优水高用、劣水低用"等不足。同时存在多种用途时,该模式的水质标准需要按照其中最高要求确定,造成"过度处理"与处理费用升高。

为提高水的循环利用效率,最大限度地减少城市取水量和外排水量,促进节水减污、城市水环境保护和水生态修复,应优化再生水利用系统和利用模式。

(2) 分散式

分散利用模式是在相对独立或较为分散的居住小区、开发区、度假区或其他公共设施区域内,就地建设再生水处理设施,实现再生水就近就地利用。

分散式污水再生利用系统一般规模较小,在工程建设和运行方面不具有规模效应,存在管理难度大、运行不易稳定等缺点。但是分散利用模式不需要建设大规模的管道系统进行长距离输送,且用途比较单一,可根据水质要求进行适度处理,作为集中式利用系统的补充。该模式适用于城乡接合部、农村和偏远地区。

(3) 分布式

分布式模式是指在一定区域内,在再生水主要利用点就近建设污水处理厂(再生水厂),就近利用生产的再生水。分布式是介于集中式和分散式之间的一种模式,也可称为组团式模式。这种模式的管网输送距离短,经济效益和生态环境效益显著,具体体现在以下三个方面:

1) 提高污水收集效能。通过合理布局、就近处理、就近利用,可以减少污水管网和再生水管网长度,从而减少管网漏损或倒灌,提高收集效能,助力污水处理厂提质增效。

2）降低建设投资和运行成本。分布式布局可大幅减少污水收集和再生水管网投资、运行和维护成本，综合投资和成本低。

3）提高再生水利用效益。分布式布局可就近供给用户，如分段分级补给河道，可大大缩短再生水与用户距离，实现再生水高效就近利用。

9.1.3　区域再生水循环利用模式

区域再生水循环利用是指将处理后达到排放标准的污水，经过生态处理设施等进一步进行深度净化，水质达到有关使用要求后，通过自然储存、输配和调度，作为水资源在一定区域内再次用于生产、生活和生态的一种再生水循环利用模式（图 9-3）。

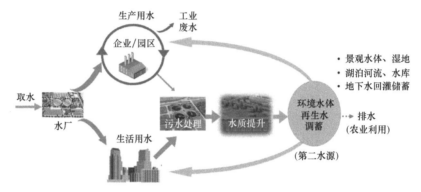

图 9-3　区域再生水循环利用示意图

该模式中的环境水体不是再生水利用的终点，而是再生水循环利用的中间节点，具有水质净化和水量储存（生态储存）等功能，相当于城镇的"第二水源"和"非常规水源"。区域再生水循环利用的优势如下：

（1）用水统筹、水效提升：可以同时满足生态用水、生产用水和生活用水需求，解决生态用水与生产生活争水的矛盾，提高了用水效率。

（2）生态调蓄、天然输配：水体作为再生水的储蓄库和输配通道，可解决再生水利用的季节性问题，缓解再生水输配管网建设压力。同时具有雨洪调蓄功能，防止内涝。

（3）水质提升、属性转变：通过自然净化，提高了水质，使污水转化为具有天然属性的"生态水"，可缓解用户心理障碍，提高公众接受程度，也可成为生态增容的重要措施。

（4）供水开源、灰绿融合：可实现供水多途径开源，促进城市供排水系统建设和水环境治理融合。

在缺水地区，宜优先将达到排放标准的污水处理厂出水，经过进一步净化后转化为可利用的水资源，就近回补自然水体，纳入区域水资源调配管理，作为"第二水源"在区域内进行循环利用，从而形成区域再生水循环利用模式。该模式可以实现水资源、水环境和水生态"三水共治"，生态环境效益和经济效益显著，值得大力推广。

9.2　再生水利用安全保障

9.2.1　再生水利用的安全问题

再生水利用面临的安全问题主要有水质安全、水量保障和事故防范（图 9-4），其中水质安全（包括健康安全、生态安全、生产安全和心理安全）是保障再生水利用安全的关键。健康安全、生态安全和生产安全可从技术管理措施上保证再生水使用安全，心理安全则是从心理认识上解决公众对再生水的使用顾虑。对于城市杂用、补给饮用水水源等可能与人体接触或吸入暴露较为频繁的再生水利用途径，保障公众的心理安全尤为重要。

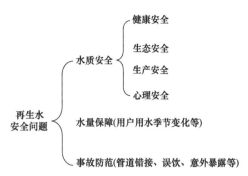

图 9-4　再生水利用面临的潜在安全问题

事故防范是再生水管网工程施工以及日常管理中需要高度关注的问题。

污水中存在种类繁多、性质及危害性各异的污染物，除常规的无机盐和有机污染物外，还存在对人体健康和生态系统危害性大的污染物，如病原微生物、氮磷等营养物质、有毒有害污染物（如重金属、微量有毒有害有机污染物）等。病原微生物具有健康风险，有毒有害污染物具有健康和生态风险。氮、磷等营养物质本身并没有直接的健康风险，但是在再生水景观利用过程中，会引起水华暴发，从而带来潜在的生态和健康风险。表 9-2 列举了与再生水水质相关的安全问题。

再生水不同用途可能产生的潜在安全问题　　　　　　　　　　　　　　表 9-2

再生水用途	可能的安全问题
农、林、牧、渔业用水	1. 水中有毒有害污染物等对植物、作物和水生生物的影响； 2. 病原微生物(细菌、病毒、寄生虫)对公众的健康造成威胁； 3. 管理不善引起土壤及地下水的污染
城镇杂用水	1. 管理不善会引起地表水和地下水污染； 2. 水质，特别是盐分对土壤产生影响； 3. 病原微生物(细菌、病毒、寄生虫)对公众的健康造成威胁； 4. 管道交叉连接
工业用水	1. 水中的组分会引起结垢、侵蚀、剥落、生物生长等现象； 2. 公众健康，特别是冷却水应用中病原体在气溶胶中的传输
景观环境用水	1. 病原微生物(细菌、病毒、寄生虫)对公众的健康造成威胁； 2. 受纳水体由于氮、磷引起的富营养化； 3. 对水生生物的毒性； 4. 引起底泥、地下水污染
补给地下水	1. 水中的有机污染物及其毒性影响； 2. 总溶解性固体、硝酸盐、病原体等

9.2.2　再生水水质安全保障与风险控制体系

污水再生利用主要包括污水再生处理、再生水输配与储存、再生水利用等三个主要环节。从技术路线和策略上看，要坚持源头控制、过程控制和用户端控制相结合的原则。再生水水质保障应坚持"源头控制与过程控制相结合、单元优化与系统优化相结合、化学污染物与病原微生物协调控制"的基本原则。

"源头控制与过程控制相结合"是指再生水水质安全保障措施不应仅针对污水再生处

理与输配、储存过程，还应同时针对污水收集、污水处理等再生水原水，实现再生水的水源水质保障。

"单元优化与系统优化相结合"是指不能将传统的一级、二级处理与深度处理割裂开来，不能仅凭深度处理系统的优化设计和运行来保障再生水的水质安全，需要将一级处理、二级处理、深度处理和消毒作为一个整体考虑。比如，应通过强化二级处理过程将污水中的总氮高效去除，而不是把总氮去除的压力都集中在深度处理过程。再如，消毒过程中消毒副产物的控制不能仅通过消毒系统的优化来实现，应通过识别消毒副产物的前体物，并将其在消毒之前的处理工艺中高效去除。这样既可以提高消毒的效果，也可控制由消毒副产物引发的水质风险。

"化学污染物与病原微生物协调控制"是指在再生水消毒和氧化处理过程中，不能仅关注病原微生物的灭活和特定化学物质的去除，还应该控制有毒有害副产物的生成。再生水在消毒，特别是氯消毒、臭氧消毒过程中常会产生有毒有害消毒副产物，造成一定的水质风险。如何解决病原微生物灭活与消毒副产物生成的矛盾，是再生水消毒过程中面临的重要问题。在高效灭活病原微生物和去除毒害性特定污染物的同时，应避免由消毒副产物和中间产物引起的次生风险。

图9-5给出了再生水水质安全保障与风险控制体系的基本构成和关键内容。

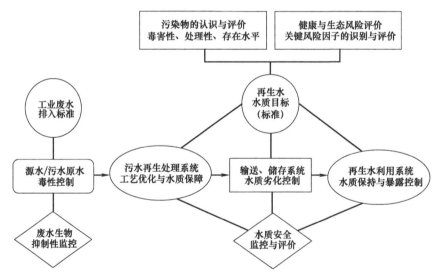

图 9-5　再生水水质安全保障与风险控制体系

9.2.3　再生水系统可靠性

再生水系统是一个复杂的非传统供水系统。由于再生水水源中的生物和化学污染种类繁多、组分复杂、危害效应和处理特性各异，再生水利用途径不同，所需的安全保障水平也不同，系统中的各个环节都可能对再生水水质安全保障和风险控制产生影响。再生水系统的核心目标是保障水质安全和系统可靠、稳定、高效运行。与污水处理系统相比，再生水系统的可靠性要求更高；与饮用水供水系统相比，再生水系统的可靠性保障更复杂。

再生水系统可靠性通常理解为系统出水水质可以稳定达到或超过现有再生水水质标准

或处理目标的时间百分比。再生水系统可靠性的内涵主要包括冗余度、鲁棒性和弹韧性，如图 9-6 所示。

（1）冗余度

冗余度是指系统超出最低要求的水质保障能力配置，再生水处理能力的冗余是指系统需要具备超出最低水质安全保障要求的处理能力，以保证某一单元发生事故时，系统仍能够稳定持续地达到处理目标或性能指标。

目前，提高冗余度的常见形式主要有增加处理系统中与其他单元并行的备用单元、使用更保守的处理方法（例如增加额外的处理能力或额外的处理过程）、安装用于某些关键控制点监测任务（例如消毒剂

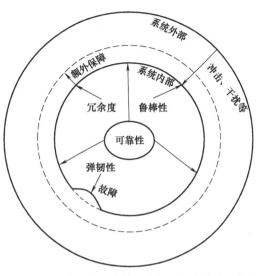

图 9-6　再生水系统可靠性的内涵及保障措施示意图

残留物）的备用设备等。增加并联或备用设备的目的主要是确保系统能够更加可靠地运行其设计能力，而其他形式的冗余设备（例如提供额外处理和监测）旨在确保系统能更可靠地达到其处理目标。

图 9-7 为两种不同的冗余度保障形式。方法 A 表示处理能力的冗余，即设定的处理能力（7 个 log）超出了最低水质保障要求与去除目标（6 个 log），使系统具备了一定的故障预防能力，并确保将故障对系统的干扰降到最低；方法 B 则表示监测能力的冗余，即通过额外的监测设施、手段等，提高系统预防故障的能力。提高系统处理能力的冗余度，可有效保证系统能适应或满足更高的处理目标和水质需求。

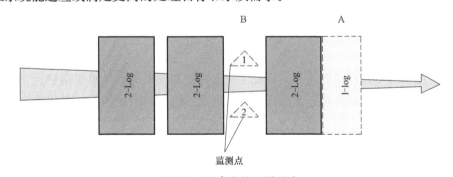

图 9-7　冗余度的不同形式

注：方法 A 虚线框表示处理能力的冗余；方法 B 表示监测能力的冗余，虚线框 1 和 2 表示可能的监测点设置。

（2）鲁棒性

鲁棒性是指系统在某种扰动作用下，保持功能稳定的能力，即抗干扰能力。再生水进水水质复杂（存在多种化学污染物、病原微生物以及一些新兴或未知污染物），在污水再生处理过程中存在某个或多个单元失效的可能性，同时系统还可能受到外界的冲击和干扰（如进水的冲击负荷等因素的影响）。

多级屏障安全保障可有效提高系统的鲁棒性（图 9-8）。多级屏障模式可通过设置不同

屏障拦截或处理不同污染物，同时可确保在某一环节发生故障时，系统仍具备一定处理能力，避免系统失效，即降低了失效风险。

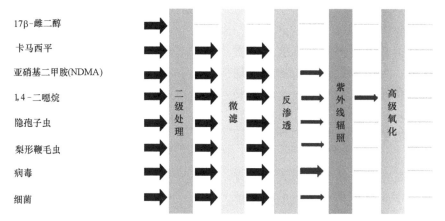

图 9-8　多级屏障处理工艺增强再生水系统鲁棒性示意图

冗余度和鲁棒性相辅相成，均可通过优化多重屏障安全保障模式预防故障并提高可靠性。

（3）弹韧性

弹韧性是指系统对突发事故的应对和功能恢复能力。冗余度和鲁棒性旨在避免系统发生事故，但系统事故的发生不可能完全避免，因此弹韧性要求系统可以采取措施成功应对事故的发生，而且在发生故障时不会对公共健康造成伤害。

弹韧性主要可以通过以下两种形式增强：1）对于某些可预见性的灾害（如洪水、地震等自然灾害等），可以开发预防性策略和措施以减少其影响，例如在地震多发地区，可进行水处理设施及其基础设施的抗震加固；在龙卷风易发地区，可设置备用隔离电源；2）建立故障迅速响应系统，如在停电期间对已处理和未处理的水自动进行分流。以上两种形式可以有效结合，以预防常见、罕见及故障事件。

（4）其他指标

除冗余度、鲁棒性和弹韧性外，负效应也是评价系统可靠性的重要指标，主要反映再生水系统伴生风险，包括有毒有害消毒副产物生成、消毒后微生物复活和生物稳定性降低等方面。

此外，在某些工业领域，例如发电行业，还将可用性（或持续供应）确定为其关键目标。但从公共健康的角度考虑，稳定持久的保护（可靠性）还是应当优先于稳定持久的可用性。

根据再生水系统可靠性内涵，可进一步确定各维度评价指标和定性或定量评价方法（图 9-9）。例如，冗余度评价指标可包括崩溃负荷（安全系数）、崩溃时间、传递度、备份度等；弹韧性评价指标可包括处理单元故障率、严重程度、修复时间、灵敏度、精确度、安全防范措施、管理水平等。对于鲁棒性和负效应的评价，则可以通过选取特征污染物（例如病原指示微生物、消毒副产物等）的方式，考察其在再生水系统中的特性和变化规律。综合各维度定性或定量评价结果，结合主观赋权法（德尔菲法、层次分析法等）或客观赋权法（熵权法等）确定各维度权重，可利用多准则分析模型计算得到再生水系统可靠性综合评价结果。

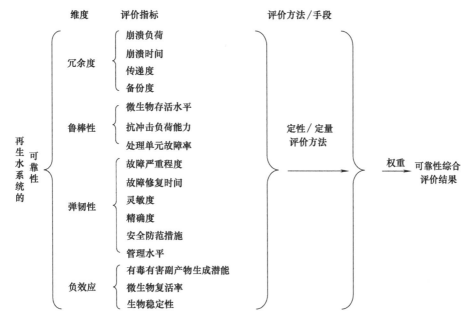

图 9-9 再生水系统可靠性评价示意图

9.2.4 再生水利用事故防范

由于经过深度处理后的再生水在观感和嗅感上与饮用水几乎没有区别,再生水安全事故,例如管道错接、误饮、意外暴露等难以直观发现。随着再生水利用规模和应用范围的不断扩大,如何有效地判别和防范此类事故的发生是再生水管网工程施工以及日常管理中需要高度关注的问题。

团体标准《水回用指南 再生水分级与标识》T/CSES 07—2020 对再生水管道颜色标识方法、再生水利用警示和提示标识进行了规定。再生水储存和输配系统中,所有的管道、组件和附属设施均应在显著位置进行明确和统一标识。应在再生水管道的外壁清楚标识"再生水"或"再生水 reclaimed water"等字样,并标明相应的再生水等级(A、B 或 C),以区别饮用水管道。应在再生水管道的外壁清楚标识流动方向。再生水管道明装时应采用识别色。应在再生水管道经过的每一区域至少标识一次,每隔一定长度标识一次;可标识于再生水管道与设备连接处、非焊接接头处、阀门两侧以及其他需要标识的位置。应在闸门井井盖铸上"再生水"或"再生水 reclaimed water"等字样。

再生水管网错接事故主要发生在输配、利用等关键环节,例如主干管网、支线管网、居民小区供水管线等。现有的再生水与饮用水管网错接识别与防范方法主要包括水压检测法和水质检测法。

9.2.5 再生水利用应急管理

再生水系统可能受到紧急情况、突发事件、水源干扰或中断等影响,为有效应对突发事件或状况可能对再生水水量和水质造成的影响(例如极端天气气候事件、自然灾害、处理单元失效、管道错接、疾病暴发等）。再生水厂和用户应建立和完善水质监测预警系统，制定水量和水质突发事件应急预案并定期进行应急演练。建立应急联络机制，提高事故响应速度和响应能力。当出现突发事件时，应根据应急预案迅速采取有效的处理措施并及时上报。

在事故处置过程中，需兼顾水质保障与水量稳定供应要求。再生水厂和用户应密切配合配备备用水源以应对紧急情况，保障再生水基本供水需求。可能的备用水源包括饮用水、雨水以及集中式再生水系统周边临近的江河湖水等。当饮用水作为再生水备用水源或补充水源时，应通过设置防逆流措施例如空气隙等装置，有效避免再生水对饮用水管网的潜在污染。

在事故发生后，需进行事故处理总结和资料积累，不断完善应急预案。

9.3　再生水生态环境利用安全保障

9.3.1　安全保障的基本原则

再生水用于生态环境时，应从源头控制、过程控制、用户端控制和区域循环利用等方面来保障再生水的安全利用。

（1）源头控制

源头控制主要指水源水质保障。

再生水水源宜选用生活污水，或不含重金属、有毒有害工业废水的城市污水，避免生物毒性大、对生物处理系统生物活性有明显抑制作用的组分进入污水再生处理系统。

（2）过程控制

过程控制包括再生处理系统、再生水输配等方面的风险控制，保障再生水达到生态环境不同利用途径的水质要求。再生处理系统宜根据不同利用途径的水质要求，选择、组合、优化处理工艺和运行管理。在保证达到相关水质要求的同时，应避免过量化学药剂处理及过度消毒，防止对人体及水生生物产生影响。

再生水输配是影响用户端再生水水质的重要环节，宜通过设置泄水口、定期检查等方式，避免再生水长期滞留于管网中时出现水质恶化现象。

（3）用户端控制

用户端控制是指在再生水用户端，要采取必要措施，控制利用过程中的风险产生，主要措施包括水质水量监测、风险控制、事故防范与应急管理等方面，长效维系水体水质，保障再生水回用的生态安全、健康安全及心理安全。再生水生态环境利用的监测要求、风险控制及应急管理详见9.3.2～9.3.4节。

（4）区域循环利用

区域循环利用是指将再生水景观水体作为非常规水源地，通过再生水的再次利用，提高对再生水生态环境利用水体水质的重视和保护，保障再生水的安全利用。

9.3.2　水质水量监测

再生水生态环境利用时，应建立完善的再生水监测系统，监测再生水厂的水质及水量，保障再生水水质安全。水质水量监测应包括监测点位、监测指标、监测方法及监测频率等内容。

水质水量监测点位设在再生水厂总出水口、管网出水口、再生水补水点和受纳水体地表水监测断面等位置。水体易暴发水华季节宜在景观水体中加设监测点。

水质监测指标应包括相关水质标准及受纳水体地表水监测断面要求的监测项目。重点关注色度、嗅味和浊度（或悬浮颗粒物）等感官类指标，氮磷、余氯、病原微生物、重金属及有毒有害污染物等。此外，需关注新兴微量污染物指标（持久性有机污染物（POPs）、内分泌干扰物（EDCs）和药品及个人护理品（PPCPs）等）、生物综合毒性以及生态效应指标（微藻生长潜势）等。

水质监测方法可参考相关标准。再生水厂出水口及补水点应每日监测一次感官类指标（嗅味和浊度（悬浮颗粒物）等）、pH、总磷、粪大肠菌群数、余氯等指标，应每周监测一次色度、总氮、氨氮、BOD_5、阴离子表面活性剂、石油类等指标。受纳水体的管理单位需定期监测水体中感官类指标（透明度、嗅味、色度和浊度（悬浮颗粒物）等）、pH、总氮、总磷、粪大肠菌群数、余氯等指标，建议监测浮游植物、水生植物、浮游动物、底栖动物、鱼类等生态类指标，挥发酚、重金属、新兴微量污染物、底泥及水生生物中的有毒有害污染物等指标。

9.3.3　风险控制

现行再生水利用水质标准仍存在局限性，达到利用标准的再生水中仍含有一定浓度的氮磷营养盐、病原微生物、重金属、有毒有害污染物等污染物，存在生态与健康风险，再生水生态环境利用的风险分析详见8.12节。应从风险预警、风险管控（水质维系、标识与提示）等方面建立完善的风险管理体系，保障再生水用于生态环境水体的生态安全。

（1）水华风险

再生水用于景观环境及生态补水时，应从水华风险预警、营养水平控制、水系水力调控和生态系统自控等四个方面控制水华风险。

再生水用于湖泊等流动性较差的水体时，在易发生水华的季节，应提前做好水华监测、动态预测等相关工作，及时发布水华暴发预警。对于重点湖库水域，应建立水华预测预警系统。

对于再生水利用点氮磷水质达标，但仍不能满足水体生态环境功能规划相关要求的，应采取水体深度处理措施。可采用旁路净化（小型污水处理设备、生态沟渠、稳定塘和人工湿地等）、原位净化（生态浮岛、移动式生物接触氧化和微生物修复等）、设置植被缓冲带等方式进一步降低水体中的氮磷浓度。此外，应适当对底泥采取内源治理措施，减少水体中内源性氮磷的释放，避免水华风险。

对于湖泊等水体流动性较差的水体，可通过缩短水体水力停留时间、增强复氧能力等方式进行水系水力调控（胡洪营等人，2011）。应依据地区气候条件、水体类型等因素合理确定水力停留时间，通过加大补水量、抽水机抽水等措施缩短水力停留时间。

良好的水生态系统有利于水体水质的维系，保证水生生物的生物多样性及结构完整性等。对于水生态系统受损严重的水体，应通过种植水生植物和投放水生动物等方式构建水生生物群落，抑制水华微藻的暴发式生长。

1）水生植物

水生植物种植种类宜根据耐污性、季节性、土著性等因素确定，可根据水体水质、植物净化能力及景观结构配置水生植物，构建包含挺水植物、浮水植物及沉水植物的稳定群落。

建议注意水生植物的收割处置及利用，建立植物量调控机制，预防水生植物的过度生长。郭长城等人的研究表明，植物体内的氮磷营养元素在夏季多集中于叶片中，秋冬季则回流至植物根茎中（图9-10），因此可以按季节来考虑植物的收割方式（郭长城等人，2009）。

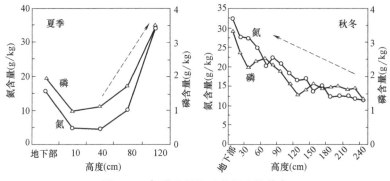

图 9-10 氮磷在植物叶茎根中的分布

2）水生动物

应在水质改善、水生植物先锋群落形成后投放水生动物，以构建完整的水生态系统。水生动物应根据本地优势性、季节性、营养级等因素确定，不得投放入侵种类。在沉水植物群落恢复初期，应减少草食性鱼类，进入生态优化调整期后，按比例投放鱼、浮游动物、底栖动物等，稳定食物链。此外，应严格控制生物种类及密度，防止生物爆发或死亡。

（2）健康风险

再生水用于生态环境时，应根据需要在补水口设置消毒设施，降低病原微生物对人体健康的危害。可采用不同消毒组合方式以提高消毒能力，保障消毒效果，减少消毒副产物。

应在显著位置设置"再生水"标识与说明，观赏性景观水体及湿地应设置"请勿饮用""请勿接触"等标识，娱乐性景观水体应设置"请勿饮用""禁止游泳和洗浴"等标识。再生水用于景观环境及生态补水时，受纳水体和湿地中的水生动、植物不应食用。

（3）有毒有害污染物累积风险

再生水用于生态环境时，应对受纳水体进行水体水质、底泥、地下水及周围空气的跟踪监测预测，及时发现再生水生态环境利用中的问题，避免重金属及有毒有害污染物对生态环境的毒害及累积风险。

对于再生水补给的水体，建议设置敏感指示性生物种，关注再生水中重金属及有毒有害污染物对水生生物的影响。由于重金属及有毒有害污染物可能在底泥中转化积累，应定期对底泥采取清淤疏浚和原位治理等措施。

9.3.4 应急管理

再生水厂和用户端应制定应急预案，保证再生水用水水质安全。分析可能存在的事故及风险，包括极端天气气候事件、自然灾害、处理单元失效、管道错接、严重水华和疾病暴发等，制定应急方案。应急预案内容包括与当地有关部门事先商议后的协议（协议内容包括对人体健康和生态环境可能造成的潜在影响的责任追究及应急处置等）、响应行动（例如增设监测点）、备用水源、告知和沟通程序及策略、监督和管理机制等。

当再生水水质波动较大时，应及时启动应急方案，促使水质快速恢复至正常水平，并连续跟踪监测，直至水体环境恢复正常。

再生水用于娱乐性景观环境水体时，若有水中污染物超标的现象，应立即停止补水，暂停娱乐设施活动直至水体环境恢复正常。

再生水受纳水体暴发严重水华时，可根据水华规模、水华微藻是否有毒及可能的危害程度启动应急管理。采用打捞、加大水循环处理等措施。

9.4　再生水工业利用安全保障

9.4.1　生产安全保障

（1）冷却用水

冷却用水存在腐蚀、结垢和微生物生长风险，再生水冷却利用的风险分析详见8.2.2节。

再生水的结垢潜势和腐蚀潜势可通过化学稳定性指标评价。结垢风险大时，可采取的应对措施包括投加合适的阻垢剂、调节冷却系统浓缩倍数等。腐蚀风险大时，可采取的应对措施包括投加合适的缓蚀剂、采用抗腐蚀管材等。在冷却系统中，阻垢剂和缓蚀剂常复配成阻垢缓蚀剂一起使用。阻垢缓蚀药剂配方经动态模拟试验和技术经济比较确定，或根据水质和工况条件类似的工厂运行经验确定。阻垢缓蚀剂的选择遵循高效、低毒、复配性能好的原则。

可同化有机碳（AOC）等生物稳定性指标和微生物生长密切相关。抑制微生物生长的措施包括投加合适的抑菌剂、去除AOC等。抑菌剂配方宜根据水质和技术经济性确定。抑菌剂可选择氧化性抑菌剂或非氧化性抑菌剂。抑菌剂投加方式可选择连续投加、间歇投加和冲击式投加。氧化性抑菌剂可选择次氯酸钠、液氯等，非氧化性抑菌剂宜采用高效、低毒、广谱、pH使用范围宽、与阻垢剂和缓蚀剂不互相干扰、易于降解的抑菌剂。

（2）锅炉用水

锅炉用水存在腐蚀、结垢风险，再生水锅炉利用的风险分析见8.2.2节。控制水中的硬度、碱度和有机物等指标可有效预防锅炉系统的结垢、腐蚀风险。

《火力发电机组及蒸汽动力设备水汽质量》GB/T 12145—2016指出，当凝结水、锅炉给水或锅炉水水质异常时，应迅速检查取样的代表性、化验结果的准确性，并综合分析系统中水汽质量的变化，确认无误后，按下列三级措施要求执行：

一级措施：当有可能发生水汽系统腐蚀、结垢、积盐时，应在72h内恢复至相应的水质标准值。

二级措施：正在发生水汽系统腐蚀、结垢、积盐时，应在24h内恢复至相应的水质标准值。

三级措施：正在发生快速腐蚀、结垢、积盐，4h内水质未好转，应停炉。

在异常处理的每一级中，在规定的时间内不能恢复正常时，应采用更高一级的处理方法。

（3）工艺用水

工业用户应对再生水进行定期监测。当再生水进水水质异常时，应尽快联系再生水厂，调整运行参数，提出改进措施，直至水质合格，保障安全生产。工业用户需进行再生水水质对工艺和产品的影响评价，避免工艺运行或产品质量受到影响。

9.4.2　健康安全保障

再生水工业用户应充分关注再生水中的病原微生物和有毒有害污染物，保障再生水工业利用系统的高效稳定运行的同时，避免对人体健康造成威胁。

9.4.3　生态安全保障

工业用户使用再生水后，需关注产生的污水、污泥和浓缩液等对生态环境的影响，避免引起地表水等受纳环境的恶化，或对受纳环境的水生生物、陆生生物产生不良影响。

工业用户污水排放有三种模式，分别是排入城镇下水道、园区污水处理厂集中处理及排入地表水体。污水排入城镇下水道的工业用户，其排水水质需满足现行国家标准《污水排入城镇下水道水质标准》GB/T 31962—2015 的要求。排入园区污水处理厂集中处理污水的工业用户，可与园区污水处理厂签订排污协议，明确排水水量和水质要求。向地表水体排放污水时，工业用户需对污水进行处理，保障水污染物的排放满足相关标准的水质要求。

9.4.4　水质水量监测

工业用户的再生水水质水量监测系统包括进水系统、处理系统、用水系统和排水系统等。监测方案包括监测项目、监测方法、监测频率和监测点。各单元发生水质异常或突发事件时，应依据监测信息，及时查明原因。采取措施解决水质异常问题或应对突发事件，保障再生水安全高效利用。

9.4.5　事故防范与应急管理

（1）建立应急管理体系，制定检修维护制度

工业用户应制定针对重大事故和突发事件的应急预案，建立相应的应急管理体系，并按规定定期开展培训和演练。

应急预案至少要包括对紧急事件的界定、应急预案的启动程序、相关部门和人员的职责、与相关部门和机构及用户的联络、停产安排、不符合标准的再生水的储存和处置方法等。

（2）建立沟通联动机制

工业用户宜与再生水厂建立沟通联动机制。当再生水厂进行工艺调整、维修或发生事故时，工业用户可提前准备，制定应对预案及执行流程，应对水质波动。当工业用户进水水质波动较大时，用户可及时联系再生水厂，查明原因，解决水质异常问题。

（3）设置备用水源，制定应急供水方案

依据住房和城乡建设部发布的《城镇污水再生利用技术指南（试行）》、北京市发布的

地方标准《再生水利用指南 第 1 部分：工业》DB11/T 1767—2020，特定用户（如工业冷却用户等）应设有备用水源和应急供水方案。当再生水水源可靠性不能保证时，工业用户可采用备用水源或应急供水方案。再生水水源水质水量不稳定时，工业用户采用再生水调节池，调节再生水水质水量。

9.5 再生水城镇杂用安全保障

9.5.1 安全保障的基本原则

针对再生水城镇杂用过程中的各类潜在风险（表 8-8），城镇杂用的水质安全保障需要按照源头控制、过程控制与用户端控制相结合的原则进行。在各种安全保障措施得当的前提下，可有效保障再生水城镇杂用安全。

（1）源头控制

在源头控制方面，由于城镇杂用水的各个途径（包括城镇绿化、冲厕、道路清洗、车辆冲洗、建筑施工等）均存在再生水与人体直接接触的风险，因此含有大量重金属的工业废水不能作为城镇杂用水的水源。

（2）过程控制

在过程控制方面，针对再生水城镇杂用过程中的主要风险因子，包括病原微生物、有毒有害有机物、重金属、致嗅致色物质、无机盐、悬浮颗粒物等，需要按照单元优化与系统优化相结合、化学污染物与病原微生物协调控制的基本原则，选择适当的污水再生处理工艺，从而保障再生水的安全利用。值得注意的是，为了防控病原微生物导致的健康风险，消毒是再生水用于城镇杂用的必备处理单元。除了工艺的优化选择外，还应保障污水再生处理工艺的稳定可靠运行，以保障处理出水达到城镇杂用水的水质要求。

同时，为了防止再生水储存及输配过程中微生物的再生长，需要保持一定的余氯浓度。然而，再生水中有机污染物的浓度较高，余氯衰减迅速且规律复杂，与饮用水的余氯衰减规律有很大的差异（图 9-11）。针对再生水的水质特点，为了有效保持再生水中的余氯，王运宏等人研究了多种水质条件下再生水中余氯的衰减特性，发现再生水中余氯的衰减可分为快速耗氯阶段和慢速耗氯阶段，在此基础上提出了适于再生水水质的余氯衰减模型（详见附录 4）（Wang et al.，2019）。

该模型针对再生水中余氯的分段衰减特性，将再生水中的耗氯物质分为快速氯反应物和慢速氯反应物，并采用不同反应阶段的氯消耗量来代替不同类型耗氯物质的总量（类似化学需氧量的概念和思路）。

对于特定的再生水水样，可根据附录 4（再生水余氯衰减预测方法）中所述的步骤，测定再生水中快速和慢速氯反应物的含量，再结合管网末端或用户端的余氯要求，即可计算得出自由氯的初始投加量。

（3）用户端控制

在用户端控制方面，用于城镇杂用的再生水水质除了参考现行国家标准《城市污水再生利用 城市杂用水水质》GB/T 18920—2020 外，还应满足各种利用途径对水质的要求，

135

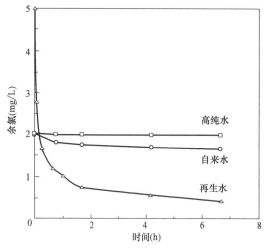

图9-11　不同类型水样中余氯的衰减特性

并采取相应的安全保障措施，减少再生水的暴露风险。

再生水用于城镇绿化时，应考虑对公众及从业人员的健康风险以及对土壤、植物以及地下水环境的影响。灌溉作业应尽量安排在公众暴露少的时间段，并在显著位置进行清晰的标识。宜采用滴灌或微喷灌，若采用普通喷灌方式应设有缓冲距离；用户可适当调整园林景观结构，采取相关管理措施，降低再生水盐分的危害。古树名木不得使用再生水灌溉；特种花卉和新引进的植物，谨慎使用再生水灌溉。有突发事件发生时，应立即停止使用再生水。

再生水用于冲厕、洗车等用途时，应标识明确，严禁私自改建管线和更改供水设备位置，严防交叉连接和误用；洗车宜采用隧道式洗车机，若采用龙门式洗车机洗车或手工洗车时，洗车工人应采用必要的防护措施。

再生水用于街道清扫时，街道清洁车辆应清楚地标识使用的是再生水，作业应尽量安排在公众暴露少的时间段，工作人员应采取必要的防护措施以保证其身体健康不会受到影响。

9.5.2　风险控制

（1）健康风险

为了防止再生水中的病原微生物和有毒有害污染物等风险因子对人体健康的危害，对用于城镇杂用的再生水，在水源方面应严格控制，禁止使用或混入含有大量重金属的工业废水；在处理工艺方面，应将消毒作为必备的处理单元，并保障处理工艺的稳定可靠运行，确保处理出水达到城镇杂用的水质要求；在储存与输配方面，应保障再生水的余氯浓度，防止由于微生物再生长导致的水质劣化；在利用过程中，应做好防护，减少再生水的暴露风险。

（2）生态风险

如8.3.2节所述，将再生水用于城镇绿化可能存在一定的生态风险。除了与健康风险直接相关的风险因子外，为防控生态风险，在再生水长期用于绿地灌溉等用途时，还应关注再生水中的无机盐对绿地植物、土壤以及地下水的影响。用于绿地灌溉的再生水，除满足现行国家标准《城市污水再生利用　城市杂用水水质》GB/T 18920—2020 的要求外，还应满足各地对灌溉用水的要求。

（3）其他风险

除健康风险和生态风险外，再生水用于洗车时，为防止再生水中的无机盐对车辆产生影响，可采用自来水进行最后一次漂洗；再生水用于建筑施工时，如将再生水作为混凝土拌合用水，除满足现行国家标准《城市污水再生利用　城市杂用水水质》GB/T 18920—2020 要求外，还应符合现行行业标准《混凝土用水标准》JGJ 63—2006 的要求。

9.5.3 应急管理

再生水城镇杂用的应急管理可按 9.2.5 节中的规定进行。由于城镇杂用的主要途径（城镇绿化、冲厕、道路清扫、车辆冲洗、建筑施工等）一般不会将再生水作为唯一水源，因此如出现紧急情况，用户端可采用自来水等作为替代水源。

9.6 再生水农业利用安全保障

9.6.1 安全保障的基本原则

再生水农业利用的安全保障和风险控制需按照源头控制、过程控制和用户端控制三个层面进行。

（1）源头控制

相较于常规水资源，再生水中的有毒有害、重金属等污染物带来的潜在风险和问题不容忽视。一般来说，用于农业灌溉的再生水水源应选择生活污水。工业污水中毒害性污染物含量较高，不应用于农业灌溉。

（2）过程控制

用于农业灌溉的再生水，对氮磷浓度的要求不高，但由于农产品种植、收获、加工等过程中会与人体发生直接接触，因此对微生物指标要求较高。国家标准《城市污水再生利用 农田灌溉用水水质》GB 20922—2007 对相应的污水再生处理工艺作了如下规定：纤维作物、旱地谷物要求城镇污水达到一级强化处理，水田谷物、露地蔬菜要求达到二级处理。美国的再生水农业利用标准，则将消毒单元作为农业利用的必备单元，以控制病原微生物风险。

农业灌溉时，再生水输配的主渠道应有防渗措施，防止地下水污染；最近的灌溉取水点的水质应符合国家标准《城市污水再生利用 农田灌溉用水水质》GB 20922—2007 和《农田灌溉水质标准》GB 5084—2021 的规定。

由于农业用水存在一定的季节性，应设置适当的再生水储存设施，保障再生水的供应水量。

（3）用户端控制

再生水用于农业灌溉时，应采用滴灌或微喷灌。若采用普通喷灌方式应设有缓冲距离，且工作人员应采取必要的防护措施，防止再生水对人体健康造成不良影响。

9.6.2 风险控制

再生处理系统应根据不同地区土壤理化性质、作物种类，选择、组合、优化处理工艺和运行管理，在保证达到相关水质要求的同时，应避免过量化学药剂处理及过度消毒，防止对人体和农作物产生不良影响。

再生水用于农业灌溉时，应根据不同农作物的敏感性、土壤理化性质，选择适当工艺，控制再生水中重金属、有毒有害有机物、无机盐等污染物的浓度，防止对土壤、农作物和地下水造成不良影响。

9.6.3　应急管理

再生水厂、用户端应制定应急预案，以保障再生水农业利用的水质、水量安全。具体内容可参考 9.2.5 节中的规定。

9.7　再生水补给饮用水水源安全保障

9.7.1　安全保障的基本原则

针对再生水补给饮用水水源过程中的各类潜在风险，应采取从再生水水源到最终饮用水输配和利用的全流程控制措施来保障水质安全，包括源头控制（如控制工业废水的排放和雨水的混入）、处理过程、环境缓冲或人工储存单元等措施。

（1）源头控制

用于补给饮用水的再生水水源必须经过严格的源头控制。首先需要防止工业、商业和医疗废水的混入，只有生活污水才允许进入补给饮用水水源的管网。由于工业、商业和医疗废水中可能含有合成化学品、药品和重金属等有毒有害污染物，会影响深度处理出水水质，必须将它们与生活污水严格区分。在某些情况下，为最大限度地控制工业、商业和医疗废水排放对补给饮用水水源的影响，需将工业、商业和医疗废水单独收集、单独处理。其次，需减少居民用药对水质的影响。例如对过期药品单独收集，避免药品被丢弃进入下水道。

（2）处理过程

再生水厂是保障水质安全的核心环节，需对处理工艺进行科学设计。处理工艺的设计需遵循"多原理并用、多单元协同"的原则，最大限度地去除污染物，保障再生水水质安全。

常见的再生水处理工艺对不同污染物具有不同的去除效果。二级处理可以部分去除 BOD、COD、总氮和总磷等常规污染物和药品、雌激素、芳香剂等新兴有机污染物。

深度处理工艺中，活性炭对化学污染物的去除效果取决于污染物的亲疏水性，其对药品和雌激素类物质都有较高的去除率。微滤和超滤依靠物理截留去除尺寸大于膜孔径的悬浮固体，其对微生物有较高的去除率，但对有机物的去除有限，通常低于 50%。微滤的主要作用在于降低后续纳滤或反渗透（RO）的膜污堵。

高标准处理工艺中，纳滤和反渗透对微生物有较高的去除率，去除率通常大于 6 个 log，即 99.9999%。此外，纳滤和反渗透对有机污染物也有较好的去除效果，尤其是分子量在 200Da 以上的药品和个人护理用品（PPCPs）和内分泌干扰物（EDCs），去除率通常高于 90%。高级氧化对化学污染物和病原微生物有较高的去除率，例如臭氧高级氧化和紫外线高级氧化分别可以高效去除易通过 RO 膜的 1,4-二恶烷和亚硝基二甲胺（NDMA）。

再生水补给饮用水水源工程项目中，最常用的处理工艺是"超滤（微滤）—反渗透—高级氧化"和"臭氧—生物活性炭"工艺。"超滤（微滤）—反渗透—高级氧化"工艺被美国加利福尼亚州公众健康部（CDPH）称作"完全深度处理"（full advanced treatment，FAT），被认为是再生水补给饮用水水源的标准工艺。

"反渗透—高级氧化"的优势在于：1）再生水中的溶解性有机物和碳酸盐、碳酸氢盐等是最主要的羟基自由基淬灭剂，通过 RO 处理去除常量有机物和盐分之后，可有效增加高级氧化对微量有毒有害污染物的降解效率；2）紫外高级氧化可以进一步降解 RO 很难去除的 NDMA 等污染物。但该工艺路线的局限性在于较高的运行和维护费用，以及需要考虑再生水的回收率和 RO 浓缩水处理等问题。当前滨海地区通常采取排海的方式处置 RO 浓缩水。

"臭氧—生物活性炭"是一条经济的替代工艺。"臭氧—生物活性炭"不需要较高的运行和维护费用，同样也能较好去除溶解性有机物和微量新兴污染物。但"臭氧—生物活性炭"的主要缺陷在于溴酸盐的生成以及对总溶解性固体（TDS）的去除效果有限。

（3）环境缓冲

自然环境缓冲是再生水补给饮用水水源的另一道重要屏障。环境缓冲水体包括河流、水库、湖泊以及土壤含水层等。环境缓冲可以通过调节水量，应对再生水来水和水源取水之间的差异。同时，环境缓冲可进一步去除再生水中的污染物，实现水质净化。此外，环境缓冲可以为再生水赋予自然属性，有利于提高公众对再生水补给饮用水水源的接受度。

更为重要的是，环境缓冲为水质污染提供了应急响应时间。在再生水进入水源取水口之前，环境缓冲可提供充足的停留时间，以完成再生水水质监测。一旦水质受到污染，可以保证足够时间，停止再生水补给饮用水水源。

再生水的地下环境缓冲主要指土壤含水层。再生水经过渗流的方式补给地下水，在经过土壤含水层过程中，通过土壤含水层的吸附作用以及微生物转化作用，水质可得到进一步净化。土壤含水层对病原微生物的去除和化学污染物的降解均有良好的效果。再生水也可以通过直接注入地下的方式补给地下水。这种情况下由于缺少土壤含水层的处理，对再生水水质具有更高的要求。

再生水的地表环境缓冲水体包括河流、湖泊和水库等。再生水储存于地表缓冲水体，可进一步削减再生水的生物毒性。进入地表水之后，稀释、生物转化及底泥吸附等过程都可使再生水水质得到进一步净化。再生水排放到环境水体后需注意避免遭受农业和工业等二次污染。此外也要控制再生水中的营养盐浓度，避免水华暴发。

9.7.2 风险控制体系与安全保障方法

（1）基于风险分析与关键控制点（HACCP）的风险控制体系

HACCP 是一套预防性的安全管理系统，其主要内容包括识别危害可能产生的关键控制点、建立相关指标的关键限值、建立预防或减少相应危害的控制措施和验证控制措施可以正常运行并进行记录等环节。HACCP 最早用于食品行业的安全管理，目前世界卫生组织（WHO）已经采用 HACCP，通过控制水源到龙头水的健康风险来保障饮用水的安全。国际标准化组织（ISO）发布的国际标准《城镇集中式水回用系统管理》ISO 20760-2：2017 中，也提出了基于 HACCP 原理的再生水系统风险识别与水质管理体系。

再生水补给饮用水水源需要经过多个环节，除再生水厂处理外，进水水质、管网输配、储存以及饮用水处理等环节都会对水质产生重要影响。为保障水质安全，需要建立从水源到用户的全流程 HACCP 风险控制体系。在该体系下，可能的关键控制点除再生水处理工艺外，还包括工业废水排放、水库或土壤含水层等环境缓冲以及饮用水处理等。

第9章 城镇再生水利用安全保障

表9-3给出了再生水补给饮用水水源可能的关键控制点、关键限制参数以及纠正措施。

再生水补给饮用水水源关键控制点和纠正措施示例　　　　　　　表9-3

关键控制点	危害因子	关键限制参数	纠正措施
工业排放			
污水管道系统	工业化学品	流量、pH、电导率、温度、UV吸光度	识别工业污染源,工业废水经其他系统处理
再生水处理			
膜过滤	肠道菌群、病毒、原生动物和蠕虫	跨膜压差、膜通量、浊度、TOC	更换滤膜,增加反冲洗频次
反渗透	化学污染物、肠道菌群、病毒、原生动物和蠕虫	跨膜压差、出水和浓缩水流量、出水和浓缩水电导率、TOC	更换滤膜,增加反冲洗频次
高级氧化	有机物、肠道菌群、病毒、原生动物和蠕虫	紫外剂量和透射系数、双氧水剂量、氧化还原电位、浊度、流量	改变氧化试剂,增加混凝沉淀、过滤等附属处理
水库或土壤含水层	有机物、肠道菌群、病毒、原生动物和蠕虫	水库进水量和出水量、土壤含水层注水量	调节水力停留时间
饮用水处理			
双层滤料过滤	肠道菌群、病毒、原生动物和蠕虫	出水浊度、流量、水头损失	调节负荷率
消毒和储存	肠道菌群、病毒、原生动物和蠕虫	消毒剂剂量和剩余消毒剂、温度、pH	增加消毒剂投量

（2）健康安全保障

健康风险评价可为再生水补给饮用水水源的健康安全保障提供科学依据。通过获取病原微生物和有毒有害化学污染物在再生水中的存在水平、可接受剂量和感染剂量以及人类的暴露水平等信息,可计算出再生水的健康风险水平。美国环境保护署认为病原微生物年感染风险最高可接受水平为 10^{-4},化学污染物的终生致癌风险可接受水平为 $10^{-4} \sim 10^{-6}$。

微生物的风险评价通常包括4个步骤:

1）再生水可能传播的病原微生物识别。由于再生水中潜在的病原微生物众多,从健康保障的角度可以选择高致病性的微生物;从工程技术的角度可以选择难以去除或灭活的微生物。

2）微生物暴露的剂量—效应风险评价。建立人体摄入剂量与病原微生物感染能力的相关性。

3）病原微生物暴露评价。估计典型人群暴露于病原微生物的数量和持续时间。

4）风险评价。根据病原微生物的暴露水平和感染剂量,计算微生物的健康风险。

化学污染物的风险评价也包括4个步骤:

1）有害化学污染物识别。识别再生水中浓度较高、足以对人类健康造成危害的污染物。

2）化学污染物剂量—效应评价。该数据通常通过生物试验获得。

140

3）暴露评价。包括化学污染物的暴露量、持续暴露时间和暴露频次等。

4）风险评价。通过比较每日暴露量与每日可接受摄入量，确定化学污染物的风险。

（3）生态安全保障

再生水补给地表饮用水水源地时，需关注水中的氮磷等营养物质对生态环境的影响，避免引发水源地藻类大量生长、水体富营养化等风险。

9.7.3 监测、监管与交流

运行监测是安全保障的核心，是指按照计划开展观察或测量，以评定对再生水补给饮用水水源的控制措施是否操作得当。为应对系统中可能存在的水源水量或水质大幅波动情况和相对高含量的微生物和化学污染物，需在再生水补给饮用水水源系统全流程的关键控制点实施运行监测。建议尽量采用在线监测仪器进行数据实时监测和记录。运行监测过程需要确定监测指标、基准值（或限制范围）、监测频率和监测周期等信息。

除运行监测外，再生水补给饮用水水源的水质监测还应包括对化学污染物指标和病原指示微生物去除率效果的验证性测试，确认水质已达到安全要求。

再生水补给饮用水水源的监管应明确责任，加强水安全计划和卫生安全计划的实施和水质准则的建立，明确测试和报告要求，独立监督要求并注重结果交流和定期检查。

再生水补给饮用水水源的应急管理可按 9.2.5 节中的规定进行。再生水厂应加强对员工的职业技能培训，维持水质净化单元的正常运行，建立水质污染突发事件的应急机制，确保水厂出水水质稳定达标。

此外，有效的管理、文件记录和意见交流也是安全保障的重要部分。获得公众的信任和信心是再生水补给饮用水水源项目顺利执行的关键。公众参与计划的内容可包括信息获取、信息计划、交流策略、信息评估和案例分析等。

第10章 城镇再生水利用现状与发展潜力分析

10.1 我国城镇再生水利用发展历程

10.1.1 再生水利用的法律地位

(1)《中华人民共和国水法》

《中华人民共和国水法》是为了合理开发、利用、节约和保护水资源，防治水害，实现水资源的可持续利用，适应国民经济和社会发展的需要而制定的法规。该法自2002年10月1日起施行，于2016年7月2日第二次修正。

该法第八条指出，国家厉行节约用水，大力推行节约用水措施，推广节约用水新技术、新工艺，发展节水型工业、农业和服务业，建立节水型社会。

第二十三条指出，地方各级人民政府应当结合本地区水资源的实际情况，按照地表水与地下水统一调度开发、开源与节流相结合、节流优先和污水处理再利用的原则，合理组织开发、综合利用水资源。

第五十二条指出，城市人民政府应当因地制宜采取有效措施，推广节水型生活用水器具，降低城市供水管网漏失率，提高生活用水效率；加强城市污水集中处理，鼓励使用再生水，提高污水再生利用率。

(2)《中华人民共和国水污染防治法》

《中华人民共和国水污染防治法》是为了保护和改善环境，防治水污染，保护水生态，保障饮用水安全，维护公众健康，推进生态文明建设，促进经济社会可持续发展而制定的法律。该法自2008年6月1日起施行，于2017年6月27日第二次修正。

该法第四十四条指出，国务院有关部门和县级以上地方人民政府应当合理规划工业布局，要求造成水污染的企业进行技术改造，采取综合防治措施，提高水的重复利用率，减少废水和污染物排放量。

(3)《中华人民共和国循环经济促进法》

《中华人民共和国循环经济促进法》是为了促进循环经济发展，提高资源利用效率，保护和改善环境，实现可持续发展而制定的法律。该法自2009年1月1日起施行，于2018年10月26日第二次修正。

该法第二十七条指出，国家鼓励和支持使用再生水。在有条件使用再生水的地区，限制或者禁止将自来水作为城市道路清扫、城市绿化和景观用水使用。

(4)《城镇排水与污水处理条例》

《城镇排水与污水处理条例》（中华人民共和国国务院令第641号）是为了加强对城镇排水与污水处理的管理，保障城镇排水与污水处理设施安全运行，防治城镇水污染和内涝灾害，保障公民生命、财产安全和公共安全，保护环境而制定的条例。该条例自 2014 年 1 月 1 日起施行。

该条例第三十七条指出，国家鼓励城镇污水处理再生利用，工业生产、城市绿化、道路清扫、车辆冲洗、建筑施工以及生态景观等，应当优先使用再生水。

县级以上地方人民政府应当根据当地水资源和水环境状况，合理确定再生水利用的规模，制定促进再生水利用的保障措施。

再生水纳入水资源统一配置，县级以上地方人民政府水行政主管部门应当依法加强指导。

(5)《节约用水条例》

2020 年 9 月，水利部会同有关部门开展了《节约用水条例》起草工作，形成了《节约用水条例（征求意见稿）》及其说明，目前处于公开征求意见阶段。

该条例第三十八条指出，县级以上地方人民政府应当根据当地水资源条件，将再生水、雨水、海水、微咸水、矿井水等非常规水源的开发利用纳入水资源统一配置。缺水地区县级以上地方人民政府应当制定非常规水源利用计划，扩大非常规水源利用规模，制定促进再生水利用的保障措施。

第三十九条指出，工业生产、城市绿化、道路清扫、车辆冲洗、建筑施工以及生态景观等，应当优先使用再生水。缺水地区城市人民政府应当建立强制使用再生水的制度和政策措施，再生水利用率应当达到国家规定的要求。

第四十三条指出，水资源费（税）应当优先用于水资源的节约与保护。县级以上地方人民政府应当将水资源费（税）的一定比例用于污水收集、处理和再生利用。使用再生水免征水资源费（税），再生水的价格原则上由供需双方协商确定。

第五十八条指出，城市园林绿化未采用喷灌、微灌、滴灌等节水灌溉方式，有条件使用再生水而未使用再生水的，由县级以上地方人民政府住房城乡建设主管部门责令限期改正；情节严重的，处十万元以上二十万元以下罚款。

2021 年 5 月，水利部印发的《节约用水工作部际协调机制 2021 年工作要点》中指出，加快《节约用水条例》的立法工作，由水利部、国家发展改革委和住房城乡建设部牵头负责。

10.1.2 我国城镇再生水利用发展历程

(1) 第一阶段（1985 年以前）：起步阶段

在该阶段，我国污水处理规模小，污水处理方式简单，多以沉淀和活性污泥法为主。国家"六五"（1980-1985 年）专项科技计划中，最先设立了城市污水再生利用课题。大连的污水再生利用小试研究于 1983 年通过了建设部鉴定；青岛的污水再生利用系统于 1984 年完成了中试研究。这些研究表明，城市污水通过处理可以进行利用，是很有前途的水源（周彤，2006）。

(2) 第二阶段（1986-2000 年）：技术储备、示范工程引导阶段

从 1986 年开始，污水资源化相继列入了国家"七五"（1985-1990 年）、"八五"（1990-1995 年）和"九五"（1995-2000 年）重点科技（攻关）计划。先后有 40 余家单位，数千余人投入攻关研究，取得了许多先进成果。

"七五"（1985-1990 年）科技攻关项目"水污染防治及城市污水资源化技术"，就污水再生处理工艺、不同利用途径的处理技术、污水再生利用技术经济政策等进行了系统研究。

"八五"（1990-1995 年）科技攻关项目"污水净化与资源化技术"，分别以大连、太原、天津、泰安和燕山石化为依托工程，开展工程性试验。

"九五"（1995-2000 年）科技攻关项目"污水处理与水工业关键技术研究"下设专题，研究污水再生利用技术集成、城市污水地下回灌深度处理技术等。

从"七五"到"九五"，我国正式提出"污水资源化"的概念，污水再生利用技术取得较大发展，应用范围拓展至钢铁、煤炭、火电等高耗水行业。但由于管理体制限制、资金短缺等因素，污水再生利用尚未在全国形成规模（周彤，2006）。

值得一提的是，1989 年 8 月中国土木工程学会水工业分会成立了全国污水回用研究会（隶属于排水专业委员会，挂靠在东北市政院）。成立之初，该研究会由承担国家"八五"科技攻关课题"污水净化与资源化技术研究"的各单位组成，包括东北市政院、北京环保所、清华大学、天津市政院等。建设部和环保部积极倡导和大力支持研究会的工作，后来研究会成员单位发展到几百家，对促进各地污水回用事业发展起到积极促进作用。

（3）第三阶段（2000-2010 年）：全面启动阶段

以全国城市供水节水会议为契机，以《中华人民共和国国民经济和社会发展第十个五年计划纲要》为标志，污水再生利用被正式写入规划文件。"十五"规划纲要指出，重视水资源的可持续利用，积极开展人工增雨、污水处理回用、海水淡化。加大水的管理体制改革力度，建立合理的水资源管理体制和水价形成机制。

"十五"（2001-2005 年）国家科技攻关重大专项"水安全保障技术研究"设立了"城市污水再生利用政策、标准和技术研究与示范"课题，在北京、天津等城市相继建立示范工程，其中，2002 年底天津纪庄子再生水厂建成并投入运营。

"十一五"（2006-2010 年）期间，国家大力鼓励开发和利用再生水等非常规水源，同时，再生水利用途径拓展至农田灌溉、工业利用、景观环境利用、城市杂用和地下水回灌等多个领域。此外，还设立了国家科技支撑项目"奥运景观水系水质保障综合技术与示范"（2007-2009）、国家"863"计划重点项目"再生水回用的风险控制技术研究"（2008-2011）等课题。

（4）第四阶段（2011 年至今）：稳步发展阶段

"十二五"（2011-2015 年）期间，《"十二五"全国城镇污水处理及再生利用设施建设规划》提出，按照"统一规划、分期实施、发展用户、分质供水"和"集中利用为主、分散利用为辅"的原则，积极稳妥地推进再生水利用设施建设。"十二五"期间，全国规划建设污水再生利用设施规模 2676 万 m^3/d，再生水利用设施建设投资 304 亿元。规划到 2015 年，再生水利用率达到 15％以上。同时，还设立了国家"863"计划重点项目"再生水的安全性评价与控制技术"（2013-2015）等课题。

"十二五"期间，中国环境科学学会于 2015 年 10 月成立了水处理与回用专业委员会，挂靠单位为清华大学。该专业委员会秉承"善水循环、尚法自然"理念，致力于促进水环境领域理论、技术、工程、标准和管理研究与创新发展，开展学术交流、人才培育、科普与宣传教育等公益活动。专业委员会定期举办全国水处理与回用学术会议（China WTR）、水与发展纵论（Water Talk）、亚洲水回用研讨会（Asia SWR）、全球水循环研讨会（Global SWC）等学术活动，创办了《水循环》（Water Cycle）国际学术期刊等，为促进再生水利用发展作出了贡献。

"十三五"（2016-2020年）期间，《"十三五"全国城镇污水处理及再生利用设施建设规划》提出，按照"集中利用为主、分散利用为辅"的原则，因地制宜确定再生水生产设施及配套管网的规模及布局。结合再生水用途，选择成熟合理的再生水生产工艺。鼓励将污水处理厂尾水经人工湿地等生态处理达标后作为生态和景观用水。"十三五"期间，新增再生水利用设施规模1505万 m^3/d。规划到2020年底，城市和县城再生水利用率进一步提高，京津冀地区不低于30%，缺水城市再生水利用率不低于20%，其他城市和县城力争达到15%。

"十三五"期间，科技部设立了国家重点研发计划"再生水安全供水系统与关键技术"（2016-2019）、"京津冀水资源安全保障技术研发集成与示范应用"（2016-2020）、"再生水景观环境利用水质基准与风险控制技术"（2018-2021）等课题。

2019年12月，中国土木工程学会水工业分会成立了水循环利用专家委员会，挂靠单位为清华大学环境学院。该委员会致力于城镇水循环系统建设、非常规水资源开发利用和城镇水环境保护和高质量发展等领域的国内国际学术交流，以促进城镇水系统建设理论发展和科技进步。

"十四五"（2021-2025年）期间，国家发展和改革委员会等十部委发布了《关于推进污水资源化利用的指导意见》（2021年1月），明确了我国污水再生利用的发展目标、重要任务和重点工程。该指导意见的出台标志着污水再生利用上升为国家行动计划，是污水处理进入资源化利用新阶段的重要标志。该指导意见提出，到2025年，全国地级及以上缺水城市再生水利用率达到25%以上，京津冀地区达到35%以上；到2035年，形成系统、安全、环保、经济的污水资源化利用格局。

《"十四五"城镇污水处理及资源化利用发展规划》（2021年6月）强调，系统规划城镇污水再生利用设施，合理确定再生水利用方向，推动实现分质、分对象供水，优水优用。在重点排污口下游、河流入湖口、支流入干流处，因地制宜实施区域再生水循环利用工程。缺水城市新城区要提前规划布局再生水管网，有序开展建设。以黄河流域地级及以上城市为重点，在京津冀、长江经济带、黄河流域、南水北调工程沿线、西北干旱地区、沿海缺水地区建设污水资源化利用示范城市，规划建设配套基础设施，实现再生水规模化利用。建设资源能源标杆再生水厂。鼓励从污水中提取氮磷等物质。"十四五"期间，新建、改建和扩建再生水生产能力不少于1500万 m^3/d。

"十四五"期间和未来15年，我国再生水利用将得到更快的发展。

10.2　全国再生水利用状况

全国城镇再生水生产能力逐年提高（图10-1），由2007年的43.0亿 m^3（178万 m^3/d）增长至2019年的183.4亿 m^3（5225万 m^3/d），12年间增加了3.3倍，平均增长率为27.2%。

全国城镇再生水利用量的变化和利用途径如图10-2所示。随着城镇再生水生产能力提高，再生水利用量逐年升高，由2002年的21.2亿 m^3 增长至2019年的126.2亿 m^3，

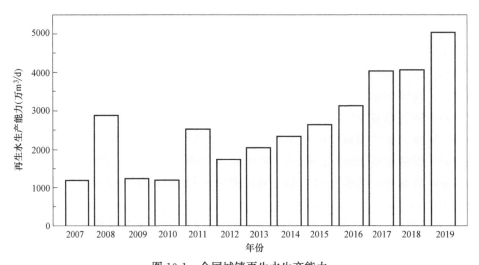

图 10-1 全国城镇再生水生产能力

数据来源：《城乡建设统计年鉴》。该年鉴中，再生水生产能力数据最早从 2007 年
开始统计，再生水利用量数据最早从 2002 年开始统计。

17 年间增加了 5.0 倍，平均增长率为 29.1%。

再生水的主要用途包括景观环境利用、工业利用、农业灌溉和城市杂用等，其中，工业利用和景观环境利用是最主要途径，占总利用量的 82%。

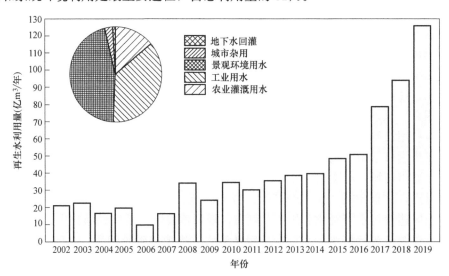

图 10-2 全国城镇再生水利用量和利用途径

数据来源：再生水利用量：《城乡建设统计年鉴》；再生水利用途径：曲炜，水资源管理 2013。

《城乡建设统计年鉴》中，再生水生产能力数据最早从 2007 年开始统计，再生水利用
量数据最早从 2002 年开始统计。

截至 2019 年，再生水利用量仅为再生水生产能力约 79%，这说明我国再生水生产设施尚未满负荷运行，再生水利用量仍具有较大的增长空间。

2019 年，我国城镇污水处理量为 632.6 亿 m^3。按实际再生水利用量与污水处理量的比值计算，2019 年我国城镇再生水实际利用率为 19.9%。

10.3 各省（区、市）城镇再生水利用状况

各省（区、市）城镇再生水生产能力、再生水利用量和再生水输配管道长度状况见表10-1。其中，山东、北京和河北再生水生产能力最高，分别为706.6万 m³/d、679.2万 m³/d 和530.1万 m³/d。广东、山东和北京再生水年利用量最高，分别为31.81亿 m³、18.74亿 m³ 和11.52亿 m³。内蒙古、北京和山东再生水管道长度最长，分别为2205.0km、2006.1km 和1671.6km。

各省（区、市）城镇再生水生产利用与管道建设（2019年）　　　表10-1

省份	生产能力（万 m³/d）	年利用量（亿 m³）	再生水利用率[a]（%）	管道长度（km）
北京	679.2	11.52	58.2	2006.1
天津	132.4	2.60	24.6	1843.5
河北	530.1	7.58	30.7	956.7
山西	232.1	2.56	22.7	754.6
内蒙古	199.2	3.17	33.6	2205.0
辽宁	227.2	2.73	9.1	253.7
吉林	72.0	1.94	14.3	82.4
黑龙江	88.1	1.64	12.9	112.8
上海	—[b]	—	—	—
江苏	427.0	10.32	21.0	1002.1
浙江	204.1	3.76	9.8	242.2
安徽	143.1	2.89	11.9	242.1
福建	140.5	2.37	14.1	32.0
江西	0.9	—	—	—
山东	706.6	18.74	43.1	1671.6
河南	301.5	6.38	22.7	669.4
湖北	148.1	3.48	11.8	21.3
湖南	80.2	1.99	6.5	252.9
广东	234.4	31.81	39.1	5.3
广西	—	—	—	—
海南	22.9	0.22	5.2	42.8
重庆	14.9	0.16	1.1	90.6
四川	80.6	2.46	8.8	73.4
贵州	20.5	0.36	3.7	32.5
云南	38.5	4.50	33.5	631.8
西藏	—	—	—	—
陕西	71.8	0.77	5.3	274.5
甘肃	59.4	0.61	10.6	381.2
青海	8.5	0.09	4.0	92.8
宁夏	38.1	0.40	12.1	444.6
新疆	102.2	1.09	12.5	823.2
新疆生产建设兵团	21.0	0.01	1.1	24.2

a 再生水利用量占城镇污水处理量的百分比；
b "—"表示统计数据缺失。

数据来源：《城乡建设统计年鉴》。

147

各省（区、市）城镇再生水利用量与其人均水资源量和 GDP 水平如图 10-3 所示。城镇再生水利用量除与再生水生产能力有关外，还与当地水资源量和 GDP 水平相关。综合来看，城镇再生水利用量较高的区域多集中在 GDP 水平较高、人均水资源量较少的地区，如北京、天津、江苏、辽宁和山东。GDP 发展水平较低或人均水资源量较高的地区，再生水利用量普遍较低。

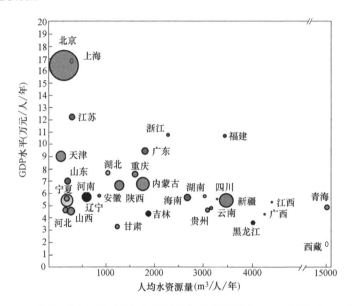

图 10-3　各省（区、市）再生水利用量与水资源量和 GDP 水平（2019 年）

注：1. 圆圈的大小代表了各省（区、市）污水再生利用设施规模；

　　2. 统计数据包括除港澳台地区的 31 个省份数据；

　　3. 因上海和西藏的污水再生利用设施规模统计资料不足，故以空心圆圈表示。

数据来源：《"十三五"全国城镇污水处理及再生利用设施建设规划》；《中国统计年鉴》，2019。

10.4　重点城市再生水利用状况

全国 36 个重点城市再生水生产能力、利用量和管道铺设状况见表 10-2。北京的再生水生产能力达到 679 万 m³/d，36 个重点城市中最高，其再生水利用量达到 11.5 亿 m³（2019 年），仅次于深圳。深圳的再生水利用量达到 13.7m³（2019 年），但再生水生产能力的相关数据缺失。

重点城市再生水生产利用与管道建设（2019 年）　　　　表 10-2

城市	生产能力（万 m³/d）	年利用量（亿 m³）	再生水利用率[a]（%）	管道长度（km）
北京	679	11.52	58.2	2006
天津	132	2.60	24.6	1844
石家庄	93	1.07	25.0	27
太原	100	0.71	23.4	128
呼和浩特	52	0.74	50.7	160
沈阳	—	—	—	—

续表

城市	生产能力 （万 m³/d）	年利用量 （亿 m³）	再生水利用率[a] （%）	管道长度 （km）
大连	47	1.51	30.5	51
长春	44	1.34	24.1	30
哈尔滨	43	0.93	20.3	10
上海	—	—	—	—
南京	14	0.50	4.9	501
杭州	39	0.44	5.7	11
宁波	45	0.77	13.3	36
合肥	32	0.62	11.4	48
福州	99	1.04	29.1	8
厦门	17	0.53	15.5	6
南昌	—	—	—	—
济南	54	1.31	25.9	264
青岛	40	2.53	55.1	365
郑州	64	2.34	53.8	145
武汉	74	2.62	20.5	—
长沙	44	1.43	18.3	44
广州	—	8.97	45.4	—
深圳	—	13.70	70.0	—
南宁	—	—	—	—
海口	—	—	—	—
重庆	11	0.13	1.0	79
成都	66	1.49	14.4	23
贵阳	—	—	—	—
昆明	18	4.46	76.6	431
拉萨	—	—	—	—
西安	35	0.17	2.4	140
兰州	6	0.03	1.4	—
西宁	—	0.01	0.6	3
银川	13	0.23	14.0	79
乌鲁木齐	52	0.47	19.9	376

a 再生水利用量占城镇污水处理量的百分比；
注："—"表示统计数据缺失。
数据来源：《城乡建设统计年鉴》。

全国 36 个重点城市再生水利用量和利用率见图 10-4。其中，再生水利用率超过 25% 的城市有 12 个；利用率在 20%～25% 区间的城市有 5 个；利用率在 10%～20% 和 5%～10% 的城市占重点城市总数的 16.7% 和 5.6%。总体上，华北地区的重点城市再生水利用量和利用率较高，西北地区的重点城市再生水利用量和利用率偏低。

全国重点城市污水处理总量和再生水利用量如图 10-5 所示。其中，污水处理总量最高的城市为上海、广州、北京和深圳，约为 20 亿 m³/a。深圳、北京和广州的再生水利用量在 36 个重点城市中排名前三，分别为 13.70 亿 m³/a、11.52 亿 m³/a 和 8.97 亿 m³/a。昆明、武汉、天津、青岛、郑州、大连和成都的再生水利用量均位于前列。相比而言，重庆等城市污水处理总量大，但再生水利用量仍然较低，有较大发展空间。

总体来看，我国再生水利用率仍然偏低，与以色列、美国加利福尼亚州等再生水利用先进国家和地区相比仍有一定差距，但发展潜力巨大。

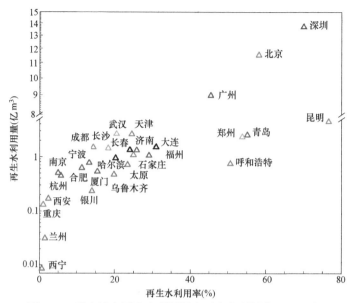

图 10-4　重点城市再生水利用量和再生水利用率（2019 年）

注：沈阳、上海、南昌、南宁、海口、贵阳和拉萨七个城市的 2019 年再生水利用量和利用率数据缺
　　失，遂未在图中标出。

数据来源：《城市建设统计年鉴》。

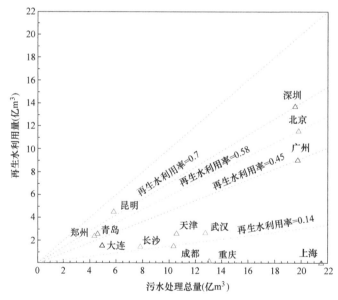

图 10-5　典型重点城市污水处理总量和再生水利用量（2019 年）

（数据来源：《城市建设统计年鉴》）

10.5　我国再生水利用潜力分析

根据我国《"十四五"城镇污水处理及资源化利用发展规划》，"十四五"期间，新建、

改建和扩建再生水生产能力将不少于 1500 万 m^3/d。根据我国《关于推进污水资源化利用的指导意见》，到 2025 年，全国地级及以上缺水城市再生水利用率将达到 25％以上，京津冀地区达到 35％以上。因此，"十四五"期间和未来 15 年，我国城镇再生水利用将得到更快的发展。但距离国际先进水平和我国水资源可持续利用要求还有很大的差距。

目前，我国城镇污水排放总量为 632.6 亿 m^3，再生水利用量为 126.2 亿 m^3，再生利用率约为 19.9％。全国大部分重点城市在再生水利用方面仍存在较大的发展空间，特别是西北和西南地区。

以 2019 年全国污水处理量为基准，若我国再生水利用率达到以色列的目前水平（国际先进水平，再生水利用率为 80％），未来我国城镇再生利用量将超过 506 亿 m^3。与再生水利用现状相比，仍然有 380 亿 m^3 的增长空间。

以 2019 年全国污水处理量为基准，若全国再生水利用率达到北京的目前水平（全国先进水平，再生水利用率为 58％），未来我国城镇再生利用量将超过 367 亿 m^3。与再生水利用现状相比，仍然有 241 亿 m^3 的增长空间。

根据《城乡建设统计年鉴》，2019 年京津冀地区再生水利用量达 21.7 亿 m^3，京津冀地区城镇污水处理总量为 55.04 亿 m^3。若京津冀地区再生水利用率达到以色列的水平（国际先进水平，再生水利用率为 80％），未来该地区的再生利用量将超过 44.03 亿 m^3，与再生水利用现状相比，仍然有 22.33 亿 m^3 的增长空间。

按照联合国粮农组织提出的国际公认标准，根据人均水资源量，缺水程度可以划分为极度缺水、长期缺水、一般用水紧张和偶尔或局部缺水四个等级。当年人均水资源低于 $1700m^3$ 时，当地面临一般用水紧张局面；当年人均水资源低于 $1000m^3$ 时，当地面临长期用水紧张局面；当年人均水资源低于 $500m^3$ 时，当地属于极度缺水地区。我国目前有 9 个省（区、市）（北京、天津、河北、山西、上海、江苏、山东、河南和宁夏）人均水资源量低于 $500m^3$（2019 年），为极度缺水地区。我国极度缺水地区的再生水利用率和利用潜力分析见表 10-3。

我国极度缺水地区再生水利用潜力分析（2019 年）　　　表 10-3

省份	人均水资源量 （m^3/人）	再生水利用率 （％）	再生水年利用量 （亿 m^3）	年利用发展潜力 （亿 m^3）*	预计再生水年生产量 （亿 m^3）*
北京	114	58	11.5	4.3	15.8
天津	52	25	2.6	5.9	8.5
河北	150	31	7.6	12.2	19.7
山西	261	23	2.6	6.5	9.0
上海	199	—	—	17.2	17.2
江苏	288	21	10.3	29.0	39.3
山东	194	43	18.7	16.0	34.8
河南	175	23	6.4	16.1	22.4
宁夏	182	12	0.4	2.3	2.7

＊再生水利用潜力和预计生产量以再生水利用率达到 80％来估算，预计再生水生产量＝2019 年污水处理总量×80％；利用潜力＝预计再生水生产量－2019 年再生水利用量；"—"为数据缺失。

数据来源：《"十三五"全国城镇污水处理及再生利用设施建设规划》；《中国统计年鉴》，2019。

第11章　城镇再生水利用政策与管理

11.1　我国再生水利用政策发展历程

1988 年以来，我国相继颁布了一系列再生水利用相关的政策措施和法律法规（见附录3），在《国民经济与社会发展第十个五年规划纲》要中将"污水处理回用"第一次明确写入纲要。国家法律、法规、政策和相关规划的制定、实施有力促进了污水再生利用的发展。

2021 年 1 月，根据党中央国务院部署，国家发展和改革委员会等十部委发布了《关于推进污水资源化利用的指导意见》，将污水再生利用工作提升到国家行动计划的新高度。该指导意见明确，到 2025 年，全国污水收集效能显著提升，县城及城市污水处理能力基本满足当地经济社会发展需要，水环境敏感地区污水处理基本实现提标审计；全国地级市及以上缺水城市再生水利用率达到 25％以上，京津冀地区达到 35％以上。该指导意见指出，到 2035 年，形成系统、安全、环保、经济的污水资源化利用格局。该指导意见还提出了未来一段时间的重点任务和重点工程，明确了各部委的职责分工，对提升我国污水再生利用水平必将发挥了重要作用。

11.2　再生水水价与成本分析

11.2.1　再生水价格现状

目前，再生水的价格一般执行各地政府指导价。尚未体现不同水质级别再生水的差别。

北京市规定再生水价格最高不得超过 3.5 元/m³，具体价格可由供需双方在限定价格水平之内协商。

天津市结合再生水用途，将再生水的使用划分为居民生活用水、发电企业用水和其他用水三类，并实行分类水价。居民用水 2.2 元/m³，发电企业用水 2.5 元/m³，其他用水（包括工业、行政事业、经营服务业、洗车、临时用水等）4 元/m³。

内蒙古自治区包头市自 2015 年 12 月 1 日起执行 1.5 元/m³ 的再生水价格。赤峰市区再生水含税价格为 2.0 元/m³，不含税价格为 1.77 元/m³，用水企业可凭借缴税发票申请 1.0 元/m³ 使用补贴，用水企业使用再生水实际价格仅为 0.77 元/m³，远低于赤峰市非居民饮用水收费标准。

2020 年 6 月 9 日，广州市水务局印发《广州市再生水价格管理的指导意见（试行）》，规范再生水价格管理，明确"合理补偿成本、保持合理比价、低于自来水价格"的定价原则，向多个行业推广再生水。

山东省青岛市自 2021 年 2 月 1 日起对公共管网供应的再生水价格实行市场调节价，其价格由供需双方协商确定，不再执行政府指导价。

各城市再生水价与自来水价（按居民第一阶梯供水价格）对比见表 11-1。

城市再生水价与自来水价（按居民第一阶梯供水价格）对比　　表 11-1

城市	再生水价 （元/m³）	自来水价——按居民第一阶梯供水价格 （元/m³）
北京市	≤3.5	3.64
天津市	2.2～4	3.95
包头市	1.5	3.17
赤峰市	2.0	2.63

对北京、天津、沧州、青岛等城市非常规供水方式（再生水、南水北调和海水淡化）到户成本估算（2016 年）见表 11-2。海水淡化到户成本 7.5～10 元/m³，南水北调到户成本 6～8 元/m³，再生水到户成本仅为 1～5 元/m³。在供水量方面，2016 年，海水淡化、南水北调、再生水分别为 4.3 亿 m³、38 亿 m³ 和 45 亿 m³。在非常规水源中，再生水相较于南水北调及海水淡化具有"量大质稳、就近可取、成本低廉"的明显优势。

非常规供水方式到户成本估算（2016 年）　　表 11-2

项目	再生水		南水北调				海水淡化	
	北京	天津	北京	天津	沧州	青岛	膜法	热法
水资源费(元/m³)	0	0	0.20	0.20	0.20	0.20	0	0
输水成本(元/m³)	0	0	4.33	4.16	2.97	3.15	2.00	2.00
处理费(元/m³)	1.38	3.55	1.80	1.80	1.80	1.80	5.41	6.47
输配成本及期间费用 （元/m³）	1.60	1.60	1.60	1.60	1.60	1.60	1.60	1.60
总费用(元/m³)	2.98	5.15	7.93	7.76	6.57	6.57	9.01	10.1

数据来源：北京再生水生产成本：1.38 元/m³（杨树莲，段治平．再生水与城市自来水比价关系研究——以青岛市为例［J］．技术经济与管理研究，2018.）；天津再生水生产成本：3.55 元/m³（阎敬．从水价、成本、税费谈再生水行业的鼓励与扶持［J］．纳税，2018（3）.）；远程调水和海水淡化到户成本估算表来源（闫玉莲，海水淡化在供水行业成本优势潜力分析［J］．盐科学与化工，2018）；海水从水源地到非沿海城市的输水成本：根据远程调水成本进行估算，应低于远程调水成本，估算为 2 元/m³；再生水到户成本估算：再生水生产费用＋再生水厂到户输配成本。

11.2.2　再生水价格制定原则

2021 年 6 月 15 日，国家发展改革委发布《"十四五"城镇污水处理及资源化利用发展规划》（发改环资〔2021〕827 号），强调着重推进污水资源化利用，对再生水利用提出了更高目标。同时，在保障措施部分对再生水利用提出了政策指导，包括"放开再生水政府定价，由再生水供应企业和用户按照优质优价原则自主协商定价"，"鼓励采用政府购买服务方式推动污水资源化利用"，以加强市场在推动污水资源化方面的作用。

再生水价格的制定，应考虑以下问题：

（1）体现水质差别，实现优水高价。不同类型的用水户对再生水的水质要求不同，用水户对再生水水质要求越高，再生水的生产成本也越高，相应地，售价也会升高，即品质越高、价格越高，同时也反映出了再生水的市场供求关系。

（2）体现再生水的价格优势。再生水水价与其他水源供水之间的价格关系，将直接影响用水户对再生水的使用意愿，影响用水户对再生水使用的积极性。

（3）体现再生水生产成本。再生水项目需要基建投入和运行投入，其价格需要反映生产成本。再生水的成本费用应扣除资源水价以及污水处理的费用。

11.3　再生水厂水质管理

再生水厂是再生水系统的关键环节，其以污水或达标排放的污水处理厂二级出水为水源，生产和供给再生水。但是，不同再生水厂的水源和处理工艺差异较大，不同水质再生水适用范围及用户使用需求亦各不相同。目前再生水厂的水质管理以末端出水口典型水质指标的浓度控制为主，缺乏全流程水质风险识别与过程管控，存在水质管理目标不清晰、方法不统一、统筹协调不足等突出问题。我国现有标准规范中尚无再生水厂水质管理方面的标准。

为促进再生水厂安全高效生产、提高再生水利用率、扩大再生水应用范围，有必要根据我国再生水利用情况和经济社会发展状况，结合国内外再生水利用经验，制定突出再生水特点、系统性强、可操作性强、针对性强的再生水厂水质管理标准，以指导再生水厂水质管理和关键环节控制，保障再生水厂安全高效生产。

在此背景下，《水回用导则 再生水厂水质管理》（国家标准报批稿）于 2018 年获得立项，由全国节水标准化技术委员会（SAC/TC442）与全国环保产业标准化技术委员会（SAC/TC275）提出并归口，由清华大学等单位起草。

该标准规定了再生水厂水质管理的相关术语和定义、目标、措施、检测监控与报告及制度，适用于再生水厂的水质管理。依据该标准，需从水质管理目标、水质管理措施、水质监控与报告和水质管理制度等方面，进行系统规范的再生水厂水质管理。

11.3.1　水质管理目标

再生水系统主要包括水源、处理、储存输配、用户端利用等环节。再生水厂是再生水系统的重要环节，通常包括进水口、处理、储存、出水口等单元。再生水厂水质管理目标应包括处理单元出水水质、厂内储存单元水质、再生水厂出水水质和用户端水质等关键环节。针对每一处理单元，均应根据其后续处理单元的进水水质要求，确定其水质管理目标，以保证后续处理单元的稳定高效运行。

当再生水同时用于多种用途时，水质可按最高水质要求确定或采用分质供水；也可按用水量最大用户的水质要求确定。个别水质要求更高的用户，可自行补充处理达到其水质要求。再生水厂水质管理目标需根据技术发展水平、最新研究成果、用户变化情况和用户反馈情况及时调整和完善，包括水质指标的增减及达标率、波动率的调整等。

11.3.2　水质管理措施

为满足再生水水质安全保障需求，再生水厂应根据其水源特点、处理工艺和水质管理目标，基于风险分析与关键控制点（HACCP）体系，制定再生水厂水质管理措施。

水质管理措施包括风险识别、关键控制点（CCP）设置和管理、水质异常应对措施、可持续改进、应急管理等方面，其制定流程如图 11-1 所示。再生水厂水质管理措施示例见表 11-3。

图 11-1 再生水厂 HACCP 水质管理措施制定流程

再生水厂水质管理措施示例   表 11-3

关键控制点（CCP）	风险因子或事件	监控指标及关键参数(设备和频率)		纠正和验证措施
		水质指标	关键控制参数	
进水口	进水水质超标	化学需氧量（COD_{Cr}）、悬浮物（SS）、浊度等	pH、温度、COD_{Cr}、SS、氨氮（NH_3-N）、电导率等	1. 调查水质超标的原因；若进水为污水，宜加强源头控制；若进水为二级出水，宜通知上游污水处理厂； 2. 若继续进水宜调整污水再生处理工艺和运行参数
生物反应池	污水含大量泡沫、污泥膨胀	温度、pH、溶解氧（DO）、氧化还原电位（ORP）、五日生化需氧量（BOD）、总氮（TN）、总磷（TP）等	水力停留时间、有机负荷、水力负荷、气水比、混合液悬浮固体浓度（MLSS）、混合液挥发性悬浮固体浓度（MLVSS）、污泥回流比等	1. 采取水喷淋、投加消泡剂等消除泡沫措施； 2. 投加絮凝剂、消毒剂等药剂，调节进水有机负荷，加大污泥回流量

155

续表

关键控制点 （CCP）	风险因子 或事件	监控指标、设备和频率		纠正和验证措施
		水质指标	关键控制参数	
絮凝池/ 沉淀池	出水浊度超标、絮体沉积、泥渣沉积、藻类滋生	浊度、SS 等	浊度、SS、药剂投加量、泥位计等	1. 优化药剂选型、调整加药量、搅拌强度、排泥频次等； 2. 采取避光设施,当藻类较多时,可采用机械或药剂控藻
介质过滤滤池	出水浑浊、滤料泄漏、结构破坏	浊度、SS 等	浊度、SS、水力负荷、反冲洗强度、滤料膨胀率等	1. 调整滤层滤料、厚度、滤速等； 2. 调整反冲洗方式、强度、周期等
硝化生物滤池	滤床堵塞	浊度、SS、温度、COD_{Cr}、DO、TN、NH_3-N、ORP 等	浊度、SS、滤速、容积负荷、反冲洗强度、滤料膨胀率等	1. 观察滤料表面生物膜的颜色、状态、气味等的变化情况； 2. 调整滤层滤料、厚度等； 3. 调整反冲洗方式、强度、周期等； 4. 调整布其方式、曝气量等； 5. 定期清理滤头、出水堰等设备、设施上的淤积物
反硝化生物滤池	滤池进水 C/N 值低、滤床堵塞	浊度、SS、温度、COD_{Cr}、DO、TN、硝酸盐氮（NO_3-N）、ORP 等	浊度、SS、滤速、容积负荷、碳源投加量、反冲洗强度、滤料膨胀率等	1. 观察滤料表面生物膜的颜色、状态、气味等的变化情况； 2. 调整滤层滤料、厚度等； 3. 调整反冲洗方式、强度、周期等； 4. 调整碳源投加量等
膜过滤系统	膜污染、膜破裂、膜断丝	浊度、SS、温度、pH、总有机碳（TOC）等	浊度、SS、温度、pH、操作压力、膜通量、跨膜压差、电导率、淤泥密度指数（SDI）、反冲洗周期、反冲洗时间、曝气强度、化学清洗周期等	1. 优化清洗方式、清洗程序等； 2. 定期进行膜单元完整性测试、膜性能检测及评价、补膜、更换膜组件
臭氧接触池	臭氧气体泄漏、出水色度过高、嗅味问题	色度、余臭氧浓度等	臭氧投加量、接触时间等	1. 定期检查系统管路和臭氧尾气破坏装置运行状况； 2. 调整臭氧投加量
消毒池	消毒单元失效、病原微生物浓度超标	pH、温度、浊度、电导率、病原指示微生物浓度等	pH、温度、浊度、消毒剂剂量、消毒剂余量、接触时间等	1. 定期检查臭氧发生器运行状况； 2. 定期检查加氯系统设备、管路,调整有效氯投加量； 3. 定期检查紫外灯强度、灯管状态、清洗方式和清洗频率,提高紫外线透光率

续表

关键控制点 (CCP)	风险因子 或事件	监控指标、设备和频率		纠正和验证措施
		水质指标	关键控制参数	
清水池	病原微生物复活和再生长、藻类滋生	浊度、余氯浓度等	浊度、氯投加量、余氯浓度等	1. 调整氯投加量; 2. 采取避光设施
出水口	水质异常、检验结果连续超标	pH、色度、浊度、SS、DO、BOD、COD_{Cr}、TN、NH_3-N、TP、总大肠菌群数(TC)、粪大肠菌群数(FC)、余氯浓度等	常规指标以及针对再生水不同利用途径选用的特征指标	1. 加大检测频率、增加监测点、监测指标和调整处理工艺; 2. 及时沟通上报

11.3.3 水质监控与报告

再生水厂应针对不同再生水水源,根据工艺运行控制要求和水质管理目标,制定和规范水质监控内容,明确检测指标、频率和监控方法。根据《水质 样品的保存和管理技术规定》HJ 493《水质 采样技术指导》HJ 494 和《水质 采样方案设计技术规定》HJ 495 的相关规定,制定水样的采样和保存方案。根据水质监控要求,明确水质监控能力,配备相应的人员、仪器设备、设施和工作条件。再生水厂可与具备检测资质的机构共同承担水质检验工作。对于部分检测频率较低、所需仪器昂贵、检测成本较高的水质指标,可委托具有相关资质的单位进行检测。

再生水厂应根据《检测和校准实验室能力的通用要求》GB/T 27025—2019 及国家、行业相关规定,进行水质检测结果的校准,并实施内部和外部质量检验与控制,以保证数据质量。例如,水质检测过程涉及的计量仪器和器具按计量机构的规定应定期进行计量检定,检定合格后方可投入使用,日常使用过程中定期进行校验和维护。

再生水厂应建立规范、透明的水质报告制度,定期向主管部门、用户和公众公开水质情况。

11.3.4 水质管理制度

再生水厂应根据水质管理目标、相关行政主管监管部门和国家相关标准要求,制定系统、规范和完善的水质管理制度。水质管理制度包括水质管理岗位责任、档案资料管理办法等。水质管理制度需向上级主管部门备案,并向再生水用户和公众公告。

再生水厂应设置水质管理机构、水质管理人员和水质检测人员,建立完善的水质管理责任体系,明确岗位职责。水质管理机构及人员负责制定水质管理工作计划、落实工作安排、水质结果分析、报送与发布等任务。水质管理人员在上岗前,需接受专业职业技能培训,掌握处理工艺和设施、设备的运行和维护基本要求,严格按照安全操作规程进行操作,熟悉水质指标及技术指标检测监控和数据处理。水质检测机构及人员负责水质的检测和数据质量保障。水质检测人员需经过水质检验、测试专业技术培训合格后上岗,获得相应的操作技能等级资格证书。

再生水厂应建立健全水质档案管理制度,完善水质检测和监控原始记录、汇总表、检测报告、统计表等各类档案资料的管理。水质管理中的所有程序和过程需进行全面准确的记录、备份和归档。保证取样记录、化验记录、数据分析报告及相关的水质管理资料准确完整、字迹清晰、真实有效。记录、备份和归档材料需做到妥善保管、存放有序、查找方便；装订材料需符合存放要求，达到"实用、整洁、美观"。

11.4　再生水处理技术与工艺评价

再生水处理是再生水生产的核心。目前，再生水处理技术与工艺主要包括混凝沉淀、介质过滤（含生物过滤）、膜过滤（微滤、超滤、纳滤、反渗透）、活性炭吸附、氧化等单元处理技术及其组合工艺。

处理技术与工艺优化和稳定运行是再生水水质安全的重要保障手段，需要系统掌握处理技术或工艺与不同水源水质、再生水水质要求之间的关系并构建科学、合理的评价体系和评价方法，为再生水处理技术选择、诊断和运行优化提供指导。

在此背景下，《水回用导则 污水再生处理技术与工艺评价方法》（国家标准报批稿）于 2018 年获得立项，由全国节水标准化技术委员会（SAC/TC 442）与全国环保产业标准化技术委员会（SAC/TC275）提出并归口，由清华大学等单位起草。该标准规定了再生水处理技术与工艺评价的相关术语和定义、指标体系、程序与要求等，适用于污水再生处理技术与工艺的评价。

依据该标准，再生水处理技术与工艺评价指标包括定量和定性两类指标。定量评价，应选取科学、合理的可量化指标，充分考虑相关数据的可获取性和可靠性。定性评价，主要采用描述性或相对比较方式进行评价；评价应符合客观事实、用词准确、具有可考核性和可比较性。定量和定性指标应定义明确、内涵和边界清晰。

再生水处理技术与工艺评价指标体系见表 11-4。评价指标体系通常由一级指标和二级指标组成。一级指标用于对具体指标进行分类，包括技术指标、经济指标、环境指标和可靠性指标；二级指标用于定量或定性评价。根据评价需要，也可设立其他二级、三级或更多级指标；设立的指标应定义明确、内涵清晰。

再生水处理技术与工艺评价指标体系　　　　　　　表 11-4

一级指标	二级指标
技术指标	出水水质、污染物去除率、单位容积去除负荷、单位占地面积去除负荷、污泥产生量等
经济指标	单位水量建设费用、电耗和电耗费用、药耗和药耗费用、水耗和水耗费用、人工和人工费用等
环境指标	臭气产生量、温室气体释放量等
可靠性指标	水质波动率、水质达标率、冗余度、鲁棒性、弹韧性等

11.4.1　评价指标

（1）技术指标
技术指标反映污水再生处理技术与工艺在技术性能、技术先进性等技术方面的特征，主要包括出水水质、污染物去除率、容积去除负荷、污染物去除负荷、污泥产生量等二级指标。
出水水质指在一定条件下，经处理后达到的水质水平。应根据再生水的用途和用户要求，选择相应的水质指标，包括相关水质标准中规定的指标和其他需要关注的特定指标。常规指标主要包括 pH、BOD、COD、总悬浮固体、浊度、余氯、营养物质浓度、电导率、病原指示微生物浓度等。特定指标应根据用户要求或水质安全性保障需求进行选择，如特征化学污染物、特定病原微生物、化学稳定性、生物稳定性、生物毒性、有毒有害副产物等。

污染物去除率指去除污染物的百分率。单位容积去除负荷指单位容积单位时间内去除污染物的量。单位占地面积去除负荷指单位占地面积单位时间去除污染物的量。污泥产生量指处理单位水量或去除单位质量污染物所产生的污泥量。

（2）经济指标

经济指标反映污水再生处理技术与工艺在投资成本、运行成本、综合成本等经济方面的特征指标，主要包括单位水量再生水厂建设费用、电耗和电耗费用、药耗和药耗费用、水耗和水耗费用、人工和人工费用等二级指标。

单位水量再生水厂建设费用指为完成污水再生处理工程的建设、折合成单位处理水量的建设费用。电耗和电耗费用指处理单位水量或去除单位质量污染物所需电耗和电耗费用。

药耗和药耗费用指处理单位水量或去除单位质量污染物所需的药耗和药耗费用，药剂包括混凝剂、反硝化外加碳源、污泥处理处置用药剂等。总药耗为混凝沉淀、反硝化、污泥处理处置等过程的实际药剂使用量总和。总药耗费用为混凝沉淀、反硝化、污泥处理处置等过程的实际药剂使用量乘以单位药剂所需费用总和。

水耗和水耗费用指处理单位水量所耗水耗（包括自来水消耗量和再生水消耗量）和水耗费用。人工和人工费用指处理单位水量所需人工和人工费用。

（3）环境指标

环境指标反映污水再生处理技术与工艺对环境产生的正面和负面影响等环境方面的特征，主要包括臭气产生量、温室气体释放量等二级指标。

臭气产生量指处理单位水量或去除单位质量污染物所产生的臭气物质的量。温室气体释放量指处理单位水量或去除单位质量污染物所释放的温室气体量。不同性质的温室气体与 CO_2 转化的当量系数，见表 11-5。

环境指标的具体计算公式可参考《水回用导则 污水再生处理技术与工艺评价方法》（国家标准报批稿）。

典型非 CO_2 温室气体的折算当量系数　　　　　　　　　表 11-5

温室气体	折算当量系数	温室气体	折算当量系数
CH_4	21	HFCs：	
N_2O	310	HFC-125	2800
SF_6	23900	HFC-134a	1300
PFCs：		HFC-143a	3800
CF4	6500	HFC-152a	140
C2F6	9200	HFC-227ea	2900
HFCs：		HFC-236fa	6300
HFC-23	11700		
HFC-32	650		

数据来源：《节能低碳技术推广管理暂行办法》（发改环资〔2014〕19 号）。

（4）可靠性指标

可靠性指标反映再生水处理技术与工艺在高效稳定、运行管理等可靠性方面的特征，主要包括水质波动率、水质达标率、冗余度、鲁棒性、弹韧性等二级指标。

水质波动率是指评价周期内，出水水质偏离平均值的波动幅度。水质达标率是指在评价周期内，出水水质达到处理目标天数所占的比例。

冗余度指再生水处理系统超出最低水质安全保障要求的处理能力，冗余度评价指评价再生水处理系统的最大处理能力及安全系数、单元和设备备份度等，可进行定性或定量分析。

鲁棒性指再生水处理系统在水质、水量等冲击作用下，保持功能稳定的能力，即抗冲击能力。鲁棒性评价指测定负荷增加或减少情况下，再生水处理系统达到稳定状态所需的时间。负荷增加或减少幅度可根据评价目标进行设定。负荷增减情景包括流量增减和浓度增减两种类型。

弹韧性指再生水处理系统对突发事故的应对和功能恢复能力。弹韧性评价指评价停电或高毒性、高抑制性、难处理废水冲击等突发事件情况下，再生水处理系统的运行状况和恢复能力，可进行定性或定量分析。

11.4.2 评价程序

再生水处理技术与工艺评价程序主要包括：确定评价对象、边界条件与评价目的、选取评价指标、收集评价资料、开展评价实验、开展综合评价、撰写评价报告、开展专家咨询、完善评价报告和形成评价报告等步骤，如图 11-2 所示。

评价对象的确定是评价程序中关键的步骤。评价对象包括新开发的和实际应用的处理技术、单元技术和组合工艺。需要针对评价对象，确定所评价处理技术或工艺的功能及其可能的适用范围。评价目的包括处理技术评价、技术比选、运行诊断等，应针对不同评价目的，选择合适的评价程序。

评价指标应根据评价需要合理选择，指标数量可适当增减，以定量指标为主，定性指标为辅。对于新开发的处理技术、单元技术和组合工艺的评价，除技术、经济、环境和可靠性指标外，还需重点关注处理技术应用的边界条件等指标；对于实际应用的处理技术、单元技术和组合工艺评价，还需关注运行绩效提升潜力等指标。资料收集应保证评价结果的合理性、客观性和全面性。

对于新开发的处理技术或工艺，应通过中试规模实验开展技术验证，获得关键评价指标数据。对于运行中的处理技术或工艺，应针对实际工程开展研究考察，以获得评价指标数据。

可采用专家评议、打分等方法，对定量定性评价结果进行综合分析，并与其他同类型技术或工艺进行系统比较，明确评价对象的特点、优势和不足，提出改进措施。

评价报告撰写应表达规范，报告内容包括再生水处理技术或工艺、评价周期、技术或工艺运行条件、水质测定方法、水质监测结果（附原始数据）、评价结果、评价结论等内容。通过咨询 5 名及以上本领域资深专家，对评价报告进行专家评议，保证评价报告的科学性与完整性等。专家咨询过程中获得的评审意见等资料，应进行归档保存，以备后续核查。根据专家咨询意见，对评价报告进行完善；必要时，需重复前述数据获取、综合评价

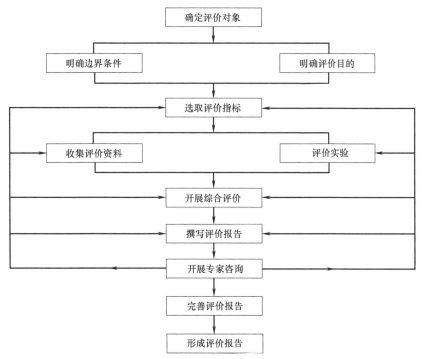

图 11-2　再生水处理技术与工艺评价程序

等程序。经过以上程序，最终形成完整的技术或工艺评价报告，并及时归档和妥善保存。

11.5　再生水利用效益评价

再生水可用于生产、生活和生态等多个方面，具有显著的资源效益、环境效益、社会效益和经济效益，随着再生水利用行业的快速崛起和相关新技术的快速发展，再生水利用途径日益扩大，涉及行业领域范围广、应用前景广。

我国在再生水水质、处理工艺设计规范等方面的标准规范较为完善。但不同水质的再生水适用范围及用户使用需求差异较大，目前仍存在再生水利用效益不明晰、评价方法和指标不统一等问题，难以全面科学评价再生水利用效益。我国现有再生水标准规范中尚缺乏利用效益方面的标准。

为促进再生水安全高效利用，有必要结合国内外再生水利用经验，充分考虑现有的和未来可能实施的污水再生利用理念、发展模式和技术创新，并结合再生水利用情况和经济社会发展状况，构建科学、合理的利用效益评价体系。基于再生水利用产品属性、资源性、技术性、经济性、环境友好性等特征，提出符合不同再生水利用途径特点、可操作性强、针对性强的评价指标和方法，科学评价再生水利用效益，以推动我国再生水行业规范化和高效可持续发展。

在此背景下，清华大学等单位起草了团体标准《再生水利用效益评价指南》T/CSES 01—2019，该标准于2019年由中国环境科学学会正式发布。该标准是我国首部再生水利用领域的团体标准，规定了再生水利用效益评价的相关术语定义、评价指标及定量评价方法和程序，适用于对再生水利用规划、设计、运营和管理进行效益评价。该团体标准的制定、颁布和实施，对规范再生水利用效益评价工作，指导再生水利用规划、设计、运营、管理、评价，提高再生水利用效益，促进再生水资源的合理、高效开发与利用具有积极意义。

依据该标准，再生水利用效益评价指标包括定量和定性两类指标。再生水利用效益评价指标体系见表 11-6。评价指标体系通常由一级指标和二级指标组成，一级指标为分类指标，二级指标用于定量或定性比较，也可根据评价需求和再生水利用特征设立三级或更多级指标。为使再生水利用效益得以充分评价，每个一级指标下应设置二级指标，以定量指标为主，定性指标为辅。以尽可能少的指标，充分反映上一级指标的不同侧面，尽量不重复、不交叉。

再生水利用效益评价指标体系

表 11-6

一级指标	二级指标
资源效益指标	水资源节约量等
环境效益指标	污染物削减量、电耗减少量、温室气体排放减少量等
社会效益指标	就业岗位数、人居环境改善等
经济效益指标	再生水供水收益、节省水费、节省环境税、再生水 GDP 贡献、GDP 拉动效益等

11.5.1　利用效益评价指标

（1）资源效益指标

再生水利用资源效益主要指的是再生水利用所节省的水和营养物等资源。该一级指标下可设水资源节约量等二级指标。再生水的利用可减少新鲜水资源（地表水、地下水）等的开采和取用。再生水初次利用强调再生水满足某种使用功能要求，初次利用于生产、生活、环境等的行为。再生水梯级利用指再生水经过初次利用后，直接或经适当处理后用于其他利用途径，实现再生水的再次或多次重复利用。

水资源节约量等于再生水利用总量，即再生水替代或减少水资源取用量，可通过不同利用途径的再生水初次利用量与再生水梯级利用量之和进行定量计算。对于农林、绿地灌溉等利用途径，可增设植物营养盐供给量、提供肥料价值等二级指标。

（2）环境效益指标

再生水利用环境效益主要为再生水利用对改善环境质量所起的积极作用或产生的有益效果。该一级指标下可设污染物削减量、电耗减少量、温室气体排放减少量等二级指标。

污水中的主要污染物为微生物（病原微生物、一般微生物）和化学污染物（无机污染物、有机污染物），可通过测定化学需氧量（COD）、总氮、总磷、粪大肠菌群等常规水质指标的浓度（取平均浓度值，月均值或年均值）来反映水体污染状况。污染物削减量为再生水的利用比污水达标排放减少的污染物量，可通过污水达标排放进入环境水体的污染物量与经再生水利用后实际进入环境水体的污染物量的差值进行定量计算。

电耗减少量为由于再生水利用减少的新增水资源开发利用耗电量，即其他可替代性水资源（例如外调水、海水淡化等）生产的电耗与再生水生产的电耗之差。温室气体排放减少量为由于再生水利用减少的新增水资源开发利用耗电量带来的温室气体排放减少量，可通过再生水利用带来的电耗减少量与转换系数的乘积进行定量计算。不同地区因为电力类型、电网划分、热力与电力之间分配等不同，转换系数可能存在一定的差异，转换系数的范围通常在 0.67~1.14。

（3）社会效益指标

再生水利用社会效益主要为再生水利用对社会发展所起的积极作用或产生的有益效果。该一级指标下可设就业岗位数、人居环境改善等二级指标。

就业岗位数为再生水利用带来的就业人数的增加量，主要包括再生水项目建设和运行所提供的就业岗位数。

人居环境改善为再生水利用带来的水环境改善对人居条件提升的效果。人居环境改善为定性评价指标，可通过满意度调查确定。满意度调查的内容可包括感官愉悦度提升、景观环境营造、湿地生态系统修复和营造、水体娱乐功能提升、地表水水质改善和地面沉降恢复等。

（4）经济效益指标

再生水利用经济效益主要为再生水利用对经济发展所起的积极作用或产生的有益效果。该一级指标下可设再生水供水收益、节省水费、节省排污费、再生水 GDP 贡献、GDP 拉动效益等二级指标。

再生水供水收益为再生水销售收入，包括再生水初次利用的供水收益、再生水梯级利用（按重复次数累计）的供水收益和政府财政补贴等。

节省水费为用户由于再生水利用减少的水费开支，即利用传统供水的水费与再生水水费之差，可通过再生水初次利用节省的水费和再生水梯级利用（按重复次数累计）节省的水费之和进行定量计算。

节省环境税为由于再生水利用节省的环境税，适用于企事业单位等需单独缴纳环境税的情形。节省的环境税可通过污水达标排放需要缴纳的环境税与再生水利用后需要缴纳的环境税之差进行定量计算。

再生水 GDP 贡献为再生水设施的建设运行和再生水使用所贡献的 GDP 总量，可通过再生水设施建设总投资额、再生水设施运行总投资额与再生水销售额（不含政府补贴）之和进行定量计算。GDP 拉动效益为再生水应用于工农业生产所带来的经济效益，可通过企业所利用的再生水用量占企业总用水量的比例与企业所贡献的 GDP 的乘积进行定量计算。

不同再生水利用途径推荐性利用效益评价指标见表 11-7。

再生水不同利用途径推荐性效益评价指标　　　　　　　　　　表 11-7

评价指标	城市杂用	景观环境利用	工业利用	农林、绿地灌溉	地下水回灌
资源效益指标（定量）					
水资源节约量	√	√	√	√	√
环境效益指标（定量）					
污染物削减量	√	√	√	√	√
电耗减少量	√	√	√	√	√

续表

评价指标	城市杂用	景观环境利用	工业利用	农林、绿地灌溉	地下水回灌
温室气体排放减少量	√	√	√	√	√
社会效益指标(定量或定性)					
就业岗位数	√	√	√	√	√
人居环境改善	√	√	√		√
经济效益指标(定量)					
再生水供水收益	√	√	√	√	√
节省水费	√	√		√	√
节省环境税	√				
再生水 GDP 贡献	√	√	√	√	√
GDP 拉动效益	√	√	√	√	√

注：对于农林、绿地灌溉等利用途径，可增设植物营养盐供给量、提供肥料价值等二级指标。

11.5.2 利用效益评价程序与方法

再生水利用效益评价程序主要包括：确定评价对象、明确边界条件及评价需求和原则，分析调查利用现状，明确利用途径、利用情景和利用量，选取评价指标、定量指标计算、定性指标评价、再生水利用效益综合评价与分析、结果汇总等步骤，如图 11-3 所示。

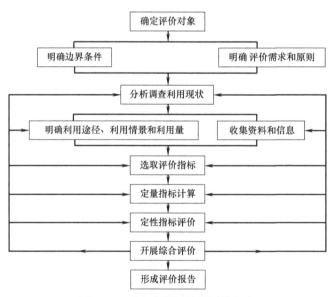

图 11-3 再生水利用效益评价程序

再生水利用效益综合评价与分析应从最低一级指标开始逐级计算，计算每一个上级指标所包含的全部下级指标。将资源效益、环境效益、社会效益和经济效益等一级指标评价结果汇总，进行再生水利用效益综合评价。可根据再生水利用效益评价结果对不同再生水项目进行分析、比较和优化。值得说明的是国家已立项编制再生水利用效益评价标准（计划号：20201723-T-469）。

第12章　城镇再生水设施与产业发展

12.1　再生水厂建设

12.1.1　再生水处理工艺

再生水处理是以生产再生水为目的，对污水或达到排放标准的污水处理厂出水，进行净化处理的过程。再生水处理通常指二级处理之后的深度处理和消毒处理。深度处理是再生水处理的主体单元。

深度处理包括混凝沉淀、介质过滤（含生物过滤）、膜过滤（微滤、超滤、反渗透）、活性炭吸附、氧化等单元处理技术及其组合工艺，主要功能是进一步去除二级（强化）处理未能完全去除的有机污染物、SS、色度、嗅味和无机盐等。

消毒是再生水生产环节的必备单元，可采用液氯、氯气、次氯酸钠、二氧化氯、紫外线、臭氧等技术或其组合技术。

由于再生水水源水质及用户需求的差异，单元处理技术一般难以保证出水达到再生水的水质要求，需要对不同单元处理技术进行优化组合，使之既可以提高污水处理效率，又可以降低处理成本。如何选取并规范再生水处理工艺，实现高效的衔接集成，从而保障再生水水质安全和降低再生水厂运行费用，已成为亟须解决的问题。污水再生处理主要采用的工艺组合如下：

二级处理出水——介质过滤——消毒

二级处理出水——微絮凝——介质过滤——消毒

二级处理出水——混凝——沉淀（澄清、气浮）——介质过滤——消毒

二级处理出水——混凝——沉淀（澄清、气浮）——膜分离——消毒

污水——二级处理（或预处理）——曝气生物滤池——消毒

污水——预处理——膜生物反应器——消毒

深度处理出水（或二级处理出水）——人工湿地——消毒

12.1.2　再生水处理设施

国务院办公厅于2012年4月印发了《"十二五"全国城镇污水处理及再生利用设施建设规划》（国办发〔2012〕24号），国家发展和改革委员会于2016年12月发布《"十三五"全国城镇污水处理及再生利用设施建设规划》（发改环资〔2016〕2849号），提出了保障"十二五"及"十三五"期间规划实施的具体措施，成为指导各地加快城镇污水处理设施建设和安排政府投资的重要依据。

《"十三五"全国城镇污水处理及再生利用设施建设规划》提出"十三五"期间投入

165

5644 亿元用于城镇污水处理及再生利用设施建设,相比"十二五"期间 4298 亿元的规划投资增加了 31.3%。"十二五"期间城市再生水利用设施建设投资约 304 亿元,"十三五"期间预计新增城镇再生水生产设施投资约 158 亿元。全国与各省(区、市)城镇污水处理及再生利用设施建设投资规划见表 12-1。

全国与各省(区、市)城镇污水处理及再生利用设施建设投资规划　　　　表 12-1

省份	新增再生水设施(亿元)		省份	新增再生水设施(亿元)	
	"十二五"新增	"十三五"新增		"十二五"新增	"十三五"新增
全国	304.0	158.1	湖北	5.0	10.1
北京	21.0	4.3	湖南	26.0	7.2
天津	45.0	3.1	广东	22.0	20.6
河北	23.0	6.5	广西	5.0	4.8
山西	7.0	4.8	海南	3.0	4.5
内蒙古	17.0	4.2	重庆	4.0	6.9
辽宁	5.0	9.5	四川	5.0	3.1
吉林	2.0	5.2	贵州	7.0	4.3
黑龙江	4.0	3.0	云南	16.0	3.8
上海	—	—	西藏	—	—
江苏	5.0	5.1	陕西	17.0	8.2
浙江	4.0	8.2	甘肃	4.0	3.3
安徽	5.0	6.0	青海	1.0	1.2
福建	7.0	3.5	宁夏	4.0	1.5
江西	2.0	1.3	新疆	8.0	4.1
山东	16.0	—	新疆生产建设兵团	1.0	0.8
河南	13.0	9.0			

注:上海和西藏相关数据缺失。

数据来源:《"十三五"全国城镇污水处理及再利用设施建设规划》;《"十二五"全国城镇污水处理及再利用设施建设规划》。

2019 年,全国城镇再生水设施建设固定资产投资 50.83 亿元,较上年增长 14%。北京、广东和新疆再生水利用固定资产投资排名前三,占全国再生水利用固定资产总投资的 61.6%,分别为 14.15 亿元、13.32 亿元和 3.84 亿元。2019 年全国与部分省(区、市)城镇再生水设施建设固定资产投资状况见表 12-2。

全国与部分省(区、市)城镇再生水设施建设固定资产投资(2019 年)　　　　表 12-2

省份	再生水设施建设投资(亿元)	省份	再生水设施建设投资(亿元)
全国	50.83	河北	2.53
北京	14.15	福建	2.48
广东	13.32	河南	1.50
江西	1.18	山西	1.43
新疆	3.84	安徽	1.32
内蒙古	3.59	其他	5.49

数据来源:《城乡建设统计年鉴》。

2014~2016 年,全国大力发展再生水利用,这三年全国城镇再生水设施建设固定资产投资相较于其他年份有明显增长。2015 年相关投资最高,达到 139 亿元,是 2019 年再生水设施建设固定资产投资的 2.73 倍。全国城镇再生水设施建设固定资产投资趋势如图 12-1 所示。

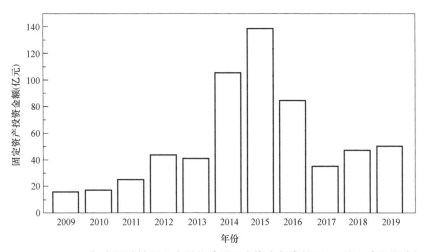

图 12-1 2009～2019 年全国城镇再生水设施建设固定资产投资情况（《城乡建设统计年鉴》）

12.1.3 再生水生产能力

"十二五"期间，设定了新建城镇污水再生利用设施规模 2544 万 m^3/d 的目标，其中，京津冀城镇地区新建目标为 455.5 万 m^3/d。截至 2015 年年底，全国城镇污水处理设施建设基本完成"十二五"规划目标。

"十三五"期间，设定了新建城镇污水再生利用设施规模 1504.8 万 m^3/d 的目标，其中，京津冀城镇地区约 133.8 万 m^3/d。全部建成后，我国城市污水再生利用设施总规模将超过 4000 万 m^3/d。

全国与各省（区、市）"十二五""十三五"城镇污水再生利用设施规模建设规划见表12-3。

全国与各省（区、市）城镇污水再生利用设施规模建设规划（单位：万 m^3/d） 表 12-3

省份	2010 年	"十二五"新增	"十三五"新增	省份	2010 年	"十二五"新增	"十三五"新增
全国	1210.0	2554.0	1504.8	湖北	3.8	68.0	100.2
北京	81.0	308.0	42.5	湖南	7.4	72.0	72.0
天津	27.0	53.5	30.6	广东	13.9	301.0	205.9
河北	134.3	94.0	60.7	广西	—	21.0	48.3
山西	43.6	113.0	48.4	海南	—	18.9	15.8
内蒙古	43.0	138.0	42.0	重庆	23.2	29.3	68.9
辽宁	120.3	75.9	97.5	四川	20.2	51.0	35.0
吉林	18.2	44.3	46.8	贵州	33.4	36.4	40.1
黑龙江	6.2	54.7	30.9	云南	17.0	65.8	37.9
上海	—	0.2	—	西藏	—	—	—
江苏	125.9	92.1	51.0	陕西	24.6	140.7	81.7
浙江	16.6	46.4	31.9	甘肃	9.0	44.6	33.0
安徽	17.8	69.0	63.0	青海	0.3	6.0	12.0
福建	4.3	31.2	30.5	宁夏	19.0	27.6	16.0
江西	—	47.0	13.0	新疆	56.4	106.4	51.7
山东	284.3	162.0	—	新疆生产建设兵团	—	18.4	7.5
河南	59.3	217.6	90.0				

注：西藏相关数据缺失。

数据来源：《"十三五"全国城镇污水处理及再利用设施建设规划》；《"十二五"全国城镇污水处理及再利用设施建设规划》。

2021 年 6 月 15 日，国家发展改革委为统筹推进"十四五"全国城镇污水处理及再生利用设施建设工作，发布了《"十四五"城镇污水处理及资源化利用发展规划》（发改环资〔2021〕827 号）。该文件对再生水利用提出了更高的目标，即"十四五"期间，新建、改建和扩建污水再生利用设施的再生水生产能力不低于 1500 万 m^3/d。

12.2　再生水管网建设

12.2.1　全国城镇再生水管网建设状况

我国城镇地区再生水管网建设情况见图 12-2。自 2009 年开始，我国城镇再生水管网长度逐年增加，由 2009 年的 2529km 增长至 2019 年的 15266km，10 年间增加了 5.0 倍，年平均增长率为 50%。

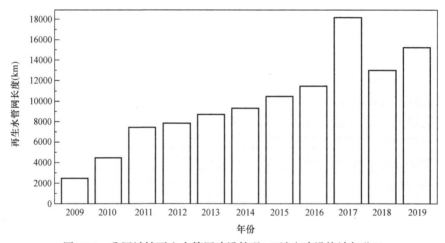

图 12-2　我国城镇再生水管网建设情况（《城乡建设统计年鉴》）

12.2.2　各省（区、市）城镇再生水管网建设状况

各省份城镇再生水管道建设情况见表 12-4。

各省（区、市）城镇再生水管道建设情况（2019 年）　　　表 12-4

省份	管道长度(km)	省份	管道长度(km)
北京	2006.1	湖北	21.3
天津	1843.5	湖南	252.9
河北	956.7	广东	5.3
山西	754.6	广西	—
内蒙古	2205.0	海南	42.8
辽宁	253.7	重庆	90.6
吉林	82.4	四川	73.4
黑龙江	112.8	贵州	32.5
上海	—	云南	631.8

续表

省份	管道长度(km)	省份	管道长度(km)
江苏	1002.1	西藏	—
浙江	242.2	陕西	274.5
安徽	242.1	甘肃	381.2
福建	32.0	青海	92.8
江西	—	宁夏	444.6
山东	1671.6	新疆	823.2
河南	669.4	新疆生产建设兵团	24.2

注：上海、江西、广西和西藏相关数据缺失。

数据来源：《城乡建设统计年鉴》。

全国再生水管道长度排名前十的省（区、市）见图 12-3。其中，内蒙古、北京、天津、山东和江苏再生水管道长度位列全国前五，均在 1000km 以上，累计长度占全国再生水管道总长度的 57.2%，具体分别为 2205km、2006km、1844km、1672km 和 1002km。江西等 4 个省份的再生水管道长度数据缺失。

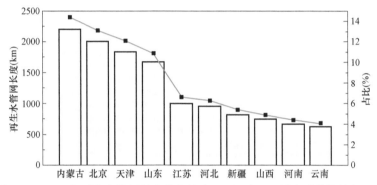

图 12-3　2019 年再生水管网长度前十的省（区、市）（《城乡建设统计年鉴》）

12.2.3　重点城市再生水管网建设状况

2019 年全国 36 个重点城市再生水管道建设情况见表 12-5。

重点城市再生水管网建设情况　　　　表 12-5

城市	再生水管道长度(km)	城市	再生水管道长度(km)
北京	2006	青岛	365
天津	1844	郑州	145
石家庄	27	武汉	—
太原	128	长沙	44
呼和浩特	160	广州	—
沈阳	—	深圳	—
大连	51	南宁	—
长春	30	海口	—
哈尔滨	10	重庆	79
上海	—	成都	23
南京	501	贵阳	—
杭州	11	昆明	431
宁波	36	拉萨	—

城市	再生水管道长度(km)	城市	再生水管道长度(km)
合肥	48	西安	140
福州	8	兰州	—
厦门	6	西宁	3
南昌	—	银川	79
济南	264	乌鲁木齐	376

注：沈阳、上海、南昌、武汉、广州、深圳、南宁、海口、贵阳、拉萨和兰州相关数据缺失。
数据来源：《城乡建设统计年鉴》。

北京、天津、南京、昆明、乌鲁木齐、青岛、济南、呼和浩特、郑州和西安的再生水管道长度在 36 个重点城市中排名前十（图 12-4），沈阳等 10 座城市的再生水管道长度数据缺失。

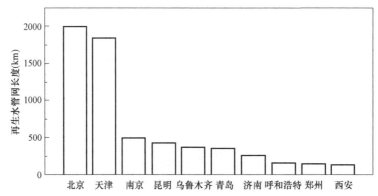

图 12-4　2019 年全国再生水管网长度排名前十的城市（《城乡建设统计年鉴》）

12.3　再生水利用产业发展

2019 年，我国再生水利用量为 126.2 亿 m^3，如果按再生水利用率达到 25％计算，未来我国再生水利用量可达到 158.2 亿 m^3/a。大力推动污水再生利用，将为超滤膜、纳滤膜、反渗透膜、活性炭吸附剂、臭氧发生器、紫外线设备、水处理药剂、再生水设施运营等相关产业带来新的发展空间。

第13章 北京市污水处理与再生利用发展状况

13.1 水资源与用水状况

13.1.1 水资源状况

北京市地处华北平原，总面积 16410km²，下辖 16 个区县。根据 2020 年第七次全国人口普查数据，北京市常住人口 2189.3 万人，与 2010 年相比，常住人口增加了 228.1 万人。2020 年 GDP 为 3.61 万亿元，人均 GDP 达 16.5 万元。

水资源短缺是北京市长期面临的问题，已成为生态文明建设和经济社会可持续发展的重大瓶颈。北京市水资源总量和人均水资源量见表 13-1。2020 年，北京市水资源总量为 25.8 亿 m³，其中地表水资源量为 8.25 亿 m³，占水资源总量的 32.0%；地下水资源量为 17.51 亿 m³，占水资源总量的 68.0%。除少数年份（2012 年、2016 年和 2018 年）外，近 10 年北京市人均水资源量低于 150 m³，远低于联合国制定的极度缺水地区标准（人均水资源量＜500m³），与以色列和加沙地区的水资源紧缺程度相当。

北京市水资源总量及人均水资源量 表 13-1

年份	水资源总量(亿 m³)	人均水资源量[m³/(人·a)]
2011	26.8	135
2012	39.5	193
2013	24.8	119
2014	20.3	95
2015	26.8	124
2016	35.1	162
2017	29.8	137
2018	35.5	164
2019	24.6	114
2020	25.8	118

数据来源：国家统计数据库。

13.1.2 供水用水状况

北京市供水总量呈逐年上升趋势，从 2011 年的 36.0 亿 m³，逐渐增加至 2019 年的 41.7 亿 m³（图 13-1）。2020 年供水总量为 40.6 亿 m³，其中地表水供水量为 8.5 亿 m³，占总供水量的 20.9%；地下水供水量为 13.5 亿 m³，占总供水量的 33.2%；再生水供水量为 12.0 亿 m³，占总供水量的 29.6%；南水北调水供水量为 6.6 亿 m³，占总供水量的 16.3%。

北京市用水总量呈逐年上升趋势，从 2011 年的 36.0 亿 m³，逐渐增加至 2019 年的

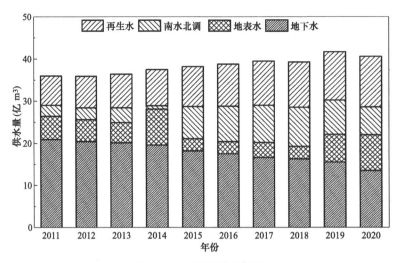

图 13-1　北京市供水情况

数据来源：北京市水资源公报；《北京市统计年鉴》。

41.7 亿 m³（图 13-2）。2020 年用水总量为 40.6 亿 m³，其中生态用水量最大，为 17.4 亿 m³，占用水总量的 42.9%；生活用水量为 17.0 亿 m³，占用水总量的 41.7%；农业用水 3.2 亿 m³，占用水总量的 7.8%；工业用水 3.0 亿 m³，占用水总量的 7.4%。

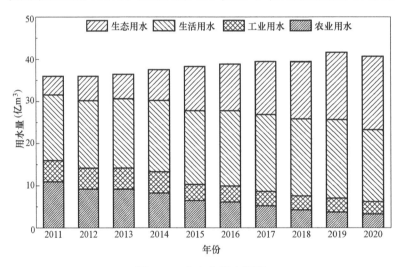

图 13-2　北京市用水情况

数据来源：北京市水资源公报；《北京市统计年鉴》。

13.2　污水排放与处理

13.2.1　城镇污水排放与处理

北京市污水排放总量、污水处理总量及污水处理率见表 13-2。近年来，北京市污水排放量不断增加，从 2011 年的 14.55 亿 m³，增加至 2020 年的 20.42 亿 m³。北京市污水处理总量亦不断增加，从 2011 年的 11.88 亿 m³，增加至 2020 年的 19.41 亿 m³；污水处理率从 81.7% 提升至 95.0%。

北京市污水排放总量、污水处理总量及污水处理率   表 13-2

年份	污水排放总量(亿 m³)	污水处理总量(亿 m³)	污水处理率(%)
2011	14.55	11.88	81.7
2012	15.20	12.64	83.0
2013	15.53	13.14	84.6
2014	16.15	13.91	86.1
2015	16.42	14.45	87.9
2016	16.97	15.28	90.0
2017	18.79	17.31	92.4
2018	20.37	19.04	93.4
2019	21.12	19.97	94.5
2020	20.42	19.41	95.0

数据来源：《北京市统计年鉴》；北京市水资源公报。

13.2.2 城镇污水处理厂

北京市主要的污水处理厂及其处理能力见表 13-3。截至 2020 年 12 月，北京市共规划及建成城镇污水处理厂 57 座，总处理能力达到 547.6 万 m³/d。目前规划及已建成的 57 座城镇污水处理厂中，大型污水处理厂（处理能力 10 万 m³/d 及以上）13 座，占污水处理厂总数的 22.8%，占总处理能力的 72.1%；中型污水处理厂（处理能力 1 万～10 万 m³/d）共 35 座，占污水处理厂总数的 61.4%，占总处理能力的 27.6%；小型污水处理厂（处理能力小于 1 万 m³/d）共 9 座，占污水处理厂总数的 15.8%，占总处理能力的 0.2%。

北京市城镇污水处理厂及其处理能力（截至 2020 年底）   表 13-3

污水处理厂	污水处理厂设计处理能力（万 m³/d）	污水处理厂	污水处理厂设计处理能力（万 m³/d）
高碑店污水处理厂	100	天堂河污水处理厂	4
小红门污水处理厂	60	通州河东再生水厂	4
北京市槐房再生水厂	60	良乡污水处理厂二期工程	4
清河污水处理厂	55	张家湾再生水厂	4
酒仙桥污水处理厂	20	马坡再生水厂	4
北京市定福庄再生水厂（一期 20 万 m³/d）	20	北京市昌平区沙河再生水厂（一期）	3
北京市清河第二再生水厂（一期 20 万 m³/d）	20	北京北控昌祥污水净化有限公司	3
北京卢沟桥污水处理厂	10	昌平区马池口再生水厂工程	2.5
北京市通州区碧水污水处理厂	10	肖家河污水处理厂	2
北小河污水处理厂	10	燕房卫星城城关污水处理厂	2
顺义新城温榆河水资源利用工程（二期）	10	北京长阳污水处理厂	2
北京市高安屯再生水厂（一期）	10	顺义区天竺污水处理厂	2
堡头污水处理厂	10	昌平区南口镇污水处理厂及配套管网工程	2
吴家村污水处理厂	8	海淀温泉再生水厂	2
北京市大兴区黄村污水处理厂	8	海淀永丰污水处理厂	2
未来科技城再生水厂一期工程	8	百善再生水厂及配套污水管网工程	2
门头沟区第二再生水厂	8	五里坨污水处理厂	2
海淀稻香湖再生水厂	8	房山城关再生水厂	2

续表

污水处理厂	污水处理厂设计处理能力（万 m³/d）	污水处理厂	污水处理厂设计处理能力（万 m³/d）
顺义区污水处理厂	8	海淀翠湖污水处理厂	1
北京市怀柔污水处理厂	7	巨各庄镇(蔡家洼)污水处理厂	0.35
密云新城再生水厂工程	6.5	北京万家水务有限公司	0.3
北京市延庆县城西再生水厂	6	太师屯镇污水处理厂	0.2
北京市昌平区沙河再生水厂（二期）	6	高岭镇污水处理厂	0.16
北京市大兴区西红门再生水厂BOT项目	6	东邵渠镇污水处理厂	0.08
北京市昌平区污水处理厂	5.4	北庄镇污水处理厂	0.05
丰台河西再生水厂	5	古北口镇污水处理厂	0.03
北京市房山区良乡卫星城污水处理厂	4	不老屯镇污水处理厂	0.02
北京泃河污水处理有限公司	4	冯家峪镇污水处理厂	0.01
北京北苑污水处理厂	4		

数据来源：全国城镇污水处理管理系统。

13.2.3 污水处理厂进出水水质

北京市城镇污水处理厂进出水水质见表 13-4。从 2020 年数据看，出水各项指标均达到北京市地方标准《水污染物综合排放标准》DB11/307 中 A 类排放限值要求。COD 和 BOD 均达到《地表水环境质量标准》GB 3838—2002 Ⅰ 类标准要求；NH_3-N 和 TP 达到 Ⅱ 类标准要求；TN 达到《城市污水再生利用 景观环境用水水质》GB/T 18921 景观环境用水水质标准要求。

北京市污水处理厂进出水水质指标（2020 年）　　　　　表 13-4

水质指标	COD_{Cr}（mg/L）	BOD_5（mg/L）	SS（mg/L）	NH_3-N（mg/L）	TN（mg/L）	TP（mg/L）
进水(年中位值)	264.0	117.0	147.0	34.0	42.0	4.6
出水(年中位值)	11.8	1.9	4.0	0.2	9.1	0.1
北京标准 A 类排放限值	20.0	4.0	5.0	1.0	10.0	0.2

数据来源：全国城镇污水处理管理信息系统。

13.3 再生水利用

13.3.1 再生水利用量和利用途径

北京市再生水利用量和再生水利用率见表 13-5。2011 年以来，北京市的再生水用量逐年增加，再生水配套设施逐渐完善。再生水利用量由 2011 年的 7.0 亿 m³ 增长至 2020 年的 12.0 亿 m³，10 年间增加了 71.5%，年平均增长率达到 7.15%。2011~2020 年北京市再生水利用率保持稳定，约为 60%。2020 年，北京市再生水利用量占全市供水总量的 29.6%（图 13-1），再生水已成为名副其实的城市第二水源。2019 年再生水管网长度达到了 2006km，其中城六区再生水管网长度为 942km，郊区再生水管道长度为 1064km。

北京市再生水利用量和再生水利用率 表 13-5

年份	再生水利用量(亿 m³)	再生水利用率(%)
2011	7.0	58.9
2012	7.5	59.3
2013	8.0	60.9
2014	8.6	61.8
2015	9.5	65.7
2016	10.0	65.4
2017	10.5	60.7
2018	10.8	56.7
2019	11.5	57.6
2020	12.0	61.8

数据来源：《北京市统计年鉴》。

（1）再生水景观环境利用

北京市再生水主要用作景观环境用水，占再生水利用总量的 90% 以上。2018 年，景观环境利用量为 9.9 亿 m³，占再生水利用总量（10.8 亿 m³）的 92.1%；2020 年利用量 11.1 亿 m³，占再生水利用总量的 92.5%。再生水景观环境利用有效改善了城市河湖景观和生态环境，改变了河湖以往"水脏、水少、水臭"的形象。同时，再生水景观环境利用节约了优质水源，一定程度上缓解了北京市水资源紧缺的压力。目前，清河、温榆河、萧太后河等河流，奥林匹克森林公园、南海子、圆明园等湖泊湿地已经实现了再生水补水。

北京市奥林匹克森林公园内的人工湿地和湖泊兼具再生水生态环境储存和景观环境娱乐功能。公园区域内再生水主要来自清河再生水厂（6 万 m³/d），主要处理工艺包括超滤、臭氧和氯消毒。部分再生水（3200m³/d）通过湿地和室内生态系统实现净化，进一步提升了水质。

（2）再生水工业利用

北京市再生水用于工业的比例较低。2018 年再生水工业利用量为 6423 万 m³，占再生水利用总量的 6.0%；2020 年工业利用量为 5800 万 m³，占再生水利用总量的 4.8%。目前，城区 9 座热电厂已经实现生产冷却水全部使用再生水。北京亦庄经济技术开发区京东方、中芯国际等高精尖企业已经使用再生水作为高标准工业纯水制备的重要水源。

北京经济技术开发区的污水再生利用系统见图 13-3。开发区内的东区和经开再生水厂以园区外的污水处理厂（小红门污水处理厂）二级出水为水源，采用"微滤—反渗透"（MF-RO）工艺，生产 A1 级再生水。生产的 A1 级再生水通过再生水配套管网输送给开发区内的工业企业，替代自来水作为工艺生产用水和非工艺生产用水（如循环冷却用水等），实现了再生水在区域范围内的大规模应用。

开发区内再生水厂生产的再生水水质稳定，部分水质指标优于自来水，且价格低于工业用自来水，得到了京东方、中芯国际等用水企业的广泛好评。2020 年开发区再生水用量达 1368 万 m³，占工业用水总量的 40% 以上，超过自来水，成为工业"第一水源"。

（3）再生水市政杂用

北京市再生水用于市政杂用的比例很低。2018 年北京市再生水市政杂用利用量为 2106 万 m³，占再生水总利用量的 2.0%，主要用途包括绿化灌溉、道路喷洒、施工压尘、洗车、建筑冲厕等。2020 年市政杂用利用量为 3600 万 m³，占再生水总利用量的 3.0%。

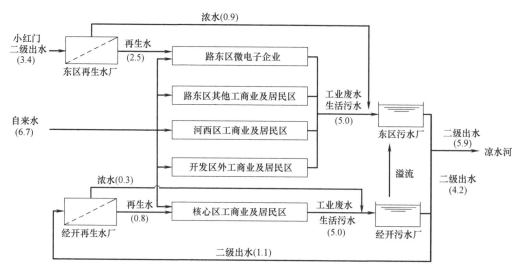

图 13-3 北京市经济技术开发区污水再生利用体系

注：图中数据单位为万 m³/d（2012 年数据）。

13.3.2 再生水设施建设与运营

北京市采用特许经营模式，推动再生水利用市场化建设。北京市政府出台一系列政策，对再生水厂建设、运营提供补贴，促进再生水产业发展。

中心城区由北京排水集团作为特许经营主体，开展中心城区污水处理和再生水利用服务。中心城区污水处理厂建设资金由特许经营主体承担，50％的征地拆迁资金由市政府固定资产投资解决，剩余 50％的征地拆迁资金由所在地区政府承担。

中心城区以外的其他区域通过公开招标、竞争性谈判等方式确定特许经营主体，采用政府与社会资本合作、委托运营等模式开展污水处理和再生水利用设施建设和运营。污水处理厂建设资金由特许经营主体承担，征地拆迁资金由相关区、乡镇政府承担。对生态涵养发展区、城市发展新区的城镇地区污水收集管线、再生水利用管线项目，市政府固定资产投资分别给予建设资金的 90％和 70％支持，不足部分和拆迁资金由所在地区、乡镇政府承担。

其他农村地区实行企业建厂、政府建网、市区补贴和考核付费的工作模式，推进农村地区生活污水治理设施专业化建设、专业化运营。污水再生处理设施建设资金由特许经营主体承担，征地拆迁资金由区政府及有关乡镇政府统筹解决。市级财政对运营经费按不同比例给予补贴，生态涵养区和通州区农村地区补贴比例为 70％，朝阳区、海淀区和丰台区农村地区为 50％，其他农村地区为 60％，补贴基数为 3 元/m³。

13.4 污水再生利用政策与管理

13.4.1 污水再生利用标准

北京市重视污水再生利用标准的制定，为再生水工业利用、绿地灌溉和农业灌溉提供了规范和指导性意见。同时，北京市地方标准《水污染物综合排放标准》DB11/307的制定也有力推动了再生水利用的发展。2020年，北京市出台《北京市百项节水标准规范提升工程实施方案（2020-2023年）》，将再生水利用指南的编制作为重要工作内容。目前，北京市已经制定并发布了《再生水利用指南 第1部分：工业》和《地下再生水厂运行及安全管理规范》等标准，未来将陆续制定《再生水利用指南 第2部分：空调冷却》《再生水利用指南 第3部分：市政杂用》和《再生水利用指南 第4部分：景观环境》等标准（表13-6）。

北京市再生水利用相关标准　　　　　　　　　　　　　　　　表13-6

标准号	标准名称
DB11/T 672—2009	《再生水灌溉绿地技术规范》
DB11/T 740—2010	《再生水农业灌溉技术导则》
DB11/T 1254—2015	《再生水热泵系统工程技术规范》
DB11/T 1322.65—2019	《安全生产等级评定技术规范 第65部分：城镇污水处理厂（再生水厂）》
DB11/T 1658—2019	《生态再生水厂评价指标体系》
DB11/T 1755—2020	《城镇再生水厂恶臭污染治理工程技术导则》
DB11/T 1767—2020	《再生水利用指南 第1部分：工业》
DB11/T 1818—2021	《地下再生水厂运行及安全管理规范》

13.4.2　污水再生利用政策

为指导再生水利用发展，北京市相继发布了多项相关政策法规及管理办法，见表13-7。

1987年，发布《北京市中水设施建设管理试行办法》，要求符合条件的建筑应按规定配备再生水设施，同时也规定了再生水主要用途及相应的水质标准。

1994年，发布《北京市城镇用水浪费处罚规则》，要求用水单位应按照规定建设、使用再生水设施。对于未按规定建设、停止使用再生水设施的用水单位，相关单位可以进行处罚。

2000年，发布《北京市节约用水若干规定》，规定政府应制定再生水使用方案和再生水规划；已接通再生水的地区，工业用水和城镇园林绿化、环境卫生用水应当使用再生水。

2005年，发布《北京市节约用水办法》，将再生水同地表水、地下水共同纳入水资源管理体系中，统一调配；将价格机制引入用水行为的调节过程。

2009年，发布《北京市排水和再生水管理办法》，规定再生水供水企业应当与用户签订合同；再生水供水系统和自来水供水系统应当相互独立，再生水设施和管线应当有明显标识；再生水水价由政府定价。

2013年，发布《北京市加快污水处理和再生水利用设施建设三年行动方案（2013—2015年）》，规划至"十二五"末，全市新建再生水厂47座，主要出水指标达到地表水Ⅳ类标准；新建清河、酒仙桥、高碑店和小红门4大再生水输水工程，实现再生水跨流域调度配置利用。

2016年，发布《北京市进一步加快推进污水治理和再生水利用工作三年行动方案（2016年7月—2019年6月）》，规划至2019年底，全市新建再生水厂27座，新建再生水管线 472km，再生水利用量达到 11 亿 m³；对全市再生水进行统一调度，逐步增加城乡接合部地区河湖、湿地的再生水补水量，进一步扩大全市生态环境、市政市容、工业生产、居民生活等领域的再生水利用量。

2017 年，发布《北京城市总体规划（2016 年—2035 年）》，要求生态环境、市政杂用优先使用再生水；到 2020 年基本实现城镇污水全收集、全处理，提高再生水利用比例，再生水利用量不少于 12 亿 m³。

2019 年，发布《北京市进一步加快推进城乡水环境治理工作三年行动方案（2019 年 7 月—2022 年 6 月）》，要求进一步完善城镇地区污水处理和再生水利用设施。政府对再生水设施建设和运营提供政策及资金支持。

2020 年，发布《北京市节水行动方案》，要求加强再生水多元、梯级和安全利用，因地制宜完善再生水管网等基础设施建设；加大园林绿化非常规水利用，园林绿化用水逐步退出自来水及地下水灌溉；及时调整再生水价格，鼓励扩大再生水使用范围。

北京市再生水利用相关政策与规划 表 13-7

发布年份	政策法规或管理办法
1987	《北京市中水设施建设管理试行办法》
1994	《北京市城镇用水浪费处罚规则》
2000	《北京市节约用水若干规定》
2005	《北京市节约用水办法》
2009	《北京市排水和再生水管理办法》
2013	《北京市加快污水处理和再生水利用设施建设三年行动方案(2013—2015 年)》
2016	《北京市进一步加快推进污水治理和再生水利用工作三年行动方案(2016 年 7 月—2019 年 6 月)》
2017	《北京城市总体规划(2016 年—2035 年)》
2019	《北京市进一步加快推进城乡水环境治理工作三年行动方案(2019 年 7 月—2022 年 6 月)》
2020	《北京市节水行动方案》

积极探讨再生水价格制定机制。2014 年，北京市发展和改革委员会发布了《关于调整北京市再生水价格的通知》，规定再生水价格由政府定价管理调整为政府最高指导价管理，每立方米价格不超过 3.5 元，鼓励社会单位广泛使用再生水。相较于北京市居民最低档用水价格（5 元/m³）、工业用水最低价格（9 元/m³），再生水具有显著的价格优势。

13.4.3 再生水利用发展潜力

北京市再生水利用潜力分析见表 13-8。2020 年，北京市再生水利用量达 12.0 亿 m³，污水处理总量为 19.41 亿 m³，再生水利用率为 61.8%。参考以色列的再生水利用情况（国际先进水平，污水再生利用率为 80 %），北京市未来的再生利用量可超过 15.5 亿 m³（污水处理量按 2020 年计算），与目前的再生水利用量相比，有 3.5 亿 m³ 的增长空间。

北京市再生水利用潜力分析 表 13-8

2020 年人均水资源量(m³/人)	118
2020 年再生水利用率(%)	61.8
2020 年再生水利用量(亿 m³)	12.0
再生水利用潜力(亿 m³/a)*	3.5
预计再生水生产量(亿 m³/a)*	15.5

* 以达到以色列水平（80%的再生水利用率）来估算。

13.5 展望与建议

污水再生利用是解决北京市水资源短缺问题的有效途径。目前，北京市城镇污水处理厂出水的主要水质指标（COD、NH_3-N、TP）基本达到《城市污水再生利用 景观环境用水水质》GB/T 18921 的水质要求，已经成为量大质稳、就近可取的优质水源。

景观环境利用（补给河道）是再生水主要利用途径，为了重塑京城水系，建设清水绿岸、鱼翔浅底的水生态环境，未来北京城市水系仍然面临巨大的清水补给需求。未来工业利用和市政杂用等利用途径仍有较大发展空间。将再生水优先补给生态环境，之后经过生态净化、储存和输配后再次用于生产生活，可显著提高再生水利用效益，值得政府制定相关政策，大力推进。

今后仍然需要关注再生水利用过程中的生态和健康风险，进一步建立健全再生水利用标准体系，完善相关政策法规，加强公众宣传教育。

第 14 章 天津市污水处理与再生利用发展状况

14.1 水资源与用水状况

14.1.1 水资源状况

天津是我国省级行政区直辖市，地处华北地区，位于海河流域下游，东临渤海，是我国首批沿海开放城市，也是北方最大的港口城市。天津市总面积 $11966.45km^2$。根据 2020 年第七次全国人口普查数据，天津市常住人口 1386.6 万人，与 2010 年相比，十年增长 92.8 万人，增长率为 7.17%，年平均增长率 0.69%。2020 年，天津市 GDP 总值 1.41 万亿元，人均 10.16 万元。

天津市为极度缺水地区，水资源严重匮乏（表 14-1）。2019 年，天津市水资源总量为 8.1 亿 m^3（比 2018 年减少了 54.0%），其中地表水资源量 5.12 亿 m^3，地下水资源量 4.16 亿 m^3，地表水与地下水重复计算量 1.19 亿 m^3。2019 年，人均水资源量 51.9 m^3，远低于联合国规定的极度缺水地区标准（人均水资源量＜500 m^3），也低于以色列和加沙地区的人均水资源量。

天津市水资源总量及年人均水资源量　　　　　　　　　　　表 14-1

年份	水资源总量(亿 m^3)	人均水资源量(m^3/人)
2011	15.4	116.0
2012	32.9	238.0
2013	14.6	101.5
2014	11.4	76.1
2015	12.8	83.6
2016	18.9	121.6
2017	13.0	83.4
2018	17.6	112.9
2019	8.1	51.9

数据来源：国家统计数据库；天津市水资源公报。

14.1.2 供水用水状况

2019 年，天津市供水总量 28.45 亿 m^3，其中，地表水源供水量 19.16 亿 m^3，占供水总量的 67.3%，地下水源供水量 3.91 亿 m^3，占供水总量的 13.7%，其他水源供水量

5.38亿m³，占供水总量的18.9%，其中再生水4.92亿m³，海水淡化水0.46亿m³；海水直接利用量10.04亿m³，该部分未计入供水总量。

2019年，天津市用水总量28.45亿m³，其中，生活用水7.51亿m³，占用水总量的26.4%；农业用水9.24亿m³，占用水总量的32.5%；工业用水5.47亿m³，占用水总量的19.2%；生态环境用水6.23亿m³，占用水总量的21.9%。与2018年比较，全市总用水量增加0.03亿m³。2018年与2019年天津市用水量对比见表14-2。

2018年与2019年天津市用水量　　　　表14-2

年份	农业 （亿m³）	工业 （亿m³）	城镇公共 （亿m³）	居民生活 （亿m³）	生态环境 （亿m³）	合计 （亿m³）
2018	10.00	5.44	2.70	4.71	5.57	28.42
2019	9.24	5.47	2.72	4.79	6.23	28.45
变化	−0.76	0.03	0.02	0.08	0.66	0.03

数据来源：天津市水资源公报。

14.2　污水排放与处理

14.2.1　城镇污水排放与处理

天津市污水排放总量、污水处理总量及污水处理率见表14-3。近年来，天津市污水排放总量整体上呈逐年增加趋势，2019年污水排放总量为11.01亿m³。天津市污水处理总量也不断增加，从2007年的4.26亿m³增加至2019年的10.57亿m³。污水处理率亦逐年增加，从2007年的61.5%提升至2019年的96.0%。

天津市污水排放总量、污水处理总量及污水处理率　　　　表14-3

年份	污水排放总量（亿m³）	污水处理总量（亿m³）	污水处理率（%）
2007	6.93	4.26	61.5
2008	6.82	4.94	72.4
2009	6.83	5.47	80.1
2010	6.52	5.52	84.7
2011	6.72	5.83	86.8
2012	7.45	6.57	88.2
2013	7.87	7.09	90.1
2014	8.23	7.49	91.0
2015	9.40	8.60	91.5
2016	9.97	9.18	92.1
2017	9.97	9.23	92.6
2018	10.41	9.76	93.8
2019	11.01	10.57	96.0

数据来源：《城乡建设统计年鉴》。

根据《2019天津市水资源公报》，污水排放量是指工业、第三产业和城镇居民生活等用水户排放的水量。天津市污水主要经北塘排水河、大沽排水河入海。2019 年天津市城镇居民生活污水排放占全市污水排放量的 36.1%；工业和建筑业污水排放量占全市污水排放量的 44.1%；第三产业污水排放量占全市污水排放量的 19.8%。

14.2.2　城镇污水处理厂

截至 2020 年年底，天津市规划建设城镇污水处理厂总计 95 座，其中，运行中的污水处理厂共 67 座，处理能力总计 354.4 万 m^3/d。

纪庄子污水处理厂于 1984 年 4 月 28 日竣工并正式投产运行，是当时全国第一座大型城镇污水处理厂，处理能力达 26 万 m^3/d，采用二级活性污泥工艺，主要承担天津市和平区、河西区和南开区 3 个行政区域的污水处理。

纪庄子再生水厂在此污水处理厂的基础上建造，同时也是全国污水再生利用的试点项目。该项目于 2002 年底建成并投入运营，标志着天津市污水再生利用进入了实质性应用阶段。

纪庄子再生水厂主要以纪庄子污水处理厂出水为水源，最初设计处理能力为 5 万 m^3/d，再生水市政利用和工业利用采取不同的处理工艺。其中，市政利用，即居民区再生水系统的处理能力为 2 万 m^3/d，采用"混凝沉淀—连续微滤膜—臭氧—氯消毒"处理工艺；工业利用系统的处理能力为 3 万 m^3/d，采用"混凝沉淀—砂滤-臭氧—氯消毒"处理工艺。2009 年 6 月，针对天津市污水高含盐、高矿化度的特点，将工艺提升为超滤—反渗透工艺，即"混凝沉淀—微滤（超滤）—部分反渗透—臭氧＋液氯/次氯酸钠消毒"，总处理能力增加到 7 万 m^3/d。

因天津市生态建设及城市建设发展需求，纪庄子污水处理厂自 2012 年 7 月起进行拆迁，于 2014 年 9 月更名为"津沽污水处理厂"（处理能力达 55 万 m^3/d）以及"津沽再生水厂"（处理能力为 15 万 m^3/d）并正式投运。2017 年 9 月，津沽污水处理厂进行了提标改造工程，2018 年 10 月正式投运，处理规模达 55 万 m^3/d，2019 年出水水质稳定达到天津市地方标准《城镇污水处理厂污染物排放标准》DB12/599—2015 的 A 类标准。

14.2.3　污水处理厂进出水水质

天津市城镇污水处理厂进出水水质见表 14-4。从 2020 年的数据看，出水各项主要指标（中位值）均达到天津市地方标准《城镇污水处理厂污染物排放标准》DB 12/599—2015 A 类标准。其中，NH_3-N 达到《地表水环境质量标准》GB 3838—2002 Ⅱ类标准，总磷达到《地表水环境质量标准》GB 3838—2002 Ⅲ类标准（河流）。

天津市污水处理厂进出水水质（2020 年）　　　　　　　　　表 14-4

水质指标	COD_{Cr} (mg/L)	BOD_5 (mg/L)	SS (mg/L)	NH_3-N (mg/L)	TN (mg/L)	TP (mg/L)
进水（中位值）	218	103	120	30	39	3.7
出水（中位值）	17.5	3.9	2.7	0.3	7.0	0.14
A 类标准*	30	6	5	1.5	10	0.3

* 天津市《城镇污水处理厂污染物排放标准》DB12/599—2015。

数据来源：全国城镇污水处理管理信息系统。

14.3 再生水利用

14.3.1 再生水利用量和利用途径

天津市再生水利用量和再生水利用率见图 14-1。再生水利用量从 2007 年的 0.08 亿 m^3 增长至 2019 年的 2.6 亿 m^3，12 年间增加了近 31.5 倍，平均增长率达到 263%。

住房和城乡建设部数据显示，2007 年～2016 年天津市再生水利用发展较为缓慢，再生水利用率均在 5% 以下。2017 年天津市开始大量使用再生水，2018 年再生水利用量达 2.9 亿 m^3，利用率接近 30%。

天津市再生水早期主要用于市政杂用（包括冲厕、绿化浇洒、建筑施工、道路冲洗、小区景观用水等）、生态补水（河道补水）及少量工业用水（主要为电厂循环冷却水、供热站用水）。2009 年开始，增加了电厂供水（包括陈塘庄热电厂、东北郊热电厂等），工业用水占比超 50%，用水结构由市政杂用为主转变为工业利用为主。

目前，天津市主城区的河西、南开、西青、东丽、津南和北辰等区域的 360 多个居民小区和企业用户均已使用再生水，主城区的 4 座电厂循环冷却用水已全部替换为再生水。同时，再生水对国家会展中心（天津）和国内外重大会事的水源保障也发挥了重要作用。

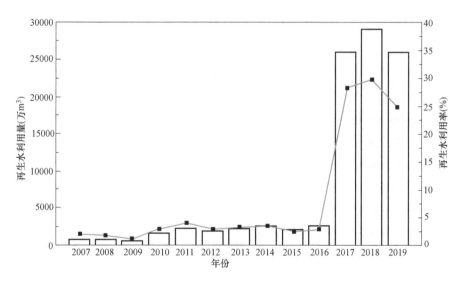

图 14-1   天津市再生水利用量和再生水利用率（2007 年～2019 年）

（《城乡建设统计年鉴》）

14.3.2 再生水设施状况

（1）再生水厂

天津市再生水用水需求较为集中，主要推行集中式再生水利用模式。截至 2017 年，天津市中心城区已建成咸阳路、北辰、东郊、津沽和张贵庄 5 座再生水厂，总处理能力 25 万 m^3/d，日均供水量 10.93 万 m^3（2017 年）。各再生水厂具体情况见表 14-5。

天津市中心城区再生水厂情况（截至 2017 年年底） 表 14-5

再生水厂名称	投运时间	设计处理能力（万 m³/d）	处理工艺	水质标准	利用途径
咸阳路再生水厂	2007 年	5	混凝沉淀＋浸没式微滤＋部分反渗透＋臭氧＋液氯消毒	GB/T 18920 GB/T 19923	城市杂用、工业用水（热电厂循环冷却水）
北辰科技园再生水厂	2009 年建成，至今未投运	2	混凝沉淀＋连续微滤＋部分反渗透＋臭氧＋液氯消毒		
东郊再生水厂	2009 年	5	浸没式超滤＋部分反渗透＋臭氧＋液氯消毒	GB/T 18920 GB/T 19923	城市杂用、工业用水（热电厂循环冷却水）
津沽再生水厂	2014 年	7	浸没式超滤＋部分反渗透＋臭氧＋次氯酸钠消毒	GB/T 18920 GB/T 18921 GB/T 19923	城市杂用、观赏性景观环境用水、工业用水（热电厂循环冷却水）
张贵庄再生水厂	2017 年	6	浸没式超滤＋部分反渗透＋臭氧＋次氯酸钠消毒	GB/T 19923	工业用水（热电厂、钢厂循环冷却水）

注：《城市污水再生利用 城市杂用水水质》GB/T 18920、《城市污水再生利用 景观环境用水水质》GB/T 18921、《城市污水再生利用 工业用水水质》GB/T 19923。

（2）再生水管网

天津市主城区再生水管网从 2000 年开始随纪庄子再生水厂的建设开始铺设。截至 2015 年，天津市主城区已建设再生水主干管网 775.7km，已通水 322km，通水率为 41.5%。截至 2017 年年底，天津市中心城区再生水主干管网已铺设约 829km，已通水 352km，通水率 42.5%。截至 2020 年，已建设主干管网 1033km，通水 528km，通水率 51.1%。

14.3.3 再生水设施建设与运营

《天津再生水利用管理办法》（2020 年）第二十九条中规定，各区人民政府和市有关部门应当积极推广政府和社会资本合作（PPP）模式，通过特许经营、投资补助、政府购买服务、股权合作等多种方式，鼓励社会资本投资再生水利用设施建设项目。政府或其部门依法选择符合要求的经营者，发改、财政、住建、水务等部门应当规范项目管理。

该办法要求，财政部门加大对再生水发展的投入力度，引导金融机构增加对再生水利用设施的信贷资金，对于以 PPP 模式建设的再生水项目，通过专项资金、贷款贴息、财政补贴等形式予以支持。同时，水务部门应当依法加大对再生水运营单位的扶持力度。

14.3.4 再生水厂规划与发展

"十二五"期间，天津制定了再生水利用目标：到 2020 年，再生水利用率要超过

35%；中心城区应达到 40%，环城四区应达到 45%，滨海新区应达到 35%，两区三县应达到 30%。

2018 年 5 月，天津市水务局发布《天津市再生水利用规划》，明确到 2020 年，天津市新建和扩建再生水厂 28 座，新建再生水厂处理能力 49.09 万 m^3/d，总设计处理能力达到 78.17 万 m^3/d。新建高品质再生水供水管网 205.4km，建设低品质再生水利用节点工程 12 处。

2020-2030 年，天津市将新建和扩建再生水厂 58 座，新建再生水厂处理能力 150.61 万 m^3/d，总设计处理能力达到 227.28 万 m^3/d。预计到 2030 年，天津市再生水利用量将达到 11.21 亿 m^3。

14.4　污水再生利用政策与管理

14.4.1　污水再生利用标准

天津市发布了多项污水处理、排放以及再生水相关的地方标准，涉及处理技术、排放、设计规程、工程建设、运行管理以及服务保障。表 14-6 梳理了天津市污水再生利用相关地方标准。

<table>
<tr><td colspan="3" align="center">天津市污水再生利用相关地方标准　　　　　　　　　　　　　　表 14-6</td></tr>
<tr><th>标准类型</th><th>标准名称</th><th>标准号</th></tr>
<tr><td rowspan="3">排放要求</td><td>《城镇污水处理厂污染物排放标准》</td><td>DB12/599—2015</td></tr>
<tr><td>《污水综合排放标准》</td><td>DB12/356—2018</td></tr>
<tr><td>《农村生活污水处理设施水污染物排放标准》</td><td>DB12/899—2019</td></tr>
<tr><td>设计规程</td><td>《天津市再生水设计标准》</td><td>DB29—167—2019</td></tr>
<tr><td rowspan="3">工程建设</td><td>《天津市再生水厂工程设计、施工及验收规范》</td><td>DB29—235—2015</td></tr>
<tr><td>《天津市再生水管道工程技术规程》</td><td>DB29—232—2015</td></tr>
<tr><td>《天津市二次供水工程技术标准》</td><td>DB29—69—2016</td></tr>
<tr><td>操作规程</td><td>《应用生物絮凝技术处理农村生活污水操作规程》</td><td>DB12/T 604—2015</td></tr>
<tr><td rowspan="2">运行管理</td><td>《天津市再生水管网运行、维护及安全技术规程》</td><td>DB29—225—2014</td></tr>
<tr><td>《天津市城镇再生水厂运行、维护及安全技术规程》</td><td>DB/T29—194—2018</td></tr>
<tr><td>服务保障</td><td>《城镇再生水供水服务管理规范》</td><td>DB12/T 470—2020</td></tr>
</table>

14.4.2　污水再生利用政策

天津市污水再生利用政策见表 14-7。2000 年，天津市将再生水利用作为落实科学发展观、发展循环经济和建设节约型社会的重点工作，在后续推进和发展污水再生利用过程中，相继以地方政策法规形式出台了诸多条例和管理办法。同年，天津市开始编制《天津市中心城区再生水资源利用规划》，并于 2004 年获得市政府批复，将再生水利用统筹规划进天津市整体规划。

2003 年 2 月 1 日《天津市节约用水条例》实施之后，经过 2005 年、2012 年、2018 年和 2019 年四次修订。该项条例依据《中华人民共和国水法》等有关法律、法规，结合天津市实际情况制定，明确"新建宾馆、饭店、公寓、大型文化体育场所和机关、学校用房、民用住宅楼等建筑物在本市利用再生水规划范围内"。

2003 年 12 月 1 日《天津市城市排水和再生水利用管理条例》实施，之后经过 2005 年和 2012 年两次修订。该管理条例旨在加强天津市城市排水和再生水利用管理，确保城市排水和再生水利用设施完好及正常运行，促进城市污水处理和再生水利用，从而提高再生水利用率。

2004 和 2005 年相继发布了《天津市人民政府关于进一步加强我市城市基础设施配套建设管理的通知》和《天津市关于再生水主干管网建设费收费标准的通知》等再生水设施配套政策及价格指导政策。

2006 年，天津市将新建商品住宅中水配套设施作为一项必要条件，纳入新建商品住宅入住许可管理。

2007 年，为规范住宅区和公建再生水设施建设，天津市住房和城乡建设委员会发布了《天津市住宅及公建再生水供水系统建设管理规定》。

2015 年 10 月 1 日天津市水务局印发《天津再生水利用管理办法》（已修订，新版于 2020 年 10 月 1 日起施行）。该办法适用于天津市行政区域内再生水规划、建设、利用、运营维护及管理等相关活动。

2018 年 10 月，《天津市再生水利用规划》批准实施，进一步推动了全市范围内污水处理厂提标改造工程以及新增、扩大再生水厂建设。

天津市再生水利用相关政策与规划   表 14-7

发布年份	政策法规或管理办法
2000	《天津市中心城区再生水资源利用规划》
2003	《天津市节约用水条例》
2003	《天津市城市排水和再生水利用管理条例》
2004	《天津市人民政府关于进一步加强我市城市基础设施配套建设管理的通知》
2005	《关于再生水主干管网建设费收费标准的通知》
2007	《天津市住宅及公建再生水供水系统建设管理规定》
2015	《天津市再生水利用管理办法》
2018	《天津市再生水利用规划》
2020	《天津市再生水利用管理办法》（修订）

14.4.3　再生水价格

2003 年天津市物价主管部门首次核准了再生水销售价格，此后分别于 2009 年 4 月 1 日发布《关于调整再生水价格的通知》（津价商〔2009〕66 号）、2012 年 3 月 1 日发布《关于调整再生水销售价格的通知》（津价管〔2012〕24 号），对再生水销售价格进行了调整。

根据天津市物价局文件《关于调整再生水销售价格的通知》（津价管〔2012〕24 号），再生水划分为居民生活用水、发电企业用水和其他用水三类。居民用户水价从 1.10 元/

m³ 调整到 2.20 元/m³，发电企业用户（电厂用户）水价从 1.50 元/m³ 调整到 2.5 元/m³，其他用户（特种用水和工业、行政事业、经营服务用水用户）水价调整为 4.0 元/m³。

同时，根据国家政策规定，为促进再生水的推广利用，对再生水免征水资源费和城市公用事业附加费，对使用再生水的用户暂不征收污水处理费。再生水水价基本上是自来水的一半，在市场推广使用方面具有一定的价格优势。

14.4.4 再生水利用发展潜力

为实现污水再生利用与水资源优化配置，天津市规划将再生水优先供给用水稳定、经济效益显著的工业企业，其次供给城市杂用、景观环境利用以及居民生活杂用，最后考虑用于河道生态补水及农业灌溉。

天津市再生水利用潜力分析见表 14-8。2019 年天津市再生水利用量达 2.6 亿 m³，污水处理总量为 10.6 亿 m³，污水再生利用率 24.6%。参考以色列的再生水利用情况（国际先进水平，污水再生利用率为 80%），天津市未来的再生利用量将超过 8.5 亿 m³，与目前的再生水利用量相比，有 5.9 亿 m³ 的增长空间。

天津市再生水利用发展潜力　　　　　　　　　　　　　　　　　　　表 14-8

2019 年人均水资源量（m³/人）	51.9
2019 年再生水利用率（%）	24.6
2019 年再生水利用量（亿 m³）	2.6
再生水利用潜力（亿 m³/a）*	5.9
预计再生水生产量（亿 m³/a）*	8.5

＊以达到以色列水平（再生水利用率 80%）来估算。

14.5　展望与建议

2002 年年底，天津市纪庄子再生水厂建成并投入运营，标志着天津市污水再生利用进入了实质性应用阶段。目前，天津市再生水年利用量已达到 2.6 亿 m³，再生水利用率为 24.6%。再生水主要用于工业、市政杂用（园林绿化、道路浇洒、冲厕）、景观利用等利用途径，其中工业利用比例较高。

建议进一步通过政策扶持、投资引导和适度补贴等措施，推广再生水利用。管网是扩大再生水供水范围、提高利用量的关键因素，建议统筹再生水管网建设，打通输水主干管网重要节点，提高再生水供水能力，以期尽早实现 2030 年全市再生水利用率达到 35% 的目标。

第 15 章 广州市污水处理与再生利用发展状况

15.1 水资源与用水状况

15.1.1 水资源状况

广州市是广东省省会，是粤港澳大湾区四大中心城市之一，总面积 7434.4km²。根据 2020 年第七次全国人口普查数据，广州市常住人口 1868 万人，与 2010 年相比，常住人口增加 598 万人，人口年平均增长率为 3.93%。2020 年，广州市 GDP 达 2.5 万亿元，人均 13.38 万元。

2019 年，广州市水资源总量为 99.3 亿 m³，其中地表水资源量 98.2 亿 m³，地下水资源量 18.57 亿 m³，地下水与地表水重复计算量 17.47 亿 m³。2019 年，广州市人均水资源量为 500m³，仅为全省人均水资源量的 1/3 左右。

15.1.2 供水用水状况

2019 年，广州市供水总量为 62.25 亿 m³，其中，地表水为主要供水水源，占供水总量的 99.4%，地下水仅占供水总量的 0.6%。

2019 年，广州市总用水量为 62.25 亿 m³，其中，农业用水 10.69 亿 m³，占总用水量的 17.1%；工业用水 32.78 亿 m³，占总用水量 52.7%；生活用水 7.04 亿 m³，占总用水量的 11.3%；生态环境用水 0.98 亿 m³，占总用水量的 1.6%。

广州市不同行政区的用水结构差别显著，黄埔区、南沙区和增城区工业用水的比例相对较高，占总用水量比例分别为 89.3%、71.3% 和 42.9%；越秀区生活用水的比例相对较高，占总用水量比例为 48.7%；从化区、增城区、花都区和白云区农业用水的比例相对较高，占总用水量比例分别为 63.1%、38.5%、37.1% 和 28.0%。

15.2 污水排放与处理

15.2.1 城镇污水排放与处理

2019 年，广州市污水排放总量达到 21.89 亿 m³（不包括火电直流冷却水排放量和矿坑排水量，火电直流冷却水排放量为 20.47 亿 m³），其中城镇居民生活污水、工业废水、第三产业污水和建筑业废水分别占污水排放总量的 36.5%、41.8%、21.2% 和 0.5%。

15.2.2 城镇污水处理厂

截至 2020 年年底，广州市已建成污水处理厂 63 座，污水处理能力为 821 万 m^3/d。在建污水处理厂设计处理能力为 15.2 万 m^3/d。

15.2.3 污水处理厂进出水水质

广州市中心城区污水处理厂出水水质见表 15-1。各污水处理厂的各项水质指标均满足《城镇污水处理厂污染物排放标准》GB 18918—2002 的一级 A 标准要求和《城市污水再生利用景观环境用水水质》GB/T 18921—2019 中的观赏性景观环境用水河道类要求。除 TN 外，各污水处理厂的其余主要水质指标基本达到或优于《地表水环境质量标准》GB 3838—2002 Ⅳ类标准要求。

广州市中心城区污水处理厂出水水质[*]　　　　　　　　表 15-1

污水处理厂名称	COD_{Cr} (mg/L)	BOD_5 (mg/L)	SS (mg/L)	NH_3-N (mg/L)	TN (mg/L)	TP (mg/L)
大坦沙污水处理厂一二期	13.9	3.2	7.3	0.35	10.3	0.16
大坦沙污水处理厂三期	15.2	3.4	6.1	0.23	10.8	0.14
沥滘污水处理厂一期	13.6	2.1	8.3	0.41	10.1	0.16
沥滘污水处理厂二期	13.7	2.1	8.1	0.31	8.8	0.22
西朗污水处理厂	23.8	2.2	6.4	0.14	8.3	0.17
石井污水处理厂一期	11.9	2.2	3.3	0.23	9.7	0.14
龙归污水处理厂一期	10.8	1.7	1.4	0.20	9.5	0.20
龙归污水处理厂二期	10.7	1.7	1.45	0.18	9.5	0.16
竹料污水处理厂	11.4	2.1	3.6	0.32	7.5	0.17
石井净水厂	11.9	2.6	3.5	0.13	5.5	0.11
石井净水厂二期	10.1	1.5	2.6	0.15	7.9	0.14
猎德污水处理厂	14.4	4.1	6.1	0.86	9.4	0.20
大沙地污水处理厂	19.4	3.1	6.6	0.75	10.3	0.38

[*] 2018 年 1 月～2019 年 8 月平均值。

15.3　再生水利用

15.3.1 再生水利用量和利用途径

近年来，广州市再生水利用量和利用率逐年提升（表 15-2）。2019 年，广州市城镇污水处理厂实际污水处理量为 19.75 亿 m^3，再生水利用量为 4.3 亿 m^3，再生水利用率为 21.8%。其中，生态补水（河道补水）利用量为 4.28 亿 m^3，城市杂用和其他用途的再生水利用量分别为 8.47 万 m^3 和 215.05 万 m^3。

2019 年，广州市中心城区 10 座污水处理厂实际污水处理量为 12.45 亿 m³，再生水利用量约 3.02 亿 m³，再生水利用率为 24.3%，其中，景观生态补水（河道补水）利用量为 2.97 亿 m³。

广州市再生水利用现状 表 15-2

年份	实际污水处理量 (亿 m³)	再生水利用量(万 m³)			再生水利用率(%)
		景观环境	城市杂用	其他用途	
2017	16.48	21944			13.31
2018	18.02	37228			21.03
2019	19.75	42773	8.47	215.05	21.77

15.3.2　污水再生利用规划

（1）再生水景观环境利用与生态补水

根据《广州市中心城区利用再生水生态补水工程规划》，广州市结合 9 个污水处理厂水源的位置分布和可供再生水水量，按照污水处理厂就近补水原则，结合河道水文地质条件，规划确定了补水河涌 66 条，共形成 8 个再生水利用系统。见表 15-3，广州市中心城区 2025 年和 2035 年规划用于河道补水的再生水利用量分别为 234.2 万 m³/d 和 267 万 m³/d。

再生水利用系统规划补水量 表 15-3

河道	河涌数量 (条)	2025 年再生水补水量 (万 m³/d)	2035 年再生水补水量 (万 m³/d)
大坦沙	4	5.7	5.7
西朗	17	46.6	47.2
沥滘	21	75	75
竹料	1	6	6.2
石井、龙归	3	49.8	49.8
石井净	13	9	26.5
猎德	3	20	20
大沙地	5	12.1	26.6
京溪	—	10	10
合计	66	234.2	267

（2）再生水工业利用

广州市积极推动高耗水工业企业及工业园区污水资源化利用，鼓励企业和园区开展再生水工业利用。火电、石化、钢铁、有色、造纸和印染等高耗水行业具备使用再生水条件但未有效利用的，要严格控制新增取水许可。鼓励企业和园区加快水循环利用设施建设，促进企业间串联用水、分质用水、一水多用和循环利用。新建企业和园区要在规划布局时，统筹供排水、水处理及循环利用设施建设，推动企业间用水系统集成优化，建设再生水循环梯级利用示范项目。

广州第一资源热力电厂（一分厂、二分厂），广州第三资源热力电厂，广州市福山循环经济产业园生活垃圾应急综合处理项目，广州第四、五、六、七资源热力电厂及其二期，广州市东部固体资源再生中心（萝岗福山循环经济产业园）生物质综合处理厂等单位完成了垃圾焚烧厂再生水利用试点工作，实施了渗沥液废水、洁净废水、洗烟废水、炉渣废水等的再生利用，实现了废水无害化、资源化处理。

（3）分散式再生水利用设施建设

广州市大力推广绿色建筑，根据再生水源、水量平衡和工程实际情况，选择适合的再生水利用方式。2025年前，推进公共建筑生活污水再生利用示范项目，公共建筑生活污水经分散式污水处理设施处理后，用于城市绿化。

再生水处理设施位置根据用水点位、再生水水源及用水位置、环境卫生和管理维护要求等因素确定。再生水利用设施与主体工程同时设计、同时施工、同时投入使用，其投资纳入主体工程总概算。

扶持再生水技术设备研发生产企业，探索建立建筑中水应用管理制度。

（4）再生水管网建设

再生水输送方式应采取重力输水和压力管道送水相结合的方式，在有条件的地方，采用重力输送再生水，以降低再生水供水投资。再生水输水管道应充分考虑再生水用水大户的分布，采用环状和枝状网相结合的形式，既要减少供水距离，又要考虑便于远期城市再生水管道系统联网供水。再生水管道尽可能沿再生水用水大户或绿化带进行布置，并尽量随道路新建一并铺设，减少拆迁量和对现有设施的破坏，并尽量避免或减少穿越河道、铁路等障碍物。

作为城市杂用、工业利用的再生水，配水主管道上预留接口，方便路口处附近设置道路浇洒、绿化取水点，也为潜在用户提供用水可能。在新建、改造道路上，结合绿化浇洒与道路冲洗等需求在道路两侧增设配水管道，布置在绿化带下，间隔一定距离设置绿化浇洒自动喷头或快速取水口，便于绿化浇洒与道路冲洗使用再生水，路口处与沟内主管道连通。

作为生态补水的再生水配水管道，尽量沿河道岸边、涌底或道路边线布置，避免主干道布管，尽可能的走交通不繁忙的支路，涌边有步行道的尽量沿步行道布置。再生水用户各取水点根据实际情况选择取水方式，各取水点实现刷卡计量取水，见表15-4。

再生水用户端取水点规划 表15-4

再生水利用途径	再生水用户	再生水取水点和取水方式	备注
工业利用	工业企业	用户根据需要自行提出需求	
城市杂用	道路浇洒	路口附近设置取水点,便于洒水车取水	附有水表等计量装置,刷卡取水,计量取水
	城市绿化用水	两种形式:(1)绿化带沿市政道路,洒水喷头;(2)路口设置取水点,刷卡取水	
	建筑施工用水	路口附近设置取水点	
生态补水	河涌	1.补水点位于非感潮河段处上游;2.补水点宜选在明涌处	

15.3.3　再生水设施建设与运营

再生水利用项目属公益项目和半公益项目，项目建设投资主要来源为区财政投资、企业、个人资本和其他资金等。公益项目以区政府投资为主，半公益项目由区政府提供财政补助或制定优惠政策，受益者合理分担、争取优惠贷款等。融资模式主要有 BOT 模式及 PPP 模式等。

15.3.4　再生水利用效益

再生水用于河道等生态补水已取得显著的环境效益、经济效益和社会效益。

广州市践行"污水治理—资源利用—生态修复—可持续发展"路径，以"控源截污、内源治理、生态修复、活水保质、长制久清"为基本治理思路，创新推出了四洗（洗楼、洗井、洗管、洗河）控源、三源（源头减污、源头截污、源头清污分流）截污行动，同时坚持"降水位"（河道降低景观水位）、"少清淤"（淤泥就地资源化利用）和"不调水"（再生水补充生态基流）基本方针，坚持保护优先、自然恢复为主，修复受损河涌水生态系统。

再生水利用在改善城市河道水环境、降低污染物风险的同时，也使原有淤积的河道得到疏通，增加了水域面积，促进了城市生态系统的健康运行。再生水补水后，城市水环境质量明显提升，水质和水生态双修复效果突出。

2020 年，枯水期对 4 条具有代表性的城市河道（车陂涌、猎德涌、沙河涌和石榴岗水系）的调查结果发现：再生水生态补水和低水位运行措施对河道水生态自然修复具有积极作用，双修复（水质修复＋生态修复）效果显著，河道水质、水生生物群落结构及生态系统状态均持续好转。

相比于 2019 年，河道 TP、COD_{Mn}、NH_3-N 等水质指标均明显好转，DO 的年平均浓度明显提高；水生态环境（包括底质生境）的改善促使河道各类水生生物群落趋于初步良性恢复，生态系统食物网结构正在建立和发展中。

再生水生态补水在修复受损河道水生态系统、改善水体水环境质量的同时，有效减少了河道水环境治理投资。另一方面，河道等景观水体水环境质量改善对周围原有土地利用地块具有明显的促进升值作用，包括房产、店铺、工业仓储用地的升值和新开发房地产地价的增值。

此外，再生水利用带来的河道水环境质量改善，感官愉悦度提升，使河道周围重新成为人们开展休闲娱乐活动的场所，周边居民幸福指数大大提升。城市水环境的改善也带动了广州市整体环境的提升，对于塑造城市形象、传承城市文化、促进旅游产业等起到了积极的作用。

15.4　污水再生利用政策与管理

15.4.1　污水再生利用标准与政策

广州市再生水的利用途径包括生态补水（河道补水）、城市杂用和其他用途。再生水的水质要求执行现行国家标准《城市污水再生利用 城市杂用水水质》GB/T 18920、《城市污水再生利用 景观环境用水水质》GB/T 18921—2019《城市污水再生利用工业用水水质》GB/T 19923—2005 等的相关规定。

为促进再生水安全高效利用，广州市近年来相继出台了多项相关政策法规及规划：

(1)《广州市供水用水条例》（2019 年 10 月 1 日起施行）；

(2)《广州市城镇污水处理提质增效三年行动方案（2019-2021 年）》；

(3)《广州市全面攻坚排水单元达标工作方案》；

(4)《广州市水污染防治行动计划》；

(5)《广州市节水行动实施方案》；

(6)《广州市节水用水规划》（2018-2035 年）；

(7)《广州市中心城区利用再生水生态补水工程规划》（2019-2035 年）；

(8)《广州市非常规水资源利用规划》（2020-2035 年）；

(9)《广州市再生水价格管理的指导意见（试行）》。

15.4.2 再生水价格

再生水价格设定按《广州市再生水价格管理的指导意见（试行）》执行。该意见明确指出，再生水价格由设施运营成本、利润和税金组成。成本和费用根据国家财政主管部门颁发的《企业财务通则》《企业会计准则》等有关规定核定。

该意见规定，经处理净化后达到《城镇污水处理厂污染物排放标准》GB 18918—2002 一级 A 标准及广东省地方标准《水污染排放限值》DB44/26—2001 的再生水（水质要求取两项标准中的较严值），其价格以合理补偿成本、保持合理比价、低于自来水价格为原则，具体标准由供需双方协商确定。

再生水用户对再生水水质有特殊要求、需要深度净化处理的，其再生水价格实行市场调节价，由供需双方协商确定。

15.4.3 再生水利用发展潜力

（1）发展规划目标

根据《广州市节水行动实施方案》要求，2020 年广州市再生水利用率需达到 20%，2022 年，再生水利用率需提高 2 个百分点以上。根据《广州市节约用水规划（2018-2035)》和《广州市非常规水资源利用规划（2020-2035 年）》要求，2025 年再生水利用率需达到 25%，2035 年再生水利用率需达到 30%。根据《广州市城市供水水源规划（修编）》要求，2030 年再生水利用率需达到 30%。

（2）再生水利用潜力

目前，广州市再生水的主要利用途径为生态补水（河道补水）。再生水用于工业利用、城市杂用等途径具有很大的拓展空间和推广前景。

根据《广州市非常规水资源利用规划（2020—2035 年）》，预计 2025 年和 2035 年广州市污水处理量将分别达到 22.30 亿 m³ 和 24.91 亿 m³（表 15-5）。若 2025 年和 2035 年再生水利用率分别达到 25% 和 30%，预计相应的再生水利用量分别为 5.58 亿 m³ 和 7.47 亿 m³。

广州市再生水利用量预测　　　　　　　　　　　　　表 15-5

年份		2025 年	2035 年
用水量(亿 m³/a)	工业	11.87	8.22
	生活	22.05	26.12
	小计	33.92	34.34
污水排放量(亿 m³/a)	工业	8.31	5.75
	生活	18.74	22.2
	小计	27.05	27.95
污水收集率(%)		85	90
污水处理率(%)		97	99
污水处理量(亿 m³/a)		22.30	24.91
再生水利用率(%)		25	30
再生水利用量(亿 m³/a)		5.58	7.47

注：生活污水排放量＝生活用水量×排放系数（排放系数：0.85）；
　　工业污水排放量＝工业用水量×排放系数（排放系数：0.7）；
　　污水处理量＝污水排放量×收集率×处理率。

1）工业利用

再生水可替代自来水广泛用于工业生产过程，如用作循环冷却水、设备用水等，具有显著的经济效益。

2）城市绿化和道路清扫

广州市是著名的园林城市，目前大部分城市绿化和道路清扫采用洒水车作业方式。将再生水用于城市绿化和道路清扫，可以有效节约水资源，具有显著的经济效益和环境效益。

3）车辆冲洗

将再生水用于集中洗车场并采用先进洗车工艺和污水再生处理工艺，可以有效节约水资源、提高再生水利用效率，具有明显的经济效益。

4）景观环境利用（生态补水）

广州需要治理长达 913km 的 231 条河涌，需要补充大量的清水。再生水可作为河涌补水水源且具有就近补水的优势，具有显著的环境效益。

15.5　展望与建议

广州市污水处理量大，且污水处理厂出水水质基本达到再生水景观环境利用要求。目前广州市再生水利用率仍然偏低，为 21% 左右，绝大部分再生水用于生态补水（河道补水）。再生水用于工业利用、绿地灌溉、城市杂用等利用途径具有很大的拓展空间和推广前景。

目前，广州市再生水利用面临管网规模小、覆盖面小、管网敷设的工程规划与资金投入不足等瓶颈，后续需加快再生水利用基础设施规划和建设、建立健全再生水利用机制、政策和管理办法、加强标准体系建设、进行再生水利用项目示范、推广和宣传，以期尽早实现 2035 年全市再生水利用率达到 30% 的目标。

第16章 深圳市污水处理与再生利用发展状况

16.1 水资源与用水状况

16.1.1 水资源状况

深圳市是粤港澳大湾区四大中心城市之一，总面积 1997 km²。根据 2020 年第七次全国人口普查数据，深圳市常住人口 1756 万人，与 2010 年相比，常住人口增加 714 万人，人口年平均增长率为 6.85%。2020 年，深圳市 GDP 为 2.77 万亿元，人均达 15.8 万元。

深圳市人均水资源量低于 200 m³，属于极度缺水地区（人均水资源量＜500m³）（表 16-1）。水资源总量波动范围较大，近 9 年分布在 14.5 亿～30.4 亿 m³。2019 年，深圳市水资源总量为 26.6 亿 m³。

深圳市水资源总量和人均水资源量   表 16-1

年份	水资源总量(亿 m³)	人均水资源量(m³/人)
2011	14.5	138.34
2012	19.6	186.44
2013	20.2	237.69
2014	21.5	199.53
2015	18.5	162.54
2016	30.4	255.3
2017	19.6	157.24
2018	29.1	223.45
2019	26.6	198.27

数据来源：深圳市水资源公报。

16.1.2 供水用水状况

根据深圳市水资源公报，2019 年深圳市供水总量为 21.03 亿 m³，其中地表水供水量 19.7 亿 m³（占总供水量的 93.8%），地下水源供水量 0.03 亿 m³（占总供水量的 0.14%），其他水源供水量 1.3 亿 m³（占总供水量的 6.2%）。其他水源中，再生水供水量为 1.17 亿 m³，集蓄雨水供水量为 880 万 m³，海水淡化供水量为 270 万 m³。海水直接利用量为 111.7 亿 m³，该部分不计入供水总量。

深圳市用水总量呈现出上升趋势（图 16-1）。2019 年，深圳市用水总量为 21 亿 m³，其中生产用水 11.85 亿 m³（包括农业用水 0.95 亿 m³，工业用水 4.8 亿 m³，公共用水 6.1 亿 m³），生活用水 7.89 亿 m³，生态环境用水 1.33 亿 m³。

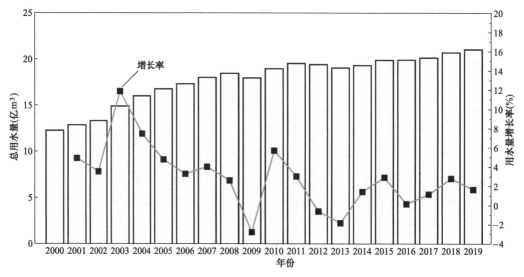

图 16-1　深圳市用水情况

数据来源：深圳市水资源公报。

深圳市用水结构变化趋势见图 16-2。深圳市生活用水、工业用水和公共用水的比例基本保持稳定。工业用水的比例呈现出略微下降趋势，从 2011 年的 31%，逐渐降至 2019 年的 22.7%。

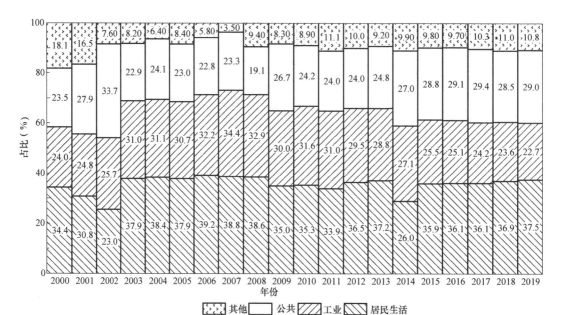

图 16-2　深圳市用水结构变化

数据来源：深圳市水资源公报。

16.2　污水排放与处理

16.2.1　城镇污水排放与处理

深圳市污水排放总量、污水处理总量及污水处理率见表 16-2。污水排放总量呈逐年增加趋势，2019 年达 20.0 亿 m³。污水处理率逐年增加，从 2008 年的 62.7% 提升至 2019 年的 97.7%。

深圳市污水排放总量、污水处理总量及污水处理率　　　　表 16-2

年份	污水排放总量(亿 m³)	污水处理总量(亿 m³)	污水处理率(%)
2008	12.56	7.87	62.67
2009	12.02	8.26	68.75
2010	10.48	10.41	99.30
2011	11.30	10.79	95.46
2012	13.63	13.10	96.10
2013	14.95	14.38	96.22
2014	15.82	15.28	96.60
2015	16.80	16.24	96.63
2016	17.29	16.87	97.62
2017	16.67	16.14	96.81
2018	17.90	17.39	97.16
2019	20.00	19.54	97.72

数据来源：《城乡建设统计年鉴》。

16.2.2　城镇污水再生处理规划

2011 年，深圳市编制完成《深圳市污水系统布局规划修编（2011—2020)》，主要内容包括再生水用户及利用规模的预测、深圳市再生水厂站布局与厂站用地划定、再生水管网规划等。再生水厂的规划布局主要基于现有或规划新建的污水处理厂布局情况，根据不同用途及不同水质要求建设再生水厂及配套设施。该规划提出，至 2020 年，深圳市再生水厂共计 28 座，其中 15 座生产的再生水主要用作河道补水，兼顾城市杂用和少量工业利用；其余再生水厂生产的再生水以工业利用、城市杂用和补给河道为主。再生水规划总生产能力约 340 万 m³/d。

深圳市主要污水处理厂及其处理能力见表 16-3。截至 2020 年，深圳市共规划及建成城镇污水处理厂 36 座。其中，大型污水处理厂（10 万 m³/d 以上）18 座，占污水处理厂总数的 50%，占总处理能力的 88.4%；中型污水处理厂（1 万～10 万 m³/d）共 17 座，占污水处理厂总数的 47.2%，占总处理能力的 11.5%；小型污水处理厂（小于 1 万 m³/d）共 1 座。

深圳市污水处理及净化厂（截至 2020 年底）　　　　表 16-3

流域	名称	处理能力（万 m³/d）	总计（万 m³/d）
深圳湾流域	南山水质净化厂	56	104
	蛇口水质净化厂	3	
	西丽再生水厂	5	
	福田水质净化厂	40	
深圳河流域	滨河水质净化厂	30	105
	罗芳水质净化厂	35	
	埔地吓水质净化厂（共二期）	10	
	布吉水质净化厂（共二期）	25	
	洪湖水质净化厂***	5	
大鹏半岛片区	葵涌水质净化厂	4	13
	水头水质净化厂	4	
	西冲污水处理厂*	1**	
	坝光污水处理厂*	4**	
龙岗河流域	龙田水质净化厂	3	90
	沙田水质净化厂	3	
	横岭水质净化厂（共二期）	60	
	宝龙污水处理厂*	4**	
	横岗水质净化厂（共二期）	20	
观澜河流域	鹅公岭水质净化厂	5	111
	平湖水质净化厂	4.5	
	观澜水质净化厂（共二期）	36	
	坂雪岗水质净化厂（一期）	16	
	龙华水质净化厂（共二期）	40	
	坂田南污水处理厂*	8**	
	百花污水处理厂*	1.5**	
坪山河流域	上洋水质净化厂	4	7
	碧岭污水处理厂*	3**	
盐田片区	盐田水质净化厂	8	8.6
	小梅沙污水处理厂*	0.6**	
茅洲河流域	公明水质净化厂	10	55
	光明水质净化厂	15	
	燕川污水处理厂*	30**	
珠江口流域	沙井水质净化厂（共二期）	50	116.5
	福永水质净化厂	12.5	
	固戍水质净化厂	24	
	松岗水质净化厂（共二期）***	30	
合计		610.1	

* 该污水处理厂在《深圳市污水系统布局规划修编（2011-2020）》中，但数据未纳入全国城镇污水处理管理信息系统。

** 污水处理厂规模数据来源于《深圳市污水系统布局规划修编（2011-2020）》2020 年建设规模，存在尚未建成、未达到该规模的情况。

*** 该污水处理厂信息来源于全国城镇污水处理管理信息系统。

数据来源：《深圳市污水系统布局规划修编》、全国城镇污水处理管理信息系统。

16.2.3 污水处理厂进出水水质

深圳市城镇污水处理厂进出水水质见表16-4。深圳市污水处理厂出水主要水质指标均满足《城镇污水处理厂污染物排放标准》GB 18918—2002 的一级 A 标准要求。其中，NH_3-N 和 TP 分别达到《地表水环境质量标准》GB 3838—2002 Ⅱ类标准和Ⅲ类标准要求。

深圳市污水处理厂进出水水质（2020）（单位：mg/L）　　　　表 16-4

水质指标	COD_{Cr}	BOD_5	SS	NH_3-N	TN	TP
进水（中位值）	221	92	204	22	32	3.8
出水（中位值）	11.8	1.9	4.0	0.2	9.1	0.14
一级 A 排放标准	50	10	10	5	15	0.5

数据来源：全国城镇污水处理管理信息系统。

16.3 再生水利用

16.3.1 再生水利用量与利用途径

深圳市再生水利用量和利用率见表16-5。2017 年以来，深圳市再生水利用量逐年增加，由 2017 年的 10.3 亿 m^3 增长至 2019 年的 13.7 亿 m^3，年平均增长率 16.5 %。根据《城乡建设统计年鉴》，2019 年，深圳市再生水利用率已超过 70%。

（1）再生水景观环境利用

深圳市再生水主要用于生态补水（河道补水），兼顾少量工业利用和城市杂用。根据补水点位不同，再生水河道补水分为通过泵站或管道直接输送至河道上游某一点进行补水两种方式。截至 2019 年年底，通过泵站或管道直接输送的再生水河道补水量分别为 276 万 m^3/d 和 289 万 m^3/d。

（2）再生水工业利用

深圳市再生水工业利用的典型案例为华电国际电力股份有限公司深圳公司再生水利用项目。该公司位于深圳市坪山区，总用水量约 121 万 m^3/a。其中再生水利用量为 103 万 m^3/a，占总用水量的 84.8%，主要用于工业冷却。再生水水源为上洋水质净化厂出水。

（3）再生水市政杂用

深圳市再生水城市杂用包括冲厕、绿化浇洒、道路冲洗、小区景观用水等利用途径。2019 年，深圳市再生水城市杂用的利用量约为 1300 万 m^3，主要由横岗、滨河、南山等再生水厂供给。

深圳市再生水利用量和再生水利用率　　　　表 16-5

年份	再生水利用量(亿 m^3)	再生水利用率(%)
2017	10.3	63.9
2018	12.0	69.0
2019	13.7	70.0

数据来源：《城乡建设统计年鉴》。

16.3.2　再生水设施状况

（1）集中式污水再生利用设施

深圳市再生水利用遵循"集中利用为主、分散利用为辅"的原则。

"十一五"期间，横岭、龙华、西丽、滨河、罗芳和盐田再生水厂相继投入施工建设，其生产的再生水主要用作市政杂用及河道补水。经过多年发展，深圳市再生水厂数量大幅增加，再生水利用率逐年提升。从2019年开始，深圳市集中建设了大量泵站、管道等再生水输配设施。

截至2019年年底，深圳市在运营的污水处理厂共36座，其中22座污水处理厂的出水主要指标基本达到《地表水环境质量标准》GB 3838—2002准Ⅳ类标准要求，14座达到《城镇污水处理厂污染物排放标准》GB 18918—2002的一级A标准要求。

表16-6列举了深圳市6座典型再生水厂的概况，包括处理能力、处理工艺、出水水质要求和再生水利用途径等信息。

深圳市典型再生水厂概况（截至2018年年底）　　　　　　　　　　　　表16-6

再生水厂	处理能力 （万 m³/d）	处理工艺	出水水质标准*	再生水利用途径
横岗再生水厂	5	超滤—臭氧—次氯酸钠消毒	GB/T 18920、GB/T 18921、GB/T 19923	道路浇洒、市政绿化及河道补水
罗芳水质净化厂	8	紫外消毒渠—次氯酸钠—臭氧—紫外消毒	GB 3838（准Ⅳ类）	河道补水
盐田水质净化厂	0.3	纤维球过滤—二氧化氯消毒	GB 3838（准Ⅳ类）	道路浇洒和市政绿化
固戍再生水厂	24	DN滤池—砂滤池—次氯酸钠消毒	GB 18918（一级A）	河道补水
南山水质净化厂	5	微絮凝—V形滤池—二氧化氯消毒	GB 18918（一级A）	道路浇洒、市政绿化及河道补水
滨河水质净化厂	10	V形滤池—二氧化氯消毒—接触氧化	GB 18918（一级A）	道路浇洒、市政绿化及河道补水

*《地表水环境质量标准》GB 3838；《城镇污水处理厂污染物排放标准》GB 18918、《城市污水再生利用 城市杂用水水质》GB/T 18920；《城市污水再生利用 景观环境用水水质》GB/T 18921；《城市污水再生利用 工业用水水质》GB/T 19923。

（2）分散式污水再生利用设施

深圳市自20世纪90年代以来，相继建设了300余座分散式污水再生利用设施，但绝大多数已停止使用。目前在运行中的分散式污水再生利用设施仅10余座，总处理能力约1万 m³/d。

（3）再生水管网

截至2018年，深圳市已铺设再生水管网长度约为270km，主要位于福田区、罗湖区、前海—蛇口片区、光明区和龙岗中心城等区域，这些地区主要是工业集中区域（前海—蛇口片区、光明区和龙岗中心城）或早期河道补水区域（福田区和罗湖区），再生水管管径多为 $DN200\sim800$。

从 2019 年开始，深圳市集中建设了大量河道补水管网。截至 2019 年年底，深圳市再生水管网总长度已达 589 km，其中河道补水管网总长度 292 km，其余为工业利用和城市杂用再生水管网。

16.3.3 再生水设施建设与运营

2017 年 2 月，深圳市政府印发《深圳市第五轮市区政府投资事权划分实施方案》（深府〔2017〕14 号），确立了"与道路同步建设的再生水厂配套管网，按道路投资主体进行投资，再生水厂及独立建设的再生水厂配套管网由市政府投资"的建设投资方式。

再生水运营机制方面，深圳市 2014 年 3 月颁布的《深圳市再生水利用管理办法》（深府办函〔2014〕11 号）中第六条规定"市水务部门负责制定本市再生水利用实施计划，依据本市再生水利用专项规划以及区域发展的需要，做到厂网配套、管网优先、建管并重，并与道路建设相协调，保证管网建设的系统性。鼓励社会资本投资建设再生水利用设施"。第七条中规定"分散式再生水利用项目由其产权人自行管理和维护，政府投资建设的集中式再生水利用项目通过招标投标、委托等方式确定符合条件的经营者"。

16.4 污水再生利用政策与管理

16.4.1 污水再生利用标准

深圳市目前暂无地方再生水水质标准，各再生水厂的出水水质要求主要依据《城市污水再生利用》系列国家标准中的相关规定。

16.4.2 污水再生利用政策

为指导再生水利用发展，深圳市相继出台了多项相关政策法规及管理办法，见表 16-7。

1992 年 12 月，深圳市政府颁布了《深圳经济特区中水设施建设管理暂行办法》，首次较详细地规定了再生水的使用范围及需要配套建设的工程，对相应的管理及监督也做出了规定。随着《深圳市建设项目用水节水管理办法》的颁布，该办法于 2008 年废止。

2005 年和 2007 年，相继颁布了《深圳市节约用水条例》和《深圳市计划用水办法》，强调了节水制度及节水措施。

截至目前，深圳市已建立了较完善的法规、规章与政策。现行再生水利用相关文件主要包括《深圳市建设项目用水节水管理办法》（2008 年）、《深圳市人民政府关于加强雨水和再生水资源开发利用工作的意见》（深府〔2010〕171 号）、《深圳市实行最严格水资源管理制度的意见》（深府办函〔2013〕22 号）、《深圳市再生水利用管理办法》（2014 年）、《深圳市节约用水条例》（2017 年修订）和《深圳市计划用水办法》（市政府令第 293 号）。

深圳市再生水利用相关政策与规划 表 16-7

出台年份	政策法规或管理办法
1992	《深圳经济特区中水设施建设管理暂行办法》
2005	《深圳市节约用水条例》
2007	《深圳市计划用水办法》
2008	《深圳市建设项目用水节水管理办法》
2010	《深圳市人民政府关于加强雨水和再生水资源开发利用工作的意见》（深府〔2010〕171 号）
2013	《深圳市实行最严格水资源管理制度的意见》（深府办函〔2013〕22 号）
2014	《深圳市再生水利用管理办法》
2017	《深圳市节约用水条例》（2017 年修订）
2017	《深圳市计划用水办法》（市政府令第 293 号）

16.4.3 再生水价格

《深圳市再生水利用管理办法》（以下简称《办法》）于 2014 年 1 月由深圳市政府办公厅印发，确定了再生水利用完全市场化的方向，规定通过招标投标、委托等方式确定符合条件的集中式再生水利用项目经营者，由经营者负责再生水利用设施的日常运营管理，再生水费由经营者直接向用户收取。

《办法》明确了深圳市再生水的定价原则：一是不能超过自来水价格（含污水处理费）；二是用于城市绿化、环卫、河道补水等市政用途的再生水价格按照保本微利原则，由市发改部门核定；三是一般用途的再生水价格，由经营者与用户协商确定，再生水费由经营者直接向再生水用户收取。

16.4.4 再生水利用发展潜力

表 16-8 分析了深圳市的再生水利用潜力。2019 年，深圳市再生水利用量达 13.7 亿 m^3，污水处理总量为 19.5 亿 m^3，再生水利用率达 70.0%（未包括深圳市周边县城）。参考以色列的再生水利用情况（国际先进水平，污水再生利用率为 80%），深圳市未来的再生水利用量将超过 15.6 亿 m^3（污水处理总量以 2019 年计算），与目前的再生水利用量相比，仍有 1.9 亿 m^3 的增长空间。

深圳市再生水利用发展潜力 表 16-8

2019 年人均水资源量（m^3/人）	198.3
2019 年再生水利用率（%）	70
2019 年再生水利用量（亿 m^3）	13.7
再生水利用发展潜力（亿 m^3/a）*	1.9
预计再生水生产量（亿 m^3/a）*	15.6

* 以达到以色列水平（80% 的再生水利用率）来估算。

16.5 展望与建议

目前，深圳市再生水利用量为 13.7 亿 m^3，再生水利用率已达 70%，但主要用于景观环境利用（补给河道），工业利用和市政杂用量很少。今后可进一步将补给河道的再生水纳入区域水资源调配管理，作为"第二水源"在区域内进行循环利用、梯级利用，从而形成区域再生水循环利用体系。

同时，应加强政府各相关部门的政策、规划和监督管理协同，建立健全再生水价格机制、管理机制和标准体系。

第17章 义乌市污水处理与再生利用发展状况

17.1 水资源与用水状况

17.1.1 水资源状况

义乌市位于浙江省中部,地貌以丘陵为主。市域北、东、南三面环山,地势由东北向西南缓降,构成一个狭长的走廊式盆地,称"义乌盆地"。义乌市总面积 1105 km^2。根据 2020 年第七次全国人口普查数据,义乌市常住人口 185 万人。2020 年,义乌市 GDP 为 1485.6 亿元,人均达 17.57 万元。

根据《2019 年金华市水资源公报》,义乌市多年平均水资源量为 8.2 亿 m^3,2019 年水资源总量为 12.59 亿 m^3,人均水资源量为 430 m^3,不足全省人均水资源量的 1/3,属于资源型缺水地区。此外,由于目前地表水体污染仍然严重,实际可利用水资源量十分有限,资源型缺水和水质型缺水已成为制约义乌市经济高速发展的瓶颈。

义乌市境内已建饮用水水源水库 10 座,正常库容总计 1.66 亿 m^3。义乌江过境水量每年 16 亿 m^3,但受季节影响过境水量分布极不均匀。在建的双江水利枢纽工程,位于义乌江、南江汇合口下游约 2 km 处,水域面积 4.1km^2,调蓄库容 1500 万 m^3。

义乌市现有 2 项境外引水工程,包括东阳横锦水库引水工程和浦江通济桥水厂调水工程,每年引水共计 9000 万 m^3。2000 年,义乌市与东阳市签订协议,每年从东阳横锦水库调水 5000 万 m^3;2018 年义乌市与浦江县签订协议,每年从浦江通济桥水厂调水 1000 万 m^3。随着社会经济的进一步发展,义乌行政区外可供调配的富余水量越来越少,且存在引水距离长、工程规模大、投资成本高等问题,外部引水的难度不断加大。

17.1.2 供水用水状况

根据《2019 年金华市水资源公报》,2019 年义乌市供水量为 2.56 亿 m^3。

目前,义乌市城区自来水厂共 9 座,供水能力为 71 万 m^3/d,见表 17-1。义乌市 758 个农村中已有 678 个可获得城镇水厂供应的自来水。对于自来水厂无法覆盖的偏远农村山区,通过点片状供水工程建设及相关设施的自动化、智能化设备提升和专业化管理运行,实现了安全饮水全覆盖。

2019 年,义乌市城乡供水一体化普及率已达到 90%;剩余的 80 个地势特别偏远、城镇水厂无法覆盖的农村,则就近取用水库、山塘、溪流等当地水源,通过建设供水管网和净水消毒设施实行单村或联村供水。

义乌市城区自来水厂概况（截至 2020 年） 表 17-1

自来水厂名称	地点	供水范围	水源	现状规模(万 m³/d)	备注
江东水厂	江东	稠城、江东街道	横锦水库	18	
城北水厂	稠城	稠城、福田、稠江、北苑、后宅街道	八都水库群	15	
佛堂水厂	佛堂	佛堂镇镇区	柏峰水库、枫坑水库	6	
大陈水厂	大陈	大陈镇镇区	八都水库	1	
廿三里水厂	廿三里	镇区及义东工业园	卫星水库	4	
城西水厂	城西	镇区、工业区、周边村庄	长堰水库	2	
义南水厂	赤岸	佛堂镇镇区、赤岸镇镇区	枫坑水库	5	网城区调
苏溪水厂	苏溪	苏溪镇镇区、义乌工业园区、大陈镇镇区	巧溪水库	10	
上溪水厂	上溪	上溪镇镇区	岩口水库	10	
合计				71	

由于义乌市经济社会发展对水资源的需求量不断增大，水资源供需关系十分紧张。受经济高速发展的影响，未来工农业以及第三产业发展对水资源的需求将日益增加。2006年，义乌市被列为第二批全国节水型社会建设试点城市。近年来，义乌市实施的有效节水措施一定程度上缓解了区域水资源供需矛盾，但目前水资源供需矛盾依然严峻。

为缓解水资源短缺问题，2019 年义乌市谋划建立了多水源分质供水体系，制定了《义乌市分质供水专项规划》和《加快推进全域分质供水实施方案》，在全国率先推进全市域分质供水。将义乌市境内饮用水水源水库水、行政区外引水等优质水源供给市政生活用水；将污水厂出水等作为再生水或简单处理的义乌江水等其他非传统供水，供给工业用水、绿地灌溉、道路冲洗、冲厕、景观环境利用（生态补水）等用途。

目前，义乌市非传统水源供水能力已达 7 万 m³/d，预计 2021 年底将达到 9 万 m³/d，实现了工业、居民和市政等方面的分质供水。

（1）工业分质供水。目前，义乌市工业分质供水能力已达 6 万 m³/d。截至 2020 年年底，稠江工业水厂、苏福水厂等企业已为经济开发区、高新区、义亭镇、苏溪镇等区块范围内的光伏、印染、电镀等 23 家规模以上工业企业提供供水服务。

（2）居民分质供水。2020 年，义乌市卿悦府小区成为浙江省首个实现分质供水的小区，在入户冲厕、绿地灌溉、道路冲洗、景观环境利用等场景中采用再生水等非传统供水。

（3）市政分质供水。义乌市主城区市政用水已基本实现全面分质供水。例如，篁园服装市场、副食品市场 2 座大型专业市场以及稠城三小和稠州小学 2 所学校已经实现双管网供水。此外，义乌市已安装投用 43 处智能园林取水口，将非传统供水用于市政道路冲洗、绿地灌溉等用途。

17.2 污水排放与处理

17.2.1 城镇污水排放与处理

目前义乌市共有 9 座城镇污水处理厂，污水收集覆盖全市 14 个镇街，收集面积达

$410\ km^2$，总服务人口 249 万人，总设计处理能力 57 万 m^3/d。在建的 2 座污水再生厂，处理能力 18 万 m^3/d，预计 2022 年建成投运。"十四五"期间拟建 2 座污水处理厂，处理能力为 14 万 m^3/d。污水处理厂由义乌水务集团统一运维管理。

2018-2020 年，义乌市 9 座城镇污水处理厂的污水处理量分别为 46.83 万 m^3/d、50.88 万 m^3/d 和 50.49 万 m^3/d，平均负荷率分别为 93.1%、94.2% 和 93.5%。2009 年以来，通过不断的工艺提升和工艺改造，污水处理厂出水标准逐渐由国家一级 B 标准、国家一级 A 标准、义乌标准、金华标准提升至浙江省地方标准，实现了出水水质的 4 次提升。目前 9 座污水处理厂出水水质均达到浙江省地方标准。

17.2.2　污水处理厂进出水水质

义乌市 9 座城镇污水处理厂进出水水质见表 17-2。各污水处理厂出水水质指标均满足《城镇污水处理厂污染物排放标准》GB 18918—2002 的一级 A 标准要求和《城市污水再生利用景观环境用水水质》GB/T 18921—2019 标准中的观赏性景观环境用水河道类要求。

除 TN 外，各污水处理厂出水主要水质指标达到或优于《地表水环境质量标准》GB 3838—2002 Ⅳ类标准要求。

义乌市城镇污水处理厂进出水水质（中位值）（2018—2020 年）　　　　表 17-2

序号	名称	设计处理能力（万 m^3/d）	水质指标	COD (mg/L)	NH$_3$-N (mg/L)	TN (mg/L)	TP (mg/L)	SS (mg/L)	BOD (mg/L)
1	中心污水处理厂	7	进水	203	31.92	36.15	3.51	105.85	87.37
			出水	14.6	0.3	10.1	0.2	6.0	1.4
2	江东污水处理厂	12	进水	214	27.37	33.82	3.72	108.20	83.06
			出水	15.2	0.2	6.4	0.2	6.2	1.5
3	后宅污水处理厂	4	进水	151	28.03	33.67	3.44	99.59	64.19
			出水	14.4	0.2	9.1	0.2	6.0	1.4
4	稠江污水处理厂	15	进水	205	30.87	36.46	4.17	108.64	84.40
			出水	17.3	0.3	9.7	0.2	6.1	1.5
5	佛堂污水处理厂	6	进水	206	24.43	33.37	3.44	115.27	77.08
			出水	19.6	0.3	11.3	0.2	6.4	1.5
6	义亭污水处理厂	7	进水	166	19.30	25.98	2.41	101.89	65.06
			出水	26.5	0.3	8.9	0.3	6.8	1.5
7	苏溪污水处理厂	2	进水	164	23.83	28.97	2.97	95.34	64.83
			出水	14.1	0.3	6.9	0.1	6.0	1.4
8	大陈污水处理厂	2	进水	129	17.68	23.36	2.39	95.11	54.37
			出水	12.7	0.2	6.8	0.2	6.0	1.4
9	赤岸污水处理厂	2	进水	156	12.09	18.99	2.05	93.96	61.12
			出水	21.5	0.4	8.1	0.2	6.1	1.4

17.3 再生水利用

17.3.1 再生水设施建设

义乌市已经建成以污水处理厂尾水或义乌江水为水源的非传统供水厂 4 座，其中以污水处理厂尾水为水源的再生水厂 2 座（表 17-3），以义乌江水为水源的供水厂 2 座（表 17-4）。2013 年起，义乌市分五期实施城市内河水系激活工程，通过配水管线及配套泵站建设，将非传统供水配送至 9 条城市内河上游，经杨村溪、城东河和洪溪等配水口排放至内河，使城市内河"流起来、活起来、清起来"，目前配水能力已达 43.5 万 m^3/d。

义乌市再生水厂概况 表 17-3

再生水厂	再生水水源	再生水处理工艺	设计处理能力（万 m^3/d）	再生水利用途径
稠江工业水厂	污水处理厂达标排放出水	超滤—反渗透	1.5（近期）3（远期）	工业利用、城市杂用
武德净水厂	爱旭太阳能、华灿光电排放工业废水	AOAOMBBR—混凝沉淀—V 形滤—超滤—反渗透	3	工业利用

义乌市义乌江水供水厂概况 表 17-4

水厂	处理工艺	设计处理能力（万 m^3/d）	说明
义驾山生态水厂	河道补水：混凝—沉淀—曝气生物滤池—出水	18	工业供水，城东河、城中河、洪溪生态配水，市政园林浇洒，道路冲洗等
	分质供水：混凝—沉淀—过滤—消毒（消毒采用二氧化氯消毒，除嗅味采用粉末活性炭）—出水		
苏福水厂	曝气生物滤池—混凝沉淀池（折板絮凝＋平流沉淀）—V 形滤池—消毒—出水	5	高新区及周边区块（苏溪镇、丝路新区、廿三里街道等）提供工业用水和生活杂用水

（1）稠江工业水厂

稠江工业水厂以义乌市中心污水处理厂达到一级 A 排放标准的出水为水源，生产供给再生水。该再生水厂于 2015 年 6 月 10 日开工建设，2017 年 5 月 3 日工程竣工，2017 年底正式运行。

再生水管网敷设长度为 18 km，主要覆盖义乌经济技术开发区以及义亭工业区内的主要工业企业，为管网范围内的印染、电镀、光伏等高耗水行业提供 A1 级再生水。

稠江工业水厂再生水生产量超过 1 万 m^3/d，供给义亭工业区的再生水量超过 8000m^3/d，其余再生水主要供给城市杂用等利用途径。在管网范围内安装了 11 台智能售水机，以充值卡刷卡消费的方式，为市政道路浇洒，园林绿化等途径提供再生水，高峰期再生水利用量超过 500m^3/d。

（2）武德净水厂

武德净水厂近期建设规模为 3 万 m^3/d，主要接收高新区爱旭太阳能和华灿光电两家企业的工业废水。武德净水厂属开发区工业配套项目，整体概算投资 3.6 亿元，由义乌水务集团代建代运营。工业废水经污水再生处理后，约 2 万 m³/d 的 A1 级再生水用于爱旭太阳能和华灿光电两家企业的工业利用等用途，浓水经处理后输送至江东污水处理厂。

（3）义驾山生态水厂和苏福水厂

义驾山生态水厂和苏福水厂均以义乌江水为水源，经处理后的水用于工业用水、河道补水和市政杂用等水质要求较低的用途。

义驾山生态水厂分质供水部分实际投资约 1800 万元，分质供水前三年财政每年有相应补助，三年后水务集团自负盈亏。苏福水厂概算总投资 1.39 亿元，运维模式参照义驾山生态水厂。

17.3.2　再生水利用

2019 年，义乌市再生水利用量为 4695 万 m³，再生水利用率为 40.6％。再生水的主要利用途径为景观环境利用（生态补水）、工业利用和城市杂用（冲厕、道路冲洗、绿地灌溉等）。

17.4　污水再生利用政策与管理

17.4.1　污水再生利用标准

参照国家标准《城市污水再生利用 城市杂用水水质》GB/T 18920—2020 中的相关规定，义乌市对再生水城市杂用的水质要求提出了基本控制项目及指标限值，见表 17-5 和表 17-6。其部分水质指标，如浊度、氨氮等的限值严于国家标准。

城市杂用水水质基本控制项目及限值　　　　　　　　　　表 17-5

序号	指标		冲厕、车辆冲洗	城市绿化、道路清扫、消防、建筑施工
1	pH		6.0～9.0	6.0～9.0
2	色度(度)	≤	15	30
3	浊度(NTU)	≤	5	5
4	嗅		无不快感	无不快感
5	溶解氧(mg/L)	≥	2	2
6	生化需氧量(BOD$_5$)(mg/L)	≤	10	10
7	氨氮(mg/L)	≤	3	3
8	阴离子表面活性剂(mg/L)	≤	0.5	0.5
9	铁(mg/L)	≤	0.3	—*
10	锰(mg/L)	≤	0.1	—
11	溶解性总固体(mg/L)	≤	1000	1000
12	总氯(总余氯)(mg/L)ᵃ	≥	1.0(出厂),0.2(管网末端)	1.0(出厂),0.2(管网末端)
13	二氧化氯(mg/L)			0.1≤出厂水≤0.8,管网末端≥0.02
14	大肠埃希氏菌(MPN/100mL)	≤	不得检出	不得检出

* "—"表示对此项无要求。
ᵃ 用于城市绿化时，不应超过 2.5mg/L。

城市杂用水选择性控制项目及限值（单位：mg/L） 表 17-6

序号	项目	限值
1	氯化物	350
2	硫酸盐	500

参照国家标准《城市污水再生利用 工业用水水质》GB/T 19923—2005 中的相关规定，义乌市对再生水工业利用的水质要求提出了基本控制项目及指标限值，见表 17-7。其部分水质指标，如色度、COD_{Cr}、粪大肠菌群数等的限值严于国家标准的要求。

工业用水水质基本控制项目及限值 表 17-7

序号	项目		冷却用水	洗涤用水	工艺与产品用水
1	pH		6.5～8.5	6.5～8.5	6.5～8.5
2	色度(度)	≤	30	25	25
3	浊度(NTU)	≤	5	—*	5
4	悬浮物(mg/L)	≤	10	10	10
5	嗅		无不快感	无不快感	无不快感
6	生化需氧量(BOD_5)(mg/L)	≤	10	10	10
7	化学需氧量(COD_{Cr})(mg/L)	≤	30	30	30
8	铁(mg/L)	≤	0.3	0.3	0.3
9	锰(mg/L)	≤	0.1	0.1	0.1
10	氯离子(mg/L)	≤	250	250	250
11	二氧化硅(mg/L)	≤	50	—	30
12	总硬度(以 $CaCO_3$ 计)(mg/L)	≤	450	450	450
13	总碱度(以 $CaCO_3$ 计)(mg/L)	≤	350	350	350
14	硫酸盐(mg/L)	≤	250	250	250
15	氨氮(mg/L)	≤	1	3	3
16	总磷(mg/L)	≤	0.3	—	0.3
17	溶解性总固体(mg/L)	≤	1000	1000	1000
18	石油类(mg/L)	≤	1	—	1
19	阴离子表面活性剂(mg/L)	≤	0.5	—	0.5
20	余氯(mg/L)	≥	0.05	0.05	0.05
21	臭氧(mg/L)		出厂水≤0.3，管网末端≥0.02		
22	粪大肠菌群(个/L)	≤	1000	1000	1000

* "—"表示对此项无要求。

参照国家标准《城市污水再生利用 景观环境用水水质》GB/T 18921—2019 中的相关规定，义乌市对再生水景观环境利用的水质要求提出了基本控制项目及指标限值，见表 17-8。其部分水质指标，如色度、总磷、总氮、氨氮等的限值严于国家标准的要求。

观赏性景观环境用水水质基本控制项目及限值　　　　　　　表 17-8

序号	项目		河道类	湖泊类
1	pH		6.0～9.0	6.0～9.0
2	色度(度)	≤	15	15
3	悬浮物(mg/L)	≤	10	10
4	嗅和味		无不快感	无不快感
5	溶解氧(mg/L)	≥	2	2
6	生化需氧量(BOD₅)(mg/L)	≤	10	6
7	氨氮(mg/L)	≤	3	3
8	总磷(mg/L)	≤	0.3	0.3
9	总氮(mg/L)	≤	12	10
10	阴离子表面活性剂(mg/L)	≤	0.5	0.5
11	石油类(mg/L)	≤	1	1
12	余氯(mg/L)	≥	0.05	0.05
13	粪大肠菌群(个/L)	≤	1000	1000

17.4.2　污水再生利用政策

义乌市于 2009 年 9 月出台了《义乌市分质供水和再生水回用规划》(义市府办〔2009〕第 97 号文件)，要求逐步实现对义乌市污水的综合利用，积极拓展再生水资源，建设再生水利用项目。

17.4.3　再生水水价

相比于自来水价格，义乌市再生水价格具备明显优势 (表 17-9)。义乌市居民用水自来水价格为 2.2 元/m³ (城区居民第一级水价)、1.5 元/m³ (佛堂、赤岸片区)或 1.7 元/m³ (廿三里、苏溪、大陈、上溪、义亭片区)；居民用水再生水价格为 1.7 元/m³。

义乌市非居民自来水价格为 3.6 元/m³ (城区一般工业企业水价)、2.8 元/m³ (佛堂、赤岸片区)或 3.0 元/m³ (廿三里、苏溪、大陈、上溪、义亭片区)。目前非居民用水再生水价格实行阶梯水价：再生水利用量 1000m³/d 以下，水价为 2.6 元/m³ (不包含污水处理费)；再生水利用量 1000m³/d (含)以上，水价为 2.1 元/m³ (不包含污水处理费)。

再生水价格执行公司"信用＋"优惠政策。企业信用分 78～83 (含)分之间，再生水供水价格基础上打 9.5 折；信用分 83～90 (含)分之间，再生水供水价格基础上打 9 折；信用分 90 以上，再生水供水价格基础上打 8.8 折。

义乌市再生水价格　　　　　　　　表 17-9

用户	再生水水价(元/ m³)	备注
居民用户	1.7(不含污水处理费)	
非居民用户	2.6(不含污水处理费)	用水量 1000m³/d 以下
	2.1(不含污水处理费)	用水量 1000m³/d(含)以上

用户	再生水水价(元/m³)	备注
市政用水	3.5(含污水处理费)	稠江工业水厂出水以外的水源
	4.3(含污水处理费)	稠江工业水厂出水

注：义驾山水厂和苏福水厂的居民供水水价和非居民供水水价也参照该表。市政用水取自稠江工业水厂出水管网的按 4.3 元/m³ 收取，取自配水管网的按 3.5 元/m³ 收取。

17.4.4 再生水利用发展潜力

随着光伏项目的不断落地，义乌市光伏企业用水量及污水排放量将不断增加，后续将根据爱旭太阳能的扩产情况对武德净水厂进行扩建，并根据晶澳和东方日升 2 家光伏企业的建设投产情况配套建设新的净水厂。

根据义乌市规划，双江工业水厂正在积极规划中，远期规模将达到 20 万 m³/d。建成后可以和稠江工业水厂管网互通，实现两厂用水互为调度。

综上所述，预计 2035 年义乌市再生水生产能力将达到 38 万 m³/d，每年可替代 1 亿 m³ 优质水资源，可在很大程度上缓解义乌优质水资源短缺问题。

17.5 展望与建议

由于污水处理工艺、污水处理成本和再生水水质等限制，义乌市再生水水质总体不高，大部分用于生态补水（河道补水）。部分工业企业对再生水的需求大，但存在水质要求高、处理工艺复杂、运维成本高等难题。

今后，需建立健全再生水利用机制、政策和管理办法，加强标准体系建设，进行再生水利用项目示范、推广和宣传，从而更好地满足工业利用、市政杂用等多种利用途径的再生水需求。

第 18 章　国际污水处理与再生利用状况

18.1　全球水资源与用水状况

18.1.1　水资源状况

世界银行数据显示，1997 年、2007 年和 2017 年，全球可再生内陆淡水资源量分别为 4.27 万亿 m^3、4.34 万亿 m^3 和 4.28 万亿 m^3，全球人均可再生内陆淡水资源不断减少（图 18-1 和表 18-1）。2017 年全球人均水资源量为 5732m^3，约为 20 世纪 60 年代的一半。表 18-1 列出的是国家平均值，由于水资源分布不均匀，人均水资源丰富的国家，在其境内的某些地区也会面临严峻的水资源短缺问题，比如美国的加利福尼亚州地区、澳大利亚的中部沙漠地区和东部沿海地区等。

在全球层面，气候变化对地表水资源量的影响不大，地表水变化范围从 $-5\%\sim+5\%$ 不等，但是在国家层面，地表水资源量的变化可能更加明显。目前，全球许多国家都面临水资源短缺问题，主要包括北纬 $10°\sim40°$ 范围内的几乎所有国家以及澳大利亚等南半球的国家和地区。

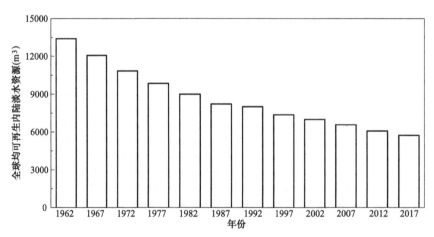

图 18-1　全球人均可再生内陆淡水资源量变化

相比于地表水，地下水资源短缺的情况更为严峻。用于灌溉的地下水过度开采，成为全球地下水枯竭的主要诱因。21 世纪初，全球主要用于农业灌溉的地下水取水量达 8000 亿 m^3/a，预计到 2050 年，地下水的取水量将增加至 1.1 万亿 m^3/a。世界上最大的地下水体系中已有 1/3 陷入枯竭困境，每年不可再生（深层）地下水的开采量也在增加，水资源可持续利用岌岌可危。

全球部分国家和地区人均可再生内陆淡水资源量（2017年） 表18-1

国家和地区	人均水资源量 （m³/a）	国家和地区	人均水资源量 （m³/a）	国家和地区	人均水资源量 （m³/a）
巴林	3	摩洛哥	815	中国	2029
埃及	10	阿塞拜疆	824	波多黎各	2135
阿联酋	16	津巴布韦	861	罗马尼亚	2163
卡塔尔	21	马拉维	913	毛里求斯	2175
马尔代夫	60	贝宁	922	英国	2195
约旦	70	布隆迪	929	多米尼加	2235
沙特阿拉伯	73	伊拉克	937	斯洛伐克	2317
也门共和国	75	乌干达	947	亚美尼亚	2329
以色列	86	乍得	999	南苏丹	2383
毛里塔尼亚	93	加纳	1040	西班牙	2387
苏丹	98	丹麦	1041	斯里兰卡	2462
利比亚	106	比利时	1055	莱索托	2501
新加坡	107	印度	1080	纳米比亚	2564
马耳他	108	博茨瓦纳	1088	北马其顿	2594
尼日尔	162	南亚	1106	朝鲜	2635
约旦河和加沙	195	埃塞俄比亚	1147	土耳其	2798
土库曼斯坦	244	尼日利亚	1158	法国	2989
巴基斯坦	265	海地	1185	意大利	3015
阿尔及利亚	272	塞尔维亚	1197	泰国	3244
阿拉伯联盟	275	乌克兰	1229	墨西哥	3278
巴巴多斯	279	捷克共和国	1241	古巴	3362
阿曼苏丹国	300	大韩民国	1263	日本	3392
吉布提	318	德国	1295	葡萄牙	3689
突尼斯	367	阿富汗	1299	越南	3799
索马里	411	冈比亚	1355	菲律宾	4554
肯尼亚	412	波兰	1411	赞比亚	4759
叙利亚	417	科摩罗	1474	瑞士	4780
乌兹别克斯坦	504	多哥	1494	希腊	5393
匈牙利	613	坦桑尼亚	1537	立陶宛	5466
荷兰	642	伊朗	1593	美国	8668
孟加拉国	658	圣卢西亚	1658	爱尔兰	10193
塞浦路斯	661	塞内加尔	1673	蒙古	11176
黎巴嫩	704	卢森堡	1677	澳大利亚	19998
南非	786	格林纳达	1804	玻利维亚	27116
卢旺达	793	巴哈马	1834	加拿大	77985

世界银行数据显示，2000 年、2010 年和 2020 年，全球人口分别为 61.1 亿人、69.2 亿人和 77.5 亿人，预计 2030 年将达到约 86 亿人，2050 年将进一步增加至约 98 亿人。全球 2000 年、2010 年和 2020 年经济生产总值分别为 33.6 万亿美元、66.1 万亿美元和 84.7 万亿美元；预计到 2050 年，全球经济生产总值会突破 200 万亿美元。随着人口增长和经济发展，全球水资源压力将持续增加。

18.1.2　供水用水状况

根据《联合国世界水发展报告》，在过去的 100 年中，全球的用水量增加了 6 倍，且以每年约 1% 的速度持续稳定增长。目前，全球取水量约 4.6 万亿 m^3/a，预计 2050 年将达到 5.5 万亿～6.0 万亿 m^3/a。农业用水量约占全球总用水量的 70%，其中绝大部分用于灌溉；工业用水量约占 20%，其中用于能源生产的约占工业用水量的 75%，其余用于制造业；生活用水量占总用水量 10%。

据估计，未来 20 年农业用水量依然占比最大，但工业和生活用水量的增长速度将超过农业用水量，农业用水量占比将从 1995 年的 86% 降至 2025 年的 76%。

18.2　全球污水排放与处理状况

18.2.1　污水排放与处理

全球污水产生、收集和处理相关的数据严重缺失，大部分地区污水既没有被收集，也

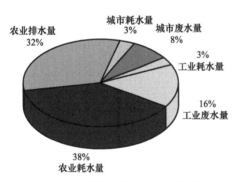

图 18-2　全球淡水资源消耗途径分布

数据来源：2010 年前后数据，联合国教科文组织《世界水发展报告》2017 年。

没有被处理。根据联合国粮食及农业组织的全球水资源及农业的信息系统数据库显示，全球每年的淡水取用量约为 39280 亿 m^3，其中农田灌溉利用量约占 43.69%。全球主要行业的耗水量和污水排放量如图 18-2 所示。

全球收集的污水相当大一部分未经任何处理直接排放进自然水体，不同国家间的污水处理情况差距尤其明显。联合国《世界水发展报告》（2017 年）显示，高收入国家的工业废水和城市污水处理率达到了 70%，而中高收入国家、中低收入国家和低收入国家的污水处理率分别为 38%、28% 和 8%，意味着全球接近 80% 的污水未经处理就直接排放。除此以外，地区间的污水处理情况也有很大差异，欧洲、拉丁美洲、中东和北非地区的城市污水和工业废水处理率分别为 71%、20% 和 51%。

18.2.2　城镇污水处理

不同类型的城镇产生污水的方式不同，污水收集、处理和再利用潜力也不同。表 18-2 根据典型城镇类型分析了污水处理的相关情况。城镇类型涵盖了发达国家和发展中国家中的大多数情况。

城镇类型和可能的污水处理方式 表 18-2

城镇类型	拥有广泛的下水道网络	拥有就地排水系统	贫民窟人口	处理模式	SUDS*	污水产生量	再利用或恢复潜力
大型城镇中心	是	不大可能	大量	集中式或分散式	最佳	高	高
相邻城市组合而成的大型城镇中心	是,但是每个中心不分开	不大可能	非常多	集中式	最佳	高	高
较小型城镇中心	不大可能	很有可能	可能有	分散式或化粪池	—	中	高,小范围
大型村庄和小城镇	非常不可能	非常有可能	可能有	化粪池	—	低	可能有
农村地区	不存在	非常有可能	不大可能有	集中式	微不足道	微不足道,内部再利用

* SUDS:可持续的城镇排水系统。
数据来源:联合国教科文组织《世界水发展报告》(2017年)。

(1) 大型城镇中心,指包括大城市、具有明确的中央商务区(CBD)的城镇地区以及随着与中央商务区的距离不断增加而人口密度逐渐下降的发达郊区。

(2) 由几个邻近的城市组合而成的大型城镇中心,指两个或者两个以上的城镇中心,随着经济社会的逐渐发展,人口密度不断增加,未来将融合为一个大城市。

(3) 较小型城镇中心,通常是具有小型 CBD 的城镇,可能是一些沿着主要道路线性扩张的小型卫星城市。

(4) 大型村庄和小镇,这些地区通常相当紧凑,但却与城镇中心不同,因为他们几乎没有扩张。这种类型的城镇还包括基于工业或者商业活动发展起来的定居点,比如大学校区、机场和矿山。

(5) 农村地区,通常几乎完全由就地系统服务,没有任何正式的下水道系统。但是一些城镇的径流管理系统可能会存在于农村地区。

18.2.3 城镇污水水质

全球各地的污水组成各不相同,表 18-3 给出了部分国家的生活污水组成情况。

典型国家未经处理的污水水质 表 18-3

参数	美国	法国	德国	新加坡	日本
生化需氧量(mg/L)	110~400	100~400	—		192
化学需氧量(mg/L)	250~1000	300~1000	582	540	—
悬浮物(mg/L)	100~350	150~500			182
总钾和总氮(mg/L)	20~85	30~100	54		30
总磷(mg/L)	4~15	1~25	7.6		3.2

数据来源:联合国教科文组织《世界水发展报告》(2017年)。

18.3　全球再生水利用情况

随着用水需求的不断增长，污水管理模式正从"处理"转变为对污水的"再利用和资源回收"。再生水利用的途径广泛，图 18-3 显示了全球范围内，污水经过深度（三级）处理后的再生利用情况。需要注意的是，经过深度处理的污水只占污水排放总量很小的一部分。

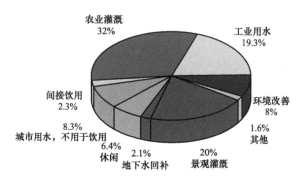

图 18-3　全球范围内经深度（三级）处理后的再生水的利用途径

数据来源：联合国教科文组织《世界水发展报告》，2017 年。

全球许多国家已开展了卓有成效的再生水利用实践，美国、日本、以色列、新加坡等国家是开展相关研究和实践较早的国家。

（1）以色列

以色列是一个严重缺水国家，2017 年人均水资源量仅为 86m³。由于人口的剧增，地下水开采量过大，地下水位下降，该国面临严峻的水资源短缺问题。以色列早在 1953 年便制定了世界上第一套污水再生利用标准，将再生水利用作为以色列水政策的核心内容之一。

2015 年，以色列再生水利用率已高达 80%，再生水利用量为 4.45 亿 m³，约 50% 的再生水达到了三级出水标准（三级出水要求：$BOD_5 \leqslant 10mg/L$、$TSS \leqslant 10mg/L$、消毒和深度脱氮除磷）。再生水已占以色列总供水量的 16%，成为主要供水水源之一。再生水价格为 29 美分/m³，仅为当地饮用水价格的三分之一。

农业灌溉是再生水的主要利用途径，约占再生水利用总量的 85%。再生水农业灌溉主要关注含盐量指标，以色列新颁布的再生水灌溉利用指南规定：电导率 $\leqslant 1.4dS/m$、氯化物 $\leqslant 250mg/L$、钠离子 $\leqslant 150mg/L$、硼离子 $\leqslant 0.4mg/L$ 和氟化物 $\leqslant 2mg/L$。

（2）美国

美国的再生水利用项目主要分布于水资源短缺、地下水严重超采的德克萨斯州、亚利桑那州和加利福尼亚州等地区。美国早在 20 世纪初就开始重视污水再生利用，并颁布了多项污水再生处理规范。美国环境保护署于 1992 年出版了《再生水利用指南》（2012 年修订），在再生水处理工艺、水质要求、监测项目与频率、安全距离等多个方面给出了指导性建议。美国的再生水利用量逐年提高，并取得了良好的经济效益和环境效益。

然而，美国产生的 1.32 亿 m³/d 的城市污水中仅有 6.5% 得到了有效再生利用，利用途径包括农业灌溉、城市杂用、工业利用等。其中，间接补给饮用水水源已占再生水利用总量的 15％，直接饮用回用占比为 0.2％。

美国是目前全球开展再生水补给饮用水水源应用实践最多的国家，主要采用的处理工艺为"反渗透—高级氧化"或"臭氧—生物活性炭"。1962 年美国加州 Montebello Forebay 建成第一个再生水补给饮用水水源项目（17 万 m^3/d），该工程将三个再生水厂出水与雨洪、河流等来水混合后通过地表回灌的方式补给地下水。2008 年美国加利福尼亚州建成目前世界最大规模的再生水补给饮用水水源项目 Groundwater Replenishment System（37.9 万 m^3/d），该项目中再生水的主要利用途径为地下水回灌和间接补给饮用水水源。

（3）日本

日本于 1955 年起开展再生水利用，并于 1978 年制定了再生水利用指导计划。1997 年，日本再生水利用量已达 2.06 亿 m^3；2002 年日本共建设了再生水利用设施 2789 处。日本政府通过减免税金、提供融资和补助金等手段，对再生水设施建设和水价给予较高的补贴。目前，再生水已成为日本众多城市的一种稳定、安全的替代性水源。

（4）新加坡

新加坡将污水进行深度处理后水质达到可供人饮用的水称为"新生水"（Newater）。2003 年初，"新生水"正式成为新加坡的供水来源之一。2016 年，新生水已占新加坡全国供水总量的 40％，主要利用途径为非饮用用途（例如工业利用、冷却、商业等）和间接补给饮用水水源（约占 2％～3％）。

再生水间接补给饮用水水源主要通过水库等环境缓冲水体对再生水的自然净化后，再作为水源进行利用。这种方式可更好地保障再生水水质，有利于提高公众接受度。目前，新加坡有四座新生水厂。

（5）澳大利亚

2006 年澳大利亚遭遇了千年难遇的旱灾，政府积极推进水资源多样化政策，大力发展污水再生利用。自 2006 年起，澳大利亚再生水利用量不断增加，但随着降雨量的逐年增加，2011 年开始再生水利用量相对减少，近几年稳定保持在 3 亿 m^3/a 左右。截至 2020 年，澳大利亚已有 419 座运行的再生水厂，实现了城镇污水的部分再生利用，其二级处理和深度处理采用的技术/工艺见表 18-4。

澳大利亚再生水的主要利用途径包括城市杂用、景观环境利用和农业灌溉等方面。其中城市杂用指城市住宅、商业、工业、市政等用途；景观环境利用和农业灌溉用水指用于环境和灌溉等用途，例如农业灌溉、林地灌溉、湿地补水、环境水体补给等；也包括未指定特定最终用户的再生水。2012～2014 年，再生水的主要利用途径为城市杂用，其次为环境与灌溉利用。2014～2015 年，占比最大的再生水利用途径变为环境与灌溉利用（刘俊含等人，2022）。

澳大利亚全国再生水厂主要的处理技术/工艺　　　　　　　　　　　　　　表 18-4

二级处理技术/工艺	采用的再生水厂数量（座）	三级处理技术/工艺	采用的再生水厂数量（座）
氧化塘	118	氯消毒	48
活性污泥	99	紫外线消毒	45
生物滤池	44	反渗透	24

二级处理技术/工艺	采用的再生水厂数量（座）	三级处理技术/工艺	采用的再生水厂数量（座）
序批式反应器	19	超滤	16
膜生物反应器	16	微滤	15
氧化沟	8	臭氧氧化＋消毒	2
生物活性炭吸附	3		

（6）纳米比亚

纳米比亚首都温得和克的年降雨量约为 370mm，但年蒸发量约为 3400mm，距离城市最近的河流 Okavango 也在 700 km 外，因此一直面临严重的水危机问题。温得和克自 1968 年就建设了 Goreangab 再生水厂，实现了再生水直接补给饮用水水源，已经积累了 50 多年的经验。

Goreangab 再生水厂的进水为经过二级处理的生活污水。为保障再生水水源的安全性，该厂执行了严格的生活污水和工业废水分离，仅生活污水可作为再生水直接补给饮用水的水源。此外，该厂也对污水处理厂和再生水厂的进出水水质进行综合监测。生产的再生水与其他饮用水水源混合后进入供水管网，再生水的比例最高为 35%。Goreangab 再生水厂的处理能力为 2.1 万 m^3/d，主要处理工艺包括：粉末活性炭（可选）、预臭氧、强化混凝沉淀、溶气气浮、双层滤料过滤、臭氧、生物活性炭过滤、颗粒活性炭吸附、超滤、氯消毒和氢氧化钠稳定化。

18.4　污水再生利用国际标准

随着全球污水再生利用行业的快速崛起和相关新技术的快速发展，污水再生利用领域标准的制定、颁布和实施对进一步推动产业升级和发展方式转变具有重要的引导和规范作用。

近年来，世界卫生组织（WHO）、国际标准化组织（ISO）等国际组织，以及美国、澳大利亚、欧盟、日本等国家和地区相继制定和发布了相关标准。

18.4.1　世界卫生组织（WHO）

再生水补给饮用水水源是解决饮用水危机的有效方法之一，国际上已有超过 50 年的研究和工程实践。面对世界各地日益增长的研究、实践和发展需求，WHO 在《WHO 饮用水水质准则》（第 4 版）的基础上，于 2017 年首次发布了《再生水补给饮用水水源：安全饮用水生产指南》。

该指南旨在为决策者提供再生水补给饮用水水源项目规划、设计、运行、管理和系统评价等方面的指导，保障以再生水为水源的饮用水生产安全。

18.4.2　国际标准化组织（ISO）

ISO 是世界上最大和最具权威的综合性标准化机构。ISO 标准在全球具有通用性，已成为国际经贸活动的重要规则。

该组织于 2013 年成立了水回用技术委员会（ISO/TC 282 Water Reuse），旨在建立和完善有关污水再生利用的相关标准，为全球污水再生利用领域提供专业指导意见和规范发展建议。ISO/TC 282 在成立之初下设了再生水灌溉利用（SC 1）、城镇水回用（SC 2）、水回用系统风险与绩效评价（SC 3）三个分技术委员会，清华大学胡洪营教授成功当选为 ISO/TC 282/SC 2 首任主席。2017 年，又增设了工业水回用（SC 4）分技术委员会。

ISO/TC 282 目前共有 48 个积极成员国和观察员国，已发布 ISO 国际标准 29 项，正在制定 ISO 国际标准 9 项。

在再生水灌溉利用方面，已经颁布了 6 项标准，包括《再生水灌溉利用基础》ISO 16075-1、《再生水灌溉利用发展》ISO 16075-2、《再生水灌溉利用项目构成要素》ISO 16075-3、《再生水灌溉利用监测》ISO 16075-4、《再生水灌溉利用消毒和处理设施》ISO 16075-5 和《再生水灌溉系统和实践》ISO 20419。

在再生水城镇利用方面，已经颁布了 5 项标准，均由我国牵头制定。颁布的标准包括《城镇集中式水回用系统设计》ISO 20760-1、《城镇集中式水回用系统管理》ISO 20760-2、《再生水安全性评价指标与方法》ISO 20761、《城镇分散式水回用系统：设计》ISO 23056 和《污水再生处理反渗透系统设计》ISO 23070。

在再生水利用系统风险和性能评价方面，已经颁布 9 项标准，包括《水回用健康风险评价与管理》ISO 20426、《水回用系统处理技术性能评价导则》ISO 20468-1、《水回用系统处理技术性能评价指南——第 2 部分：基于温室气体排放评价方法》ISO 20468-2—2019 和《水回用水质分级》ISO 20469 等。

在再生水工业利用方面，已经颁布了 3 项标准，包括《再生水工业冷却系统技术导则》ISO 22449、《工业废水处理和回用技术评价方法》ISO 23043、《工业废水分类》ISO 22447—2019 等。

上述标准的制定、颁布和实施，为各国规范开展水回用系统规划、设计、管理、评价和利用等工作提供了依据和指导，对保障再生水安全，促进污水再生利用技术进步具有重要的意义。

18.5　各国的污水再生利用政策

各国的污水再生利用政策和法规，结合了各国经济、社会文化和环境因素等，各不相同，但是都以保护人类和环境健康为最终目的。然而，也有很多发展中国家，无法承担高昂的污水再生处理费用，无法制定出符合自身国情的再生水利用政策法规。阿拉伯、欧洲和北美等地区的再生水利用政策制定较为成熟，亚洲和太平洋地区也有越来越多的国家逐渐重视再生水利用政策的制定，而拉丁美洲加勒比和非洲地区普遍还未解决污水处理的问题。

18.5.1　阿拉伯地区

在阿拉伯地区，22 个阿拉伯国家中至少有 11 个国家已经将污水再生利用纳入国家法律体系。此项立法由各个国家负责污水排放和处理的国家机构提出（包括科威特、黎巴嫩、阿曼苏丹国的环境部门，伊拉克的健康部门，突尼斯的农业部门，埃及的住房部门以及约旦和也门的标准协会等）。

2016 年 2 月，约旦通过了"替代性水源和污水再生利用政策"，正式将污水再生利用纳入国家政策，并制定了针对使用经过处理的污水和与之混合的其他水源收取一定费用的相关计划。这项政策是对分散式污水管理政策的补充，主要为小型社区提供服务，经过处理的污水约占约旦可利用水资源量的 15%。

突尼斯推出了一项全国性的污水再生利用项目，通过该项目，该国大部分的市政污水经活性污泥法进行了二级处理，也有小部分污水进行了三级处理。突尼斯法律允许经过二级处理的污水用于灌溉除蔬菜外的所有农作物，并按灌溉需水量向农民收费。突尼斯采取以需求为导向的政策，来应对再生水灌溉公众接受度低、作物选择管理困难及其他问题。

18.5.2　欧洲地区

该地区很多国家的卫生设施处于全球最高水平，但地区发展很不平衡。虽然该地区经三级处理的再生水的比例正逐渐增加，但在欧洲东南部和泛欧洲东部的其他地区，仍有大量污水未经处理就被直接收集和排放。

欧盟水资源较为丰富，城镇污水处理设施完善，其 1991 年颁布的污水处理法规《城市污水处理指令》91/271/EEC 主要针对受纳水体水环境保护和质量改善。2000 年，欧盟在整合原有水资源管理法规的基础上颁布了统一的《水框架指令》2000/60/EC。该指令阐释了水域（包括江河、湖泊、地下水、江河口及沿海水域）的管理与共同保护方法，提出了主要污染物的指示性清单、排放限值和环境质量标准。

2016 年，欧盟发布了首部《污水再生利用指南—将再生水利用纳入水框架指令中综合水资源规划与管理》，提出了再生水系统水源、规划、处理、利用、政策等方面的控制方法和策略。

2018 年，欧盟发布了《再生水农业灌溉和地下水回灌的最低水质要求法规》草案，对于再生水水质等级、水质指标限值和风险管理方法给出了明确规定。

同时，针对小规模的分散式再生水系统，欧盟也于 2018 年发布了《分散式再生水系统—第 1 部分：雨水利用》和《分散式再生水系统—第 2 部分：灰水利用》指南。

此外，塞浦路斯、法国、意大利、西班牙、葡萄牙等国家也分别制定了各自的污水再生利用指南。

塞浦路斯在再生水方面的研究实践已将近 20 年。作为欧盟成员国，塞浦路斯遵循欧盟颁布的相关政策和法规。此外，塞浦路斯提出了水资源管理战略，为推动该国污水再生利用的发展发挥了重要作用。

为促进再生水利用，2019 年葡萄牙颁布的第 159 号法令《葡萄牙再生水法律法令》中明确提出，再生水可作为一种新的水源，按照该法令，在可能的情况下，如花园、公共空间和高尔夫球场灌溉等场景应优先使用再生水。

18.5.3　北美地区

美国城镇污水处理设施完善、处理规模庞大，为污水再生利用提供了良好的基础条件。美国等一些国家和地区，在尚未有任何全国性或国际性指南和标准时，就已经开始了污水再生利用工程实践。

美国环境保护署于 1980 年首次发布了《污水再生利用指南》，其最新修订版本于 2012 年发布。该指南涵盖了美国各州与污水再生利用有关的最新法律法规和其他国家的再生水利用实践，全面、系统地阐述了污水再生利用中所涉及的技术、经济、法律法规与管理、公众参与等问题。

目前，美国已有 31 个州和地区颁布了一项或多项再生水处理标准或方法指南。佛罗里达、华盛顿、德克萨斯等州或地区规定了特定处理工艺，亚利桑那、华盛顿、德克萨斯等州或地区则规定了再生水出水水质标准，还有一些州或地区对二者都有规定。华盛顿等州或地区还对处理技术/工艺的可靠性提出要求，以防因工艺失效、电源失控或设备故障等原因导致污水未能得到有效的再生处理。

此外，美国水回用协会联合美国给水工程协会、水环境联合会和国家水资源研究所于 2015 年发布了《再生水直接补充饮用水水源指南》，强调通过水质标准和处理工艺要求两个方面保障再生水水质安全。美国加利福尼亚、佛罗里达、华盛顿、得克萨斯和亚利桑那等州或地区也相继发布了有关再生水直接或间接补充饮用水水源的指南或框架。

18.5.4 亚洲和太平洋地区

在亚太地区，较富裕的社区一般可以获得良好的污水管理基础设施和服务，而贫民区的服务水平则很低。中国、日本和韩国等国家，通过经济刺激等手段，将防止污水未经处理直接排放、加强污水管理和采取污水再生利用计划作为水资源管理的重要措施。

澳大利亚是世界上最早开展污水再生利用健康和环境风险评价的国家之一。在《国家水质管理策略》的框架下，澳大利亚自然资源管理部、环保部和卫生部共同发布了《澳大利亚污水再生利用健康和环境风险管理指南》系列国家标准，从保障公众和环境健康安全的角度，提出了再生水风险评价和管理方法，并针对再生水补给饮用水水源、地下水回灌等不同利用途径，提出了健康风险目标、管理策略以及监管和验证措施等要求。此外，澳大利亚大多数州和领地也制定了污水再生利用相关法律法规，从政策、框架、指南等角度，鼓励再生水的利用。

18.5.5 拉丁美洲和加勒比地区

拉丁美洲和加勒比地区存在将严重受污染水体（污染物超标的河水和未经处理的污水等）用于农业灌溉的普遍问题，特别是在干旱和半干旱地区的大城市附近。相比而言，在阿根廷、玻利维亚、智利、墨西哥和秘鲁等地，已有成功将处理后的污水用于农业灌溉的实践。

18.5.6 非洲地区

在非洲地区，各级政府部门尚未将污水处理列入相应的法律法规，例如尼日利亚，其国家和各州法律几乎没有涉及污水处理和再生利用方面的内容。

第19章 污水再生利用研究进展与发展建议

19.1 污水再生利用研究进展与前沿课题

我国高度重视再生水利用的科技支撑作用，近 20 年来，科技部、国家自然科学基金委员会等部门和单位设立了一批再生水利用科研项目。通过理论研究、技术研发和利用实践，对再生水系统的定位和特点等有了更系统、更科学的认识，在再生水水质评价、水质风险因子识别与控制、再生水处理新原理新技术等方面取得了丰富成果，培养了一批污水再生利用领域的博士生，出版了一批著作，对保障再生水安全发挥了重要作用。同时，通过研究，也发现了一些需要回答的新的科学问题和需要解决的新的技术问题，这些问题已经成为再生水领域发展的驱动力。

19.1.1 再生水系统的定位和特点

通过大量的研究和实践，对再生水系统的范畴、定位和特点有了更加系统、全面的认识。再生水系统是城镇供水体系的有机组成部分，这一观点已经成为基本共识。2021 年 1 月，国家发展改革委等十部委联合印发的《关于推进污水资源化利用的指导意见》中明确指出"加快完善相关政策标准，将再生水纳入城市供水体系"。在此之前，国家重点研发计划政府间科技创新合作重点专项于 2016 年设立了"再生水安全供水系统与关键技术（2016-2019）"重点项目，围绕再生水处理、再生水管网和再生水用户端风险控制开展系统研究，形成了"全过程、多屏障"再生水供水系统安全保障技术体系，为保障再生水供水安全提供了技术支撑。

与常规供水不同，再生水系统以污水为水源，生产、供给再生水，是一个非传统供水工程，具有治污、供水"双重功能"和污水处理、供水工程"双重特征"，有其自身特有的基本特点。再生水系统既不是污水处理系统的线性延伸，也不是传统供水工程的简单复制，面临其特有的科学问题和技术难题。因此，需要发展符合再生水特点的"再生水工程学"理论、方法和技术体系，建立符合再生水特点的再生水供水管理体系。

19.1.2 污水水质的复杂特性

随着研究的不断深入，对污水中污染物的复杂特性和水质特征的认识也不断深入和拓展。污水是一个复杂体系，主要体现在以下几个方面：

（1）污水中的污染物种类多、理化性质复杂。污水中的污染物是混合物，不同理化性质的多种污染物共存是其最基本的特点。水的性状、性能和安全性是这些污染物共同作用的结果，测定 COD 等综合指标以及单一或有限数量的特征污染物的浓度，往往不能全面掌握水质状况（胡洪营等人，2015）。

（2）污水中的污染物浓度分布广、赋存形态复杂。污水中不同污染物的浓度存在显著差异。城镇污水处理厂二级出水中的不同污染物的浓度水平分布在几 ng/L 到数百甚至数千 mg/L 之间，跨度可达 9 个数量级。例如，ng/L 水平的微量有毒有害有机污染物，在水中存在的形态及其在处理过程中的迁移转化特性和去除效果与 COD 等几十 mg/L 水平的常量污染物、几百甚至上千 mg/L 水平的溶解性总固体（TDS）等密切相关（胡洪营等人，2011）。

（3）污水中的污染物在处理过程中的转化机制复杂。污水中不同组分在处理过程中的转化和相互作用机制复杂，这种现象在消毒和化学氧化处理过程中尤为突出。水中不同组分之间的相互作用和转化机制，会影响消毒效果和消毒副产物的生成、化学氧化效果和产物种类以及处理出水水质的稳定性。

（4）污水中的污染物毒害效应及其产生机制复杂。污水的物理、化学、生物和生态效应是水中所有污染物（组分）共同作用的结果，不同组分间的相互作用关系复杂，导致水质效应产生机制也十分复杂。

鉴于污水的复杂特性，在污水再生处理研究和工程实践中，发现越来越多的现有常规水质指标和工艺理论难以解释和解决的新现象、新问题。如在城市污水二级出水混凝处理过程中可生物同化有机碳（AOC）浓度水平反而升高，生物稳定性反而降低（Zhao et al.，2011）；在反渗透处理工艺中，以控制生物污堵为目的的氯、紫外线消毒等预处理，反而会导致反渗透膜污堵更严重等"反常现象"（Wang et al.，2019）。

19.1.3 水质特征指标与研究方法

（1）水征的概念和研究方法

针对上述提到的现有常规水质指标难以表征、解释和解决的新现象和新问题，提出了可以表征污水水质特征的新概念——"水征"（胡洪营等人，2019）。

"水征"（Feature of Water）是指污水中污染物的浓度水平、组分特征、安全性和稳定性及其时空变化等，是能够支撑水质安全评价、处理特性预测、处理工艺设计和工艺诊断优化的信息集成，包括量、时间和空间 3 个维度。基于水征的定义，其评价指标包括污染程度、组分特征、转化潜势和毒害效应等 4 个一级指标。根据需要一级指标下可以设立若干二级指标，如污染程度包括浓度、空间分布、时间分布等变化；组分特征包括亲疏水性、分子量分布、酸碱特性等，获取有机污染物指纹图谱信息；转化潜势包括水质稳定性和可处理特性等特征，阐明污染物的转化特性和可去除潜力；毒害效应可考虑生态、健康、生产和心理安全，关注生物毒性、生态效应等指标。

"水征"突破了以污染物浓度评价水质的局限，提出了从污染程度、组分特征、转化潜势和毒害效应等方面评价水质的指标体系，拓宽和深化了对水中污染物的认识。今后，需深化水征研究，逐步建立水质复杂体系研究理论和方法体系，为构筑科学、有效的水质风险管理和安全保障管理体系提供有力的支撑。

（2）再生水的生物稳定性测定方法与控制目标

水的生物稳定性通常是指水中的营养物质所能支持异养微生物（主要是异养细菌）生长的最大可能性，即水中异养细菌的最大生长潜力。在再生水储存、输配过程中，细菌的生长不仅会产生健康风险，细菌的大量生长还会导致水的浊度升高，生成致色致嗅的代谢产物，直接导致水质劣化。在输水管网系统中，细菌附着在管壁逐渐形成生物膜，也可导致生物腐蚀、管道堵塞等严重问题。因此，控制再生水储存、输配、利用过程水中细菌的生长是再生水安全利用的重要课题之一。

1）再生水 AOC 测定方法

用于评价水的生物稳定性的指标主要包括可同化有机碳（Assimilable Organic Carbon，AOC）、生物可降解溶解性有机碳（Biodegradable Dissolved Organic Carbon，BDOC）和细菌生长潜力（Bacterial Growth Potential，BGP）等，其中 AOC 较为常用。

在饮用水领域，AOC 的测定通常采用模式细菌接种培养法，被广泛认可的模式菌株为 *Pseudomonas fluorescens* P17（ATCC 49642）和 *Spirillum* sp. NOX（ATCC 49643）。但是，研究发现这 2 株菌在再生水水质条件下难以生长，不适用于再生水的测定。鉴于这种情况，赵欣等人（Zhao et al.，2013）从再生水环境中成功筛选出 3 株新的测试菌种 *Stenotrophomonas* sp. ZJ2（CGMCC 5813）、*Pseudomonas saponiphila* G3（CGMCC 5814）和 *Enterobacter* sp. G6（CGMCC 5926）用于测定再生水水样的 AOC 水平，并优化、确定了测定条件。详细测定方法参见《水质研究方法》（胡洪营等人，2015）。

2）AOC 的控制目标

目前，饮用水中普遍被接受的水质生物稳定时的 AOC 水平为：在不投加任何消毒剂的水中，当 AOC 浓度低于 $10\mu g/L$ 时，异养细菌几乎不能生长，可以确保水质生物稳定；当水中保持有余氯时（自由氯浓度大于 $0.5mg/L$ 或氯胺浓度大于 $1.0mg/L$），AOC 浓度低于 $50\sim100\mu g/L$ 时，水的生物稳定性较好。在实际水处理工艺中，要想控制 AOC 浓度在 $50\mu g/L$ 以下并不是一件容易的事。在美国的饮用水厂中，95% 的地表水源水厂和 50% 的地下水源水厂的处理出水都无法达到 AOC 浓度小于 $50\mu g/L$ 的水平。

关于再生水生物稳定性的研究十分有限。美国对 21 座再生水厂的研究结果表明，再生水的 AOC 水平变化范围很大，从 $45\mu g/L$ 到 $3200\mu g/L$，中间值为 $450\mu g/L$。日本对 6 座再生水厂的研究表明，再生水厂出水的 AOC 水平为 $36\sim446\mu g/L$，其中设有臭氧氧化工艺的水厂出水的 AOC 水平为 $342\sim446\mu g/L$，是二级出水的 $2\sim5$ 倍。赵欣等人（Zhao et al.，2013）研究表明，北京市某再生水厂的 AOC 水平为 $460\sim680\mu g/L$。今后，需要加强再生水 AOC 控制目标和细菌生长控制技术的研究。

19.1.4　再生水的关键风险因子与控制标准

（1）病原微生物及其控制标准

再生水利用的关键是水质安全保障和风险控制，其中由病原微生物引发的生物风险具有致害剂量低、显效时间短和危害程度大等特点，是需要优先控制的风险因子。

1）微生物浓度指标的特点和不足

从 2002 年开始，我国陆续颁布了城市污水再生利用系列水质国家标准，规定了微生物指标及其浓度限值。浓度限值适用于定量监测和评价，便于行政主管和监管部门进行水质达标监管，但也存在检测值准确性不高、测定时间长且结果时效性较差等问题（陈卓等人，2021）。

检测值准确性不高。目前，国内外标准规范中多采用总大肠菌群和粪大肠菌群作为指示指标，主要采用基于培养法的传统检测手段对这些指示指标进行检测。由于传统检测手段包含稀释和富集等操作步骤，得到的计数结果可能存在较大偏差。

测定时间长且结果时效性较差。传统的培养法往往需要较长的培养和验证时间，改进后的固定酶底物法仍然需要 18～24h 的测定时间。因此，传统微生物检测手段难以快速准确地反映再生水厂出水微生物浓度变化。

2）微生物去除能力标准

鉴于微生物浓度指标存在的问题，美国、澳大利亚等国家除浓度标准外，主要通过技术标准和处理工艺两个方面来保障再生水水质安全，并出台了用于指导项目实施开展的技术性文件及针对不同再生水利用途径的指南（陈卓等人，2021）。

以美国为例，美国环境保护署（US EPA）发布的指南涉及污水再生处理和利用各个方面，包括再生水的处理措施及技术能力要求等。美国国家水资源研究中心（National Water Research Institute，NWRI）则颁布了再生水直接补充饮用水源指南以及适用于某个州的指导性框架。该指南不仅要求了病原指示微生物浓度限值，还对各处理单元应承担的微生物去除负荷进行了规定，即去除能力标准。

去除能力标准（performance targets）是指为满足再生水的微生物风险控制需求，规定某些微生物指标在污水再生处理过程需要减少的量，从而达到预防或降低微生物风险的效果。

去除能力标准对污水再生处理过程的典型微生物去除程度（通常以对数去除率表示）提出要求，能够提升系统的可靠性和安全性。如美国 NWRI 推荐的再生水直接补充饮用水源和加利福尼亚州公共卫生部（CDPH）给出的再生水间接补充饮用水源的总大肠菌群的去除标准是 9log。

随着再生水利用的日益普及，对微生物风险控制的要求也将越来越高，在我国探讨浓度控制标准和去除能力标准相结合的标准体系具有重要意义。

（2）化学风险因子及其控制标准

近年来城镇污水中不断检出内分泌干扰物、药物和个人护理品、工业添加剂等新兴微量有机污染物（trace organic contaminants，TOrCs），其水质风险备受关注。但是一些 TOrCs 具有浓度低、去除难等特点，照搬 COD 等常量污染物的控制思路，在理论和实践上都面临诸多挑战。

TOrCs 的控制面临"四难"问题。首先，TOrCs 浓度低，其化学检测面临结构定性难和浓度定量误差大等问题；其次，TOrCs 的风险评价结果受评价物种、毒性终点等影响，确定优先控制 TOrCs 种类及浓度限值确定难；再次，TOrCs 占总有机碳比例小于 0.01%，其处理过程面临选择性弱和效率低难题；此外，城市污水中污染物组分复杂变化大，TOrCs 处理工艺运行面临调控难及时、处理效率评价和管理困难等问题。

针对污水中的 TOrCs 在检测分析、风险评价、处理技术和工艺运行等方面存在的核心难题，王文龙等人（王文龙等人，2021）在系统分析国内外微量有机污染物控制研究进展和实践探索的基础上，提出了 TOrCs 分析和控制标准的新思路，包括采用非靶向筛查和"指纹图谱"克服 TOrCs 浓度检测和处理效率评价难题，发展去除能力标准、处理技术标准和替代性指标体系，支撑 TOrCs 处理技术开发和工艺运行管理，指导 TOrCs 风险控制。关于微量有毒有害污染物的控制标准和控制技术，有待开展更系统、更深入、能够支撑管理实践的研究。

19.1.5 再生水处理技术与工艺

1. 再生水处理过程中的风险伴生新现象

近年来，越来越多的研究报道了污水深度处理导致 AOC 升高，再生水生物稳定性降低以及消毒预处理反而导致反渗透膜污堵加重的"反常现象"，深化、更新和拓展了对再生水处理技术的认识，对优化再生水处理工艺设计、运行等具有重要的指导意义。

（1）污水深度处理过程中的 AOC 升高现象

赵欣等人（Zhao et al.，2014）报道了城市污水深度处理混凝工艺可导致 AOC 水平升高的新现象，对控制再生水生物稳定性具有重要的指导意义。据报道，城市污水二级处理出水的 AOC 水平为 $60\sim545\mu g/L$，但是在混凝后，在聚合氯化铝（PACl）投加量为 60mg/L 的条件下，AOC 水平升高为 $121\sim910\mu g/L$，升高幅度为 $17\%\sim667\%$。研究发现，二级出水中分子量大于 10kDa 的有机物对细菌生长具有抑制作用，混凝对这部分物质的去除效率高，消除了其对细菌生长的抑制作用，从而导致二级出水混凝后 AOC 水平上升。

城市污水二级处理出水进行臭氧氧化后，也发现了显著的 AOC 升高现象。研究表明，导致 AOC 升高的原因一是臭氧氧化后分子量小于 1kDa 的有机物占总有机物比例的升高；二是分子量大于 10kDa 的有机物在氧化后自身性质的变化，其对细菌生长的抑制作用降低。研究还证明，后者是导致 AOC 显著升高的主要原因，这与现有的认知有很大不同。这些发现对优化处理工艺设计，控制 AOC 升高具有重要意义。

（2）氯消毒预处理加重反渗透膜污堵

再生水工业利用是国家鼓励的发展方向，经济效益好。反渗透处理是再生水工业利用的重要环节，但由于再生水中的有机污染物浓度及其组分复杂程度远高于海水和常规水源，其面临更复杂、更困难的膜污堵控制问题。

氯消毒预处理是控制 RO 膜污堵的常用方法，但是王运宏等人（Wang et al.，2019）却发现了氯消毒反而导致膜污堵加剧的"反常"现象，更新了氯消毒可防止污堵的常规认知。机理研究发现，氯消毒预处理后，耐氯性菌转变为优势菌种，长期运行过程中，膜面微生物胞外多聚物分泌量显著升高，膜面污堵层增厚，是导致膜污堵加剧的主要机制。紫外线消毒和臭氧消毒预处理也发现了类似的现象。

以上新发现对优化设计反渗透系统预处理工艺具有很强的指导意义。

2. 再生水处理工艺设计与优化

再生水处理工艺通常是由多个处理单元组成的组合工艺，例如以下所示的工艺 A 和工艺 B：

工艺 A：二级出水→氯消毒→超滤→反渗透→消毒→产水

工艺 B：二级出水→反硝化滤池→超滤→臭氧→消毒→产水

在工艺 A 中，作为反渗透工艺的预处理单元，氯消毒的目的是为了减少 RO 进水的细菌数量，控制 RO 的生物污堵。但是，氯消毒反而导致反渗透膜污堵加重。

在工艺 B 中，反硝化滤池的作用是去除硝酸根，但是白苑等人的研究发现，与二级处理出水相比，经过反硝化滤池处理后，其对后续超滤工艺的污堵更加严重（Bai et al.，

2020）。虽然反硝化滤池有效去除了二级处理出水中的总氮含量，然而该反硝化过程却加重了后续超滤膜的污堵。研究发现，导致该现象的原因是，经反硝化滤池处理后，COD 组分中污堵能力强的疏水酸性物质（HOA）和疏水中性物质（HON）的比例增加，是导致反硝化滤池出水膜污堵加重的主要原因。

以上现象表明，在再生水处理组合工艺中，不同单元之间相互影响，单元最优不一定是整体工艺最优，前一个单元对后一个单元的负面影响值得重视。在再生水处理技术和工艺研究中，由于研究人员所研究领域的局限性，往往追求单一单元的最优化，对前后单元间的相互关系关注不够，导致工艺设计不合理、效率低。事实上，在很多情况下，单元最优不一定是整体最优。因此，再生水处理工艺的设计应坚持工艺全流程"统筹优化、单元互顾"的基本原则，以提高处理工艺效能。

19.1.6　再生水输配与水质稳定控制

再生水管网输配过程中，管网腐蚀和微生物的复活/生长是导致水质劣化的重要因素。根据管材的不同，管网腐蚀会导致重金属、致色物质和有机物的溶出，从而影响水质。微生物的生长会导致水的嗅味、浊度、色度等感官指标的上升，进而导致水质劣化。再生水在管网中的结垢也非常值得关注。对于饮用水的结垢、管网腐蚀和微生物生长及其控制的研究已有很长的历史，取得了丰硕的研究成果，但对再生水管网的研究十分有限。

再生水的水征和饮用水有显著的差别，其对管网的腐蚀行为以及微生物生长特性也存在很大的不同，非常迫切开展有针对性的系统研究，以保障再生水输水安全。

（1）再生水对管网的腐蚀作用

与饮用水以同一水质供水不同，再生水利用遵循"以用定质、以质定用"原则，不用用途和不同再生水厂的水质会存在很大的差异。

再生水中的物质组分复杂，其对管材的腐蚀作用与水质和水征关系密切。再生水的 pH、余氯、碱度、硬度和溶解氧等会影响其对铁制管道的腐蚀速率。

目前，比较常用的再生水输配管材包括球墨铸铁（有/无水泥砂浆内衬）和 PE 塑料等。在选择再生水输配管材时，应根据再生水水质进行合理选择，必要时应通过实验确定合适的管材类型。

水泥砂浆内衬有时会发生溶出性腐蚀、碳酸性腐蚀和硫酸盐腐蚀等化学腐蚀（杨帆等人，2019）。有研究表明，采用微滤-反渗透工艺生产的 A1 级再生水，使用球墨铸铁内衬水泥砂浆材质的输送管网时，会导致内衬中的钙镁离子溶出，造成再生水电导率升高，影响用户端水质（石晔等人，2012）。这主要是由于反渗透处理后的再生水无机离子含量很低，具有很强的溶解腐蚀能力，因此对经过反渗透处理的 A1 级再生水，在输配管材选取时，应特别注意，可通过与其他类型的再生水混合、添加无机离子等手段对其 TDS 含量进行调整，以防止腐蚀，或采用 PE 塑料管等耐腐蚀管材的管道。

（2）再生水的结垢作用

污水中的 TDS 比当地的饮用水高出很多，同时再生水处理过程一般是有机污染物、总氮和总磷等常规污染物浓度降低，但 TDS 升高的过程（含反渗透、电渗析等脱盐单元的处理工艺除外）。因此，多数情况下，再生水的结垢潜势大于当地的饮用水，其在输配过程中的结垢值得关注，但有关这方面的研究十分有限。

（3）管网中微生物复活/生长控制

控制管网中微生物生长切实有效的方法是保持一定的余氯浓度。但是，由于再生水的污染物浓度相对较高，污染组分十分复杂，再生水的余氯消耗和衰减特性和饮用水有显著的差别。研究表明，与饮用水相比，再生水的耗氯量大，余氯衰减速率快，衰减过程与常规水质指标之间没有稳定的、一般化的相关关系。

针对以上情况，王运宏等人（Wang et al.，2019）提出了"需氯量"（chlorine demand，CD）概念，并将需氯量分为"瞬时需氯量"Instantaneous Chlorine Demand，ICD）和"持续需氯量"（Lasting Chlorine Demand，LCD），从而实现了对再生水余氯衰减的定量预测（参见附录 4）。

19.1.7　再生水储存与可靠性保障

储存是再生水系统的必要环节，美国、澳大利亚、以色列等国家对再生水储存进行了大量研究，并有相应的工程设计和运行指南、规范等。在我国，再生水储存还没有得到应有的关注和重视，国家自然科学基金委于 2012 年资助了"再生水生态储存的水质变化机制与调控原理（2012-2016）"和"再生水地下安全储存的水质调控原理（2012-2016）"等重点项目，针对再生水储存过程中的水质转化及其控制原理开展了基础性研究，其他研究计划，尚没有设立相应的研究课题。

（1）再生水储存的典型类型

根据储存的目的，再生水储存可以分为季节性储存、运行性储存和事故应急性储存三种类型。对于季节性用户，比如绿地灌溉、农业灌溉等，再生水的储存十分必要。对于没有条件实现储存以平衡季节性供需差异的情况，可以通过平衡不同用户需求或调整不同季节的再生水生产量等，进行系统设计或运行管理。

与饮用水供水系统一样，再生水系统也需要提供足够的运行性储存，以平衡再生水的日需求量波动。满足该要求所需的储存容量取决于 24h 内的供需关系。再生水系统应在对再生水每日需水量评价的基础上进行设计。运行性储存设施可以设在再生水厂中（如供水之前的清水池），也可以设在再生水厂之外作为远程储存，或两者组合使用。运行性储存设施通常为加盖的水池或池塘。

应急储存是指再生水水质不符合使用标准时，提供存放的设施。预备应急储存设施是提高再生水系统可靠性的重要措施。预备应急储存设施包括储存池或可接纳低质再生水的塘系统等。

根据储存设施的类型，再生水储存可以分为水池/水罐储存、地表水体储存和地下储存三种基本形式。

另外，除了上述有计划性的储存之外，在再生水系统中还存在一些"非计划性储存"的情形，比如再生水景观利用水体、再生水输配管网中的滞留和再生水利用器具（如抽水马桶等）内的滞留等。这些情况也都会发生再生水水质劣化的问题，值得重视。

（2）再生水地表水体储存

再生水地表水体储存的基本类型包括城镇景观水体储存、湖泊河流储存和水库储存等。湖泊河流储存是再生水地表储存的主要形式，其储存水可用于绿地灌溉、道路清洗等城市杂用用途和电厂冷却等工业利用，并在突发情况下可作为应急供水水源，用于间接饮用水。目前，我国再生水有计划补给水库的应用实践还十分有限。

理想的再生水地表储存水体与天然水体有相似或相同的生态功能，包括水质净化功能。再生水在储存过程中，由于物理沉降与吸附、生物降解、化学与光分解以及植物吸收等作用，一些常规水质指标，如悬浮物（SS）、生化需氧量（BOD）和氮磷等营养物质能得到一定程度的去除；病原微生物一般也会在太阳光和其他因素的综合作用下逐渐衰减，在储存过程中使水质得到净化。

但是，达到再生水利用标准，如景观环境利用水质标准的再生水中仍含有较高浓度的氮、磷等营养物质以及病原微生物、微量有毒有害化学污染物，包括在消毒过程中产生的消毒副产物以及近年来引起人们关注的持久性有机污染物（POPs）、内分泌干扰物（EDCs）和药品及个人护理用品（PPCPs）等。对于设计和运行管理不当、自净能力有限的储存水体，再生水中较高浓度的氮、磷等营养物质可带来较大的水华暴发风险，微量有毒有害污染物也存在累积风险。

除了上述水质恶化的问题外，由于再生水通常含有比其他水源更高的总溶解性固体（TDS），储存时水分蒸发造成的 TDS 等成分的浓缩也是需要考虑的问题。

因此，系统、深入地掌握再生水地表水体储存过程中的水质变化机制，特别是水质劣化机制，对科学制定再生水储存利用的水质目标，控制储存过程中的水质劣化以及健康和生态风险，保障再生水利用安全具有重要的意义。

（3）再生水地下回灌与储存

再生水地下回灌与储存是指将再生水注入地下含水层进行储存。该储存系统可以在需水量较小的雨季储存再生水，在需水量较大的旱季回采再生水，从而使再生水系统的季节性波动最小化。该系统具有巨大的储存容量，是将有限的水资源进行储存利用的高效模式，美国曾经称之为"水银行"。

地下水回灌对再生水水质要求高，在美国有些州要求达到饮用水水质标准。再生水地下回灌系统及其稳定、高效运行面临很多技术难题，需要加大科研投入，开展长期观察和研究。

19.1.8 再生水利用规划理论与方法

作为量大质稳、就地可取的非常规水资源，再生水在城镇供水中的作用越来越重要。在城镇水系统规划中，再生水厂、再生水管网和再生水利用等将成为新的重要因素，从而对城镇水系统规划提出了新要求。

（1）可持续城市水环境系统规划设计方法

城市水环境系统是城市重要的基础设施之一，循环、绿色、可持续是未来水系统发展的必然方向。可持续城市水环境系统是指满足城市发展需求、具有合理费用效益、能够保护城市生态环境并且保证资源在社会中公平分配的城市水环境系统（董欣等人，2015）。再生水利用是绿色、可持续城市水系统的重要组成部分，但也增加了城市水系统的复杂性，规划中需要考虑更多因素，例如污水是否分质排放、处理设施集中分散程度、再生水用户需求差异等，大大增加了潜在可行方案的数量以及设施用户之间空间拓扑关系的复杂性。

针对以上问题，董欣等人（董欣等人，2015）提出了可持续城市水环境系统规划设计

229

方法，包括问题识别、关键规划指标确定、系统三阶段规划及方案综合评估四部分。其中系统三阶段规划是整个规划方法的核心，它以水系统的可持续性为目标，依次通过系统的模式选择、布局优化及工程设计三个阶段，逐级深入形成规划方案，优化确定系统的结构、布局、规模、技术选择等关键属性。布局设计阶段要对模式选择结果作进一步深化，把选出的系统结构按照空间多目标优化的要求布置在规划区内，确定系统的空间属性，包括：各子系统用户空间分布，各类设施的个数、位置、规模、与用户的连接关系和方式等（董欣等人，2015；杜鹏飞等人，2011）。

（2）区域水循环系统规划设计方法

如本书第 9 章所述，区域再生水循环利用可以实现水资源、水环境和水生态"三水共治"，生态环境效益和经济效益显著，是国家重点鼓励和大力推广的再生水利用新模式。

该模式首先将再生水补给城镇景观水体，经储存调节、生态净化提质后，作为城镇新水源再次供给生产生活进行梯级利用，构建了"城市用水—排水—再生处理—景观水体补给—城市用水"水循环系统，可以实现供水多途开源、用水多元统筹、梯级利用水效倍增，从而促进城镇供排水系统建设和水环境治理间的融合，推动城镇高质量发展。

与常规利用模式相比，该模式下再生水的利用终点发生转变，将再生水城镇景观环境利用的终点，即景观水体，转变为新水源和再生水梯级利用的新起点，给再生水利用规划带来了新要求。为满足再生水区域循环利用规划新要求，清华大学等单位开发了多用户递阶式再生水资源优化配置技术，综合运用多准则评估、物质流过程动态模拟优化等手段，为再生水资源在多类多级用户间的优化分配难题的解决提供新手段。

19.2　污水再生利用实践面临的问题

污水再生利用已经成为国家重点推进的行动计划，得到国家部委和地方政府的大力支持。近年来，我国城镇污水基础设施发展迅速，污水处理能力不断提升，污水处理厂出水水质不断提高，为再生水利用奠定了基础。城镇再生水利用政策和标准体系不断完善，再生水处理技术水平不断提高，再生水利用量稳步增加，利用途径不断拓展，一些城市的再生水利用走在了国际前列，我国在该领域的影响力显著提高。

但是，我国的污水再生利用仍然存在"欠统筹、不充分、不平衡、效率低、意识弱"等问题，再生水利用政策法规、管理机制和标准体系有待完善，工程科技支撑能力有待加强，市场化机制有待健全。

（1）政策法规、管理机制和标准体系不健全

污水再生利用政策法规缺乏协同。政府各相关部门的政策、规划和监督管理等工作缺乏协同；污水收集和再生处理缺少统筹，工业废水混入城市污水系统，增加了再生水的环境风险。

激励机制和监管体制不完善。再生水价格机制不完善，缺少合理的收费和激励机制，导致企业对再生水用于生态环境补水的积极性不高。缺少污水再生利用目标确定机制，监督管理体制不完善，导致规划目标难达成。

水权不明晰。由污水处理向再生水生产转型升级的过程中，污水处理厂出水和再生水

的资源属性尚不明确，水权所有者不明确。

标准体系不健全。再生水利用水质标准覆盖面不全，水质分级标准和再生水利用量统计标准缺失；污水处理厂排放标准、水环境质量标准和再生水生态环境利用水质标准之间缺乏统筹；缺少污水资源化利用效益评价标准、生态环境风险管理标准、技术工艺标准、装备标准和服务与监管标准等。

（2）再生水利用规划与设施建设缺乏统筹

污水收集、处理设施与再生水利用设施建设缺乏统筹。在大多数城市，污水处理厂过于集中布局在城市下游，这种方式有利于污水收集，但是再生水利用工程往往需要建设长距离管网，将再生水输配到城市中上游地区，能耗高、经济性低。再生水储存设施缺失，再生水利用的季节性波动问题没有得到重视。一些城市推行的小区内或建筑物内分散式污水再生利用模式存在运维管理不到位、设施稳定运行难等问题，再生水直接"管对管"利用模式的公众接受度不高。

厂网建设和河湖水环境治理不协同。城镇污水处理厂和排水管网（简称"厂网"）建设与河湖水环境治理之间缺乏统筹、不协同，建设目标相对独立、单一。排水管网、污水收集和处理设施建设运营相互独立，河湖水环境治理缺少清洁补充水源，难以从根本上解决水生态环境问题。

（3）污水设施建设发展不充分不平衡，再生水利用水平和效益有待提高

污水管网短板突出、弱项明显。污水管网覆盖率有待提高，特别是城中村、老旧城区和城乡接合部等区域存在管网缺位现象。污水收集管网质量问题突出，雨水和地下水等"清水"流入导致污水处理厂进水污染物浓度大幅降低和污水处理能效降低。

再生水利用设施建设发展滞后。多数地区的再生水利用水平与高质量发展需求存在较大差距，水资源短缺压力尚未转化为再生水利用的有效动力和切实行动。再生水厂生产能力未得到充分利用，再生水的实际利用量仅为再生水厂生产能力的70%左右。

再生水利用效益有待提高。目前，我国再生水利用以景观环境利用和生态补水为主，部分城市超过90%，综合利用效益有待提高，再生水工业利用和区域循环利用有待加强。

（4）公众对再生水的认识不全面，再生水利用意识有待提高

公众对再生水缺乏了解、认识不足，导致部分民众对再生水水质安全性存在疑虑，降低了公众使用再生水的积极性，在一定程度上降低了污水再生利用的市场需求，阻碍了相关行业的发展。

（5）污水资源化利用理论研究不足、科技支撑不强

污水资源化利用风险与控制研究不足。再生水利用是一个非传统供水工程，与污水达标排放和传统供水相比，具有不同的风险因子、暴露途径、暴露量和风险产生机制，需要开展有针对性的、系统深入的研究。

污水再生利用系统具有污水处理和饮用水供水的双重特征，其水质安全保障面临与污水处理和饮用水供水不同的理论、技术、工程和管理问题。然而，现有的再生水水质标准大多是在污水达标排放的延长线上进行指标数值的提升，缺乏对后续利用水质安全保障的系统考虑和科学支撑。

污水再生利用技术效能有待提高。近年来，我国污水再生利用技术水平快速提高，但存在污水再生处理工艺效能低、能源资源转化技术不成熟、原创性技术缺乏等问题。

19.3　污水再生利用发展建议

（1）加强水基础设施统筹规划，促进污水处理与再生利用协同发展

统筹水基础设施规划建设。综合考虑污水收集、处理、再生利用和水环境治理需求，统筹规划建设污水管网、污水处理厂、再生水厂和河湖水环境治理设施。根据经济发展水平、水环境容量和敏感性、再生水利用需求等，确定污水处理厂和再生水厂规模、布局，推动水环境治理科学施策，实现"一地一厂、一水一策"。

积极推进污水管网修复更新和管网混接错接漏接改造，降低合流制管网溢流污染，因地制宜推进溢流污水快速净化设施建设和灰绿结合的城镇排水系统建设。

推进分质供水、定制供水。在城镇地区，分布式再生水利用优势明显，宜优先考虑，以再生水利用为导向规划污水处理厂、再生水厂和管网建设。对于迁建和新建污水处理厂，应根据再生水重点用户所在地和对水质的要求，合理布局建设分布式污水处理和再生利用设施。实施分质供水、定制供水、点对点供水，提高再生水利用效率和经济效益。

建立协同管理平台，提高运行水平。实施厂网河湖一体化协同管理，推进厂网河湖水质、水量、水位智能化监测网点建设，搭建一体化联合调度数据平台、应用平台、管理平台，提高运行效能。

（2）推进再生水利用增量提效，促进污水处理产业转型升级

提高再生水利用率，促进污水处理厂转型升级。我国北方资源型缺水和南方水质型缺水问题十分突出，迫切需要开拓新的水资源。应根据区域社会发展需求，着力提高城镇再生水利用率，促进污水处理厂从"治污单功能"向"治污供水双功能"转变，升级为再生水厂，成为城镇供水生命线的重要组成部分。通过政府购买生态补水服务和再生水市场定价等灵活机制，保障再生水厂获得合理的"供水经济效益"。

稳步拓展再生水用途，提高再生水利用效益。再生水深度处理技术发展迅速，在一些地区，再生水已成功用于锅炉用水、半导体芯片制造业超纯水制备等工业生产，经济效益显著。有条件的地区，在提高再生水利用率的同时，应积极拓展再生水用途，特别是高价值工业利用途径，提升再生水利用效益，实现再生水利用的高价值、高回报。

大力推进再生水生态补蓄、梯级利用和区域循环利用。我国北方地区普遍存在"有河无水"现象，生态环境用水极度匮乏。首先将达到相应水质要求的再生水就近排入城镇河湖等自然水体或回灌地下水，满足生态用水需求，营建优美水生态环境，为公众提供优质的"生态产品"；再生水通过自然水体储蓄、净化后，作为水资源在一定区域内进行调配，再次用于生产生活。该模式可以同时实现水资源节约、水环境治理和水生态维护，生态环境效益、经济效益和社会效益显著，是缺水地区实现"水资源自立"的必由之路。

（3）推进再生水利用管理体系建设，提高再生水安全保障能力

提高安全意识，建立风险防控体系。再生水利用是一个非传统供水工程，其前提是安全保障，需要确保再生水利用的生态安全、健康安全和工艺安全，持续提高再生水利用的公众心理安全和公众接受程度。再生水利用风险防控应坚持"全程管理、预防为主"基本原则，全面识别和评价从污水收集、处理和再生水处理、蓄存输配到再生水利用各个环节可能存在的风险及其来源，制定风险预防方案。逐步建立再生水厂认证、评价制度，提升

再生水生产供水企业的风险防范意识、防范能力和应急管理能力，提高再生水供水的安全性和可靠性。

完善标准体系，提高风险管理科学水平。与饮用水按统一水质供水不同，再生水利用应遵循"以用定质、以质定用、以用定管"基本原则。我国已经颁布再生水不同用途的水质标准，初步解决了"以用定质"问题，但是缺少"以质定用"和"以用定管"标准，再生水利用价格确定和安全监管缺乏依据，难以做到优质优价、按质管控。因此，需要加快推进再生水水质分类、利用效益评价、风险管理和服务监管等标准的制定工作。进一步加强水资源、供水用水、污水处理和再生利用统计工作，规范和统一统计方法和口径；实地再生水利用分类统计，支撑再生水安全高效利用和大规模利用。

（4）强化科技支撑，推进污水处理与再生利用技术交流与国际合作

强化污水再生利用科技支撑。加强污水再生利用风险与控制基础研究，发展再生水工程学理论和方法体系，研发低成本高性能的污水再生处理技术、工艺和装备。

我国不同省（区、市）和城市的城镇污水处理能耗和药耗（有机碳源消耗）效率差异大，急需政府主管部门组织开展基于实际运行数据的污水处理能耗药耗及其影响因素研究，为污水处理节能降耗，支撑碳达峰碳中和目标的实现做出应有的贡献。

学术交流是推动学术思想传播、启迪创新思维、提高创新能力、凝聚科技工作者、推动创新驱动战略实施的基础性工作。政府应鼓励和支持引导污水再生利用领域的学术交流。

当前，全球化趋势深入发展，中国与世界各国的相互依存前所未有。开展国际合作有助于整合各国创新思想和资源，提高国家科技创新竞争力。我国政府和社会应大力推进"一带一路"倡议，鼓励和支持国际合作，以增强我国的国际影响力、提升国际地位。同时，各高校、企业、社会团体及相关从业人员应积极参与国际交流合作，协同创新，共同进步。

（5）加强节水宣传教育，提升污水再生利用的公众接受度

积极开展节水宣传，提高公众参与度。注重开展形式多样、内容丰富的再生水利用宣传，利用网络、电视、报纸等新闻媒体，宣传再生水等非常规水资源的重要价值和安全性，现场报道各行业再生水利用现状及可利用潜力，增强企业和市民的再生水利用意识。

组织公众深入污水再生处理工程现场，提高公众对再生水安全性的认识，引导人们形成正确的再生水利用观念，培养良好的用水习惯，推广再生水利用。

（6）开展污水处理与再生利用综合示范，促进城镇水循环系统建设

污水再生利用是一个系统工程，涉及国土规划、城市建设、生态环境、水利水务、园林绿化、价格税收、投资融资、工业生产、科技支撑等多个方面，需要统筹规划、协同推进。建议在缺水地区，选择前期工作基础好、需求迫切、代表性强、示范意义显著的城镇或区域，开展污水再生利用综合示范。

通过综合示范，探索污水再生利用政策体系、标准体系、评估认证体系、市场激励体系和监督管理体系建设，形成符合不同流域、区域特点、与社会经济发展阶段相适应的污水再生利用机制和可持续发展模式，为促进城镇水循环系统建设和运营提供成功经验。

附　　录

附录 1　相关名词解释

1　城镇

城镇是指在我国市镇建制和行政区划的基础上，定义 2、3 中的城市和镇。

2　城市

城市是指经国务院批准设市建制的城市市区。包括：设区市的市区和不设区市的市区。

设区市的市区是指：

（1）市辖区人口密度在 1500 人/平方公里及以上的，市区为区辖全部行政区域；

（2）市辖区人口密度不足 1500 人/平方公里的，市区为市辖区人民政府驻地和区辖其他街道办事处地域；

（3）市辖区人民政府驻地的城区建设已延伸到周边建制镇（乡）的部分地域，其市区还应包括该建制镇（乡）的全部行政区域。

设区市的其他地区分别按本规定的镇、乡村划分。

不设区市的市区是指：

（1）市人民政府驻地和市辖其他街道办事处地域；

（2）市人民政府驻地的城区建设已延伸到周边建制镇（乡）的部分地域，其市区还应包括该建制镇（乡）的全部行政区域。

不设区市的其他地区分别按本规定的镇、乡村划分。

3　镇

镇是指经批准设立的建制镇的镇区。包括：县及县以上（不含市）人民政府、行政公署所在的建制镇的镇区和其他建制镇的镇区。镇区是指：

（1）镇人民政府驻地和镇辖其他居委会地域；

（2）镇人民政府驻地的城区建设已延伸到周边村民委员会的驻地，其镇区还应包括该村民委员会的全部区域。

凡地处本规定城镇地区以外的工矿区、开发区、旅游区、科研单位、大专院校等特殊地区，常住人口在 3000 人以上的，按镇划定；（来源：国家统计局，统计上划分城乡的规定）

4　乡村

乡村是指 1 城镇定义中城区和镇区以外的区域。

（来源：国家统计局，统计上划分城乡的规定）

5　城市

与 1 城镇定义中城区对应。

6 县城

与1城镇定义中镇区对应。

7 省（区、市）中英文名称及英文缩写

全国不同省市区中英文名称及英文缩写见附表1-1。

我国省（区、市）中英文名称及英文缩写

附表1-1

编号	省份名称	英文名称	英文缩写
1	北京市	Beijing Municipality	BJ
2	天津市	Tianjin Municipality	TJ
3	河北省	Hebei Province	HB
4	山西省	Shanxi Province	SX
5	内蒙古自治区	Inner Mongolia Autonomous Region	NM
6	辽宁省	Liaoning Province	LN
7	吉林省	Jilin Province	JL
8	黑龙江省	Heilongjiang Province	HL
9	上海市	Shanghai Municipality	SH
10	江苏省	Jiangsu Province	JS
11	浙江省	Zhejiang Province	ZJ
12	安徽省	Anhui Province	AH
13	福建省	Fujian Province	FJ
14	江西省	Jiangxi Province	JX
15	山东省	Shandong Province	SD
16	河南省	Henan Province	HA
17	湖北省	Hubei Province	HB
18	湖南省	Hunan Province	HN
19	广东省	Guangdong Province	GD
20	广西壮族自治区	Guangxi Zhuang Autonomous Region	GX
21	海南省	Hainan Province	HI
22	重庆市	Chongqing Municipality	CQ
23	四川省	Sichuan Province	SC
24	贵州省	Guizhou Province	GZ
25	云南省	Yunnan Province	YN
26	西藏自治区	Tibet Autonomous Region	XZ
27	陕西省	Shaanxi Province	SN
28	甘肃省	Gansu Province	GS
29	青海省	Qinghai Province	QH
30	宁夏回族自治区	Ningxia Hui Autonomous Region	NX
31	新疆维吾尔族自治区	Xinjiang Uygur Autonomous Region	XJ
32	台湾省	Taiwan Province	TW
33	香港特别行政区	Hong Kong Special Administrative Region	HK
34	澳门特别行政区	Macao Special Administrative Region	MO

参考资料：中华人民共和国人民政府：http://www.gov.cn/guoqing/2005-09/13/content_5043917.htm；http://english.www.gov.cn/archive/china_abc/2014/08/27/content_281474983873401.htm；http://www.gov.cn/gzdt/2006-02/24/content_210497_2.htm。

8 重点城市及排序

全国重点城市共 36 个，具体名单如下：北京、天津、石家庄、太原、呼和浩特、沈阳、大连、长春、哈尔滨、上海、南京、杭州、宁波、合肥、福州、厦门、南昌、济南、青岛、郑州、武汉、长沙、广州、深圳、南宁、海口、重庆、成都、贵阳、昆明、拉萨、西安、兰州、西宁、银川、乌鲁木齐。

（重点城市名录来源：国家统计局《中国统计年鉴》2020

排序依据：民政部，2020 年 11 月中华人民共和国县以上行政区划代码）

9 七大地区

华北地区：北京、天津、河北、山西、内蒙古

东北地区：辽宁、吉林、黑龙江

华东地区：上海、江苏、浙江、安徽、福建、江西、山东

华中地区：河南、湖北、湖南、

华南地区：广东、广西、海南

西南地区：重庆、四川、贵州、云南、西藏

西北地区：陕西、甘肃、青海、宁夏、新疆

10 污水处理厂规模划分

大型污水处理厂：日处理能力≥10 万 m^3

中型污水处理厂：1 万 m^3≤日处理能力<10 万 m^3

小型污水处理厂：日处理能力<1 万 m^3

（来源：生态环境部，《城镇污水处理厂污染物排放标准》(2015 年，征求意见稿)）

也可将污水处理厂的规模分为 6 类，分类如下：

Ⅰ类：处理水量在 50 万～100 万 m^3/d（含 50 万 m^3/d）

Ⅱ类：处理水量在 20 万～50 万 m^3/d（含 20 万 m^3/d）

Ⅲ类：处理水量在 10 万～20 万 m^3/d（含 10 万 m^3/d）

Ⅳ类：处理水量在 5 万～10 万 m^3/d（含 5 万 m^3/d）

Ⅴ类：处理水量在 1 万～5 万 m^3/d（含 1 万 m^3/d）

Ⅵ类：处理水量小于 1 万 m^3/d

（来源：生态环境部，《水污染治理工程技术导则》HJ 2015-2012）

11 供水总量：指各种水源为用水户提供的包括输水损失在内的毛水量。

（来源：国家统计局，《中国统计年鉴》，2020）

12 地表水源供水量：指地表水体工程的取水量，按蓄、引、提、调四种形式统计。从水库、塘坝中引水或提水，均属蓄水工程供水量；从河道或湖泊中自流引水的，无论有闸或无闸，均属引水工程供水量；利用扬水站从河道或湖泊中直接取水的，属提水工程供水量；跨流域调水指水资源一级区或独立流域之间的跨流域调配水量，不包括在蓄、引、提水量中。

（来源：国家统计局，《中国统计年鉴》，2020）

13 地下水源供水量：指水井工程的开采量，按浅层淡水、深层承压水和微咸水分别统计。城市地下水源供水量包括自来水厂的开采量和工矿企业自备井的开采量。

（来源：国家统计局，《中国统计年鉴》，2020）

14 其他水源供水量：包括污水处理再利用、集雨工程、海水淡化等水源工程的供水量。

（来源：国家统计局，《中国统计年鉴》，2020）

15 用水总量：指各类用水户取用的包括输水损失在内的毛水量。

16 农业用水：包括农田灌溉用水、林果地灌溉用水、草地灌溉用水、鱼塘补水和畜禽用水。

（来源：国家统计局，《中国统计年鉴》，2020）

17 工业用水：指工矿企业在生产过程中用于制造、加工、冷却、空调、净化、洗涤等方面的用水，按新水取用量计，不包括企业内部的重复利用水量。

（来源：国家统计局，《中国统计年鉴》，2020）

18 生活用水：包括城镇生活用水和农村生活用水。城镇生活用水由居民用水和公共用水（含第三产业及建筑业等用水）组成；农村生活用水指居民生活用水。

（来源：国家统计局，《中国统计年鉴》，2020）

19 生态环境补水：仅包括人为措施供给的城镇环境用水和部分河湖、湿地补水，而不包括降水、径流自然满足的水量。

（来源：国家统计局，《中国统计年鉴》，2020）

20 水资源总量：指当地降水形成的地表和地下产水总量，即地表径流量与降水入渗补给量之和。

（来源：国家统计局，《中国统计年鉴》，2020）

附录2　污水再生利用相关术语

1　再生水　reclaimed water
污水经处理后，达到一定水质要求，满足某种使用功能，可以安全、有益使用的水。（来源：《水回用指南 再生水分级与标识》T/CSES 07-2020）

2　再生水处理　reclaimed water purification
以生产再生水为目的，对达到排放标准的污水处理厂出水进一步净化的过程。（来源：《水回用指南 再生水分级与标识》T/CSES 07-2020）

3　污水再生处理　used water reclamation
以生产再生水为目的，对污水进行净化处理的过程。（来源：《水回用指南 污水再生处理反渗透系统运行管理》T/CSES 10-2020）

4　再生水利用　reclaimed water use
将再生水用于生产、生活、环境等的行为。（来源：《水回用指南 再生水分级与标识》T/CSES 07-2020）

5　再生水初次利用　first-time use of reclaimed water
再生水初次利用于生产、生活、环境等的行为。（来源：《再生水利用效益评价指南》T/CSES 01-2019）

6　再生水梯级利用　cascading use of reclaimed water
再生水经过初次利用后，直接或经适当处理后用于其他利用途径，实现再生水的再次或多次重复利用。（来源：《再生水利用效益评价指南》T/CSES 01-2019）

7　再生水利用总量　reclaimed water use amount
再生水初次利用量与再生水梯级利用量之和。（来源：《再生水利用效益评价指南》T/CSES 01-2019）

8　再生水间接补充饮用水源　indirect potable reuse
再生水排入饮用水源地（地下水或地表水体），经自然生态环境缓冲后，作为给水处理厂水源，生产饮用水的行为。（来源：《水回用指南 再生水分级与标识》T/CSES 07-2020）

9　再生水直接补充饮用水源水　direct potable reuse
再生水作为给水处理厂水源水的一部分，不经过自然生态环境缓冲，直接用于生产饮用水的行为。（来源：《水回用指南 再生水分级与标识》T/CSES 07-2020）

10　城市污水再生利用率（再生水利用率）　urban sewage recycling rate
即再生水利用率，是指城市污水再生利用量占污水处理总量的比率。（来源：《节约用水 术语》GB/T 21534）

11　非常规水源　unconventional water source
一般包括矿井水、雨水、海水、再生水、矿化度大于2g/L的咸水等。（来源：《节约用水 术语》GB/T 21534）

12　城镇污水　municipal wastewater
指城镇居民生活污水，机关、学校、医院、商业服务机构及各种公共设施排水，以及允许排入城镇污水收集系统的工业废水和初期雨水等。（来源：《城镇污水处理厂污染物排

放标准》GB 18918-2002)

13　城镇污水处理厂　municipal wastewater treatment plant

指对人城镇污水收集系统的污水进行净化处理的污水处理厂。(来源:《城镇污水处理厂污染物排放标准》GB 18918-2002)

14　污水处理　sewage treatment,wastewater treatment

以达标排放为目的,对污水采用物理、化学、生物等方法进行净化的过程。

15　深度处理　advanced treatment

常规处理后设置的处理。(来源:《给水排水工程基本术语标准》GB/T 50125-2010)

16　生化需氧量　biochemical oxygen demand (BOD)

在一定条件一定期间内微生物氧化污水中有机物中碳所消耗的溶解氧量。(来源:《给水排水工程基本术语标准》GB/T 50125-2010)

17　化学需氧量　chemical oxygen demand (COD)

水中有机物和还原性物质与强氧化剂反应所消耗的氧量。(来源:《给水排水工程基本术语标准》GB/T 50125-2010)

18　氨氮　ammonia-nitrogen (NH_3-N)

氨分子和铵离子的氮含量之和 (来源:《给水排水工程基本术语标准》GB/T 50125-2010)。

19　总氮　total nitrogen (TN)

有机氮、氨氮、亚硝酸盐氮和硝酸盐氮总和。(来源:《给水排水工程基本术语标准》GB/T 50125-2010)

20　总磷　total phosphorus (TP)

水体中有机磷和无机磷的总和。(来源:《给水排水工程基本术语标准》GB/T 50125-2010)

21　悬浮固体　suspended solid (SS)

水中呈悬浮状的固体。一般指用滤纸过水样,将滤后截留物在 105℃温度中干燥至恒重后的固体重量。(来源:《给水排水工程基本术语标准》GB/T 50125-2010)

22　损失水　water loss

在水处理、输配、使用及排放过程中,因渗漏、飘洒、蒸发、吸附等原因损失掉的水。(来源《节约用水 术语》GB/T 21534)

23　居民生活用水　domestic water

使用公共供水设施或自建供水设施供水的居民日常家庭生活用水,如饮用、盥洗、洗涤、冲厕用水等,包括城镇居民生活用水和农村居民生活用水。(来源:《节约用水 术语》GB/T 21534)

24　公共生活用水　public water

用于住宿餐饮、批发零售、公共管理、卫生、教育和社会工作等活动的公共建筑和公共场所用水。(来源:《节约用水 术语》GB/T 21534)

25　城市杂用水　urban miscellaneous use

用于冲厕、车辆冲洗、城市绿化、道路清扫、消防、建筑施工等非饮用的再生水。(来源:《城市污水再生利用 城市杂用水水质》GB/T 18920-2020)

26　农田灌溉　farmland irrigation

按照作物生长的需要，利用工程设施，将水送到田间，满足作物用水需求。（来源：《城市污水再生利用 农田灌溉用水水质》GB 20922-2007）

27　景观环境用水　recycling water for scenic environment use

满足景观环境功能需要的用水，即用于营造和维持景观水体、湿地环境和各种水景构筑物的水的总称。（来源：《城市污水再生利用 景观环境用水水质》GB/T 18921-2019）

28　工业用水水源　raw water for industrial uses

系指锅炉补给水、工艺与产品用水、冷却用水、洗涤用水水源。（来源：《城市污水再生利用 工业用水水质》GB/T 19923-2005）

29　工艺用水　process water

工业生产中，用于制造、加工产品以及与制造、加工工艺过程有关的水。（来源：《节约用水 术语》GB/T 21534）

30　洗涤用水　washing water

生产过程中，用于对原材料、半成品、成品、设备等进行洗涤的水。（来源：《节约用水 术语》GB/T 21534）

31　锅炉补给水　makeup water for boiler

生产过程中，用于补充锅炉汽、水损失和排污的水。（来源：《节约用水 术语》GB/T 21534）

32　冷却水　cooling water

作为冷却介质的水。（来源：《节约用水 术语》GB/T 21534）

33　直接冷却水　direct cooling water

与被冷却物料直接接触的冷却水。（来源：《节约用水 术语》GB/T 21534）

34　间接冷却水　indirect cooling water

通过热交换设备与被冷却物料隔开的冷却水。（来源：《节约用水 术语》GB/T 21534）

35　直流冷却水　once through cooling water

经一次使用后直接外排的冷却水。（来源：《节约用水 术语》GB/T 21534）

36　循环冷却水　recirculating cooling water

循环用于同一过程的冷却水。（来源：《节约用水 术语》GB/T 21534）

37　地下水回灌　groundwater recharge

指一种有计划地将地表水、城市污水再生水在内的任何水源，通过井孔、沟、渠、塘等水工构筑物从地面渗入或注入地下补给地下水，增加地下水资源的技术措施。（来源：《城市污水再生利用 地下水回灌水质》GB/T 19772-2005）

38　地表水回灌　surface recharge

指在透水性较好的土层上修建沟、渠、塘等蓄水构筑物，利用这些设施，使水通过包气带渗入含水层，利用水的自重进行回灌，一般包括田间入渗回灌、沟渠河网入渗回灌以及坑塘入渗回灌等。（来源：《城市污水再生利用 地下水回灌水质》GB/T 19772-2005）

39　取水量　quantity of water intake

从各种水源或途径获取的水量。包括常规水源取水量和非常规水源利用量。（来源：《节约用水 术语》GB/T 21534）

40　用水量　quantity of water use

用水量包括区域用水量和单位用水量。区域的用水量指取用的包括输水损失在内的水量；用水单位的用水量指取水量与重复利用水量之和。（来源：《节约用水 术语》GB/T 21534）

41　重复利用水量　quantity of recycled water

用水户内部重复使用的水量。包括直接或经过处理后回收再利用的水量。（来源：《节约用水 术语》GB/T 21534）

42　排水量　quantity of water drainage

完成生产过程和生产活动之后进入自然水体或排出用水单元之外（以及排出该单元进入污水系统）的水量。（来源：《节约用水 术语》GB/T 21534）

43　回用水量　quantity of reused water

用水单位产生的污废水，经处理后进行再利用的水量。（来源：《节约用水 术语》GB/T 21534）

44　万元 GDP 用水量　water use per 10000 yuan GDP

一定时期一定区域内每生产一万元地区生产总值的取水量，也称万元 GDP 取水量。（来源：《节约用水 术语》GB/T 21534）

45　万元工业增加值用水量　water use per 10000 yuan industrial added value

一定时期一定区域内每生产一万元工业增加值的用水量。（来源：《节约用水 术语》GB/T 21534）

附录3 我国再生水利用政策发展历程

时间(年)	文件	发布部门	相关内容
1988	城市节约用水管理规定	国务院	鼓励污水再生利用。水资源短缺地区应积极利用再生水,并同时制定污水处理和污水再利用计划
1995	城市中水设施管理暂行办法	建设部	规定了中水的用途、中水设施规划建设单位资质和责任,中水利用水质标准、相关管理方法和奖惩办法等
1998	城市节约用水管理规定	国务院	加强城市节约用水管理,保护和合理利用水资源,促进国民经济和社会发展制定
2002	中华人民共和国水法	全国人大	明确表示了国家对再生水利用的鼓励
2004	关于燃煤电站项目规划和建设有关要求的通知	国家发展改革委	明确提出"在北方缺水地区,新建、扩建电厂禁止取用地下水,严格控制使用地表水,鼓励利用城市污水处理厂的中水或其他废水"等要求,推动了再生水在北方火电行业的利用
2006	城市污水再生利用技术政策	建设部、科技部	提出了城市污水再生利用技术发展方向、技术原则、规划、建设、运营管理、技术研究开发和推广应用。提出到2015年北方缺水城市污水回用率为20%~25%和南方沿海地区为10%~15%
2008	财政部发布对再生水等实行免征增值税政策通知	财政部	利用税收手段,进一步推动再生水的综合利用,促进企业的生产积极性
2008	中华人民共和国循环经济促进法	全国人大	鼓励和支持使用再生水,在有条件使用再生水的地区,要限制或者禁止将自来水作为城市道路清扫、城市绿化和景观用水等用途
2009	关于加强城市污水处理回用促进水资源节约与保护的通知	水利部	要求具备条件的用户优先使用再生水,原则上不批准使用新水
2010	工业和信息化部关于进一步加强工业节水工作的意见	工业和信息化部	加快重点行业用水节水技术改造,提高工业水循环利用率,推进利用再生水等非传统水源
2011	"十二五"全国环境保护法规和环境经济政策建设规划	环保部	提出制定再生水水质标准
2011	"十二五"节能减排综合性工作方案	国务院	提出合理制定再生水价格,以使其低于市政供水价格。同时,提出对再生水生产商提供减税和减费优待政策。提出"推进再生水等非传统水源利用"
2011	国家"十二五"科学和技术发展规划	科技部	提出强化城市节水与工业节水技术开发,加强海水淡化、雨洪利用、人工增雨、再生水等非常规水资源利用关键技术开发
2011	国务院关于加快水利改革发展的决定	国务院	强调大力推进污水处理回用
2011	关于支持循环经济发展的投融资政策措施意见的通知	国家发展改革委	提倡废水的回收利用以增加水资源开发效率
2012	"十二五"全国城镇污水处理及再生利用设施建设规划	国务院	鼓励再生水用于工业,洗车,城市设施和环境美化。强制特定用户使用再生水。规定了"十二五"期间再生水利用设施建设投资额304亿元,设定了再生水利用设施规模将达到2676万 m^3/d,利用率15%等目标

续表

时间(年)	文件	发布部门	相关内容
2012.2	国务院关于实行最严格水资源管理制度的意见	国务院	加快推进节水技术改造,鼓励并积极发展污水处理回用等非常规水源开发利用。加快城市污水处理回用管网建设,逐步提高城市污水处理回用比例。非常规水源开发利用纳入水资源统一配置
2012.4	"十二五"全国城镇污水处理及再生利用设施建设规划	国家发展改革委、住房和城乡建设部	按照"统一规划、分期实施、发展用户、分质供水"和"集中利用为主、分散利用为辅"的原则,积极稳妥地推进再生水利用设施建设。"十二五"期间,全国规划建设再生水再生利用设施规模 2676 万 m^3/d。其中,设市城市 2077 万 m^3/d,县城 477 万 m^3/d,建制镇 122 万 m^3/d;东部地区 1258 万 m^3/d,中部地区 706 万 m^3/d,西部地区 712 万 m^3/d。再生水利用率从 2010 年的<10％提高到 2015 年的 15％
2012.12	城镇污水再生利用技术指南	住房和城乡建设部	提出我国城镇污水再生利用的原则框架,用于指导我国城镇污水处理再生利用的规划,设施建设、运行、维护及管理
2013.10	城镇排水与污水处理条例	国务院	鼓励城镇污水处理再生利用,工业生产、城市绿化、道路清扫、车辆冲洗、建筑施工以及生态景观等,应当优先使用再生水。县级以上地方人民政府应当根据当地水资源和水环境状况,合理确定再生水利用的规模,制定促进再生水利用的保障措施。再生水纳入水资源统一配置,县级以上地方人民政府水行政主管部门应当依法加强指导
2014.6	习近平总书记就保障国家水安全问题发表重要讲话		提出"节水优先、空间均衡、系统治理、两手发力"的新时期治水新思路,并指出在城市建设中应充分考虑水资源的支撑能力,提高污水处理和再生利用率
2014.8	关于进一步加强城市节水工作的通知	国家发展改革委、住房和城乡建设部	加快污水再生利用。将污水再生利用作为削减污染负荷和提升水环境质量的重要举措,合理布局污水处理和再生利用设施,按照"优水优用,就近利用"的原则,在工业生产、城市绿化、道路清扫、车辆冲洗、建筑施工及生态景观等领域优先使用再生水。人均水资源量不足 500m^3 和水环境状况较差的地区,要合理确定再生水利用的规模,制定促进再生水利用的保障措施
2015.4	《水污染防治行动计划》("水十条")	国务院	全国应以缺水及水污染严重地区城市为重点,完善再生水利用设施,促进再生水利用。到 2020 年,缺水城市再生水利用率达到 20％以上,京津冀区域达到 30％以上
2015.5	关于加快推进生态文明建设的意见	国务院	提出加强资源节约,积极开发利用再生水等非常规水源,提高水资源安全保障水平
2016.2	关于进一步加强城市规划建设管理工作的若干意见	国务院	提出到 2020 年,地级以上城市建成区力争实现污水全收集、全处理,缺水城市再生水利用率达到 20％以上
2016.7	中华人民共和国水法	全国人大常委会	提出工业用水应当采用先进技术、工艺和设备,增加循环用水次数,提高水的重复利用率;加强城市污水集中处理,鼓励使用再生水,提高污水再生利用率
2016.7	工业绿色发展规划（2016-2020 年）	工业和信息化部	提高工业用水效率。推进水资源循环利用和工业废水处理回用,推进中水、再生水、海水等非常规水资源的开发利用,支持非常规水资源利用产业化示范工程。水效指标主要包括单位产品取水量、重复利用率、循环利用率、废水回用率、用水综合漏失率等

时间(年)	文件	发布部门	相关内容
2016.8	"十三五"重点流域水环境综合治理建设规划	国家发展改革委	确定将以重要河流、重要湖库、重大调水工程沿线、近岸海域水环境综合治理和城市黑臭水体治理为重点治理方向,重点支持污水处理、污水管网、污水处理提标改造和再生水利用等城镇污水处理及相关工程
2016.10	全民节水行动计划	国家发展改革委等9部门	强调积极利用非常规水源。在建设城市污水处理设施时,应预留再生处理设施空间,根据再生水用户布局配套再生储存和输配设施。加快污水处理及再生利用设施提标改造,增加高品质再生水利用规模。应在城市绿化、道路清扫、车辆冲洗、建筑施工、生态景观等领域优先使用再生水
2016.11	城镇节水工作指南	住房和城乡建设部、国家发展改革委	提出地级及以上城市力争污水实现全收集、全处理,结合城市黑臭水体治理、景观生态补水和城市水生态修复,推动污水再生利用。2020年,缺水地区的城市再生水利用率不低于20%,京津冀地区的城市再生水利用率达到30%以上提出再生水生态循环循序利用,再生水优先补给生态环境,经过自然净化后再次利用于生产生活提出建筑中水利用:单体建筑面积超过一定规模的新建公共建筑应当安装建筑中水设施,老旧住房逐步完成建筑中水设施安装改造
2016.11	"十三五"生态环境保护规划	国务院	推动重点行业治污减排,印染行业:分质处理、分质回用;制糖行业:鼓励废水生化处理后回用;城镇生活污水处理设施全覆盖,对污水处理厂升级改造,全面达到一级A排放标准。推进再生水利用。到2020年,实现缺水城市再生水利用率达到20%以上,京津冀区域达到30%以上
2016.12	"十三五"全国城镇污水处理及再生利用设施建设规划	国家发展改革委、住房和城乡建设部	加快再生水利用工程,城镇污水处理设施建设要由"污水处理"向"再生利用"转变,并预计新增再生水利用设施规模将达到1505万 m^3/d,其中,设市城市1214万 m^3/d,县城29万 m^3/d。到2020年底,城市和县城再生水利用率进一步提高。京津冀地区不低于30%,缺水城市再生水利用率不低于20%,其他城市和县城力争达到15%
2016.12	水利改革发展"十三五"规划	国家发展改革委、水利部、住房和城乡建设部	鼓励非常规水源利用。加大再生水等开发利用力度,把非常规水源纳入区域水资源统一配置。以缺水及水污染严重地区为重点,加快建设再生水利用设施,工业生产、城市绿化、生态景观等优先使用再生水。鼓励产业园区统一供水、废水集中处理和循环利用,规模以上工业企业重复用水率到91%以上。加强非常规水资源利用,提高工业用水效率。到2020年,缺水城市再生水利用率达到20%以上,京津冀地区达到30%以上
2017.1	节水型社会建设"十三五"规划	国家发展改革委、水利部、住房和城乡建设部	以缺水及水污染严重地区城市为重点,加大污水处理力度,完善再生水利用设施,逐步提高再生水利用率。工业生产、农业灌溉、城市绿化、道路清扫、车辆冲洗、建筑施工及生态景观等领域优先使用再生水。具备使用再生水条件但未充分利用的钢铁、火电、化工、造纸、印染等高耗水项目,不得批准其新增取水许可

续表

时间(年)	文件	发布部门	相关内容
2017.1	重点用水企业水效领跑者引领行动实施细则的通知	工业和信息化部等	结合用水计量、节水设备、标准及管理等现状,选择钢铁、乙烯、纺织染整、造纸、味精等行业先行先试,以后逐步扩展实施范围,形成覆盖电力、钢铁、纺织、造纸、石化、化工、食品等重点用水行业的水效领跑者制度
2017.1	关于印发全国国土规划纲要(2016-2030 年)的通知	国务院	推进水资源配置工程建设。加强雨洪水、再生水、海水淡化等非常规水源利用
2017.4	关于推进绿色"一带一路"建设的指导意见	环保部	加强环保能力建设,将生态环保融入"一带一路"建设的各方面和全过程
2017.6	中华人民共和国水污染防治法(修订版)	全国人大常委会	针对工业水污染防治,要求造成水污染的工业企业提高水的重复利用率,减少废水和其他污染物的排放,工业集聚区应当配套建设相应的污水集中处理设施。城镇污水应当集中处理
2017.10	习近平总书记在中国共产党第十九次全国代表大会中作报告		提出"推进资源全面节约和循环利用"和"积极参与全球环境治理、落实减排承诺"的重要战略部署
2018.07	关于创新和完善促进绿色发展价格机制的意见	国家发展改革委	在建立有利于节约用水的价格机制方面,全面推行城镇非居民用水超定额累进加价制度,建立有利于再生水利用的价格政策,促进节水减排和水资源可持续利用
2019.04	国家节水行动方案	水利部	重点抓好污水再生利用设施建设与改造,城市生态景观、工业生产、城市绿化、道路清扫、车辆冲洗和建筑施工等,应当优先使用再生水,提升再生水利用水平,鼓励构建城镇良性水循环系统。加强再生水、海水、雨水、矿井水和苦咸水等非常规水多元、梯级和安全利用。到 2020 年,缺水城市再生水利用率达到 20% 以上。到 2022 年,缺水城市非常规水利用占比平均提高 2 个百分点
2021.1	关于推进污水资源化利用的指导意见	国家发展改革委等 10 部委	到 2025 年,全国污水收集效能显著提升,县城及城市污水处理能力基本满足当地经济社会发展需要,水环境敏感地区污水处理基本实现提标升级;全国地级市及以上缺水城市再生水利用率达到 25% 以上,京津冀地区达到 35% 以上
2021.6	"十四五"城镇污水处理及资源化利用发展规划	国家发展改革委、住房和城乡建设部	明确加强再生水利用设施建设,推进污水资源化利用。新建、改建和扩建再生水生产能力不少于 1500 万 m³/d

附录4 再生水余氯衰减预测方法

对于特定的再生水水样，可根据附图4-1所示的步骤，预测其余氯衰减规律。

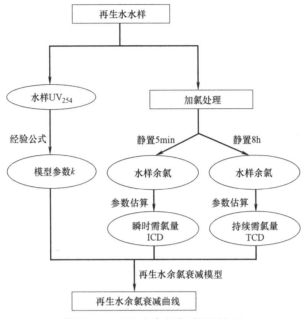

附图4-1 再生水余氯衰减预测方法

1. 瞬时需氯量（ICD）的测定

（1）在水样中加入次氯酸钠储备液，控制初始氯浓度，记为$C_{Cl,dose}$，控制反应温度恒定；

（2）投加氯5min后，测定水样的余氯浓度，记为$C_{Cl,5min}$，带入公式：ICD=$C_{Cl,dose}$－$C_{Cl,5min}$，计算得到该水样瞬时需氯量ICD。瞬时需氯量ICD在数值上接近5min耗氯量，可用5min耗氯量估算水样瞬时耗氯量。

2. 水样总需氯量（TCD）的测定

（1）采用与1.中步骤（1）相同的方法处理水样；

（2）投加氯8h后，测定水样的余氯浓度，记为$C_{Cl,8h}$，代入公式：TCD=$C_{Cl,dose}$－$C_{Cl,8h}$，计算得该水样总需氯量TCD。总需氯量TCD在数值上接近8h耗氯量，可用8h耗氯量估算水样总需氯量。

3. 水样持续需氯量（LCD）的计算

将TCD和ICD代入公式：LCD=TCD－ICD，得该水样持续需氯量LCD；

4. 水样反应速率常数k的计算

对于水样的反应速率常数k，可采用紫外分光光度计测定水样254nm处紫外吸光度，带入经验公式：$k=31.3\times UV_{254}-2.83\pm1.25$，通过估算得该水样反应速率常数$k$。

5. 余氯衰减模型

在得到瞬时需氯量（ICD）、持续需氯量（LCD）、总需氯量（TCD）和反应速率常数

k 后，可根据下式计算得到该水样中余氯的衰减规律。

$$C_{Cl} = \frac{C_{Cl,dose} - TCD}{1 - \dfrac{LCD}{C_{Cl,dose} - ICD} \cdot \exp(-(C_{Cl,dose} - TCD) \cdot k \cdot t)} \tag{1}$$

式中各个参数的物理意义如下。

C_{Cl}：t 时刻的余氯浓度（mg/L）；

t：氯投加后的反应时间（h）；

$C_{Cl,dose}$：氯投加量（mg/L）；

TCD：再生水的总需氯量（mg-Cl/L），代表再生水中耗氯物质的总量，即总需氯量；

ICD：再生水的瞬时需氯量（mg-Cl/L），代表再生水中能与氯发生快速反应的物质总量，即快速氯反应物的总量；

LCD：再生水的持续需氯量（mg-Cl/L），代表再生水中与氯持续发生反应的物质总量，即慢速氯反应物的总量；

k：化学反应速率常数（L/(mg·h)）。

参考文献

[1] 陈虎，念东，甘一萍等. 北京市再生水与地表水中的内分泌干扰物分析 [J]. 环境科学与技术，2014，37：352～356.

[2] 陈卓，崔琦，曹可凡等. 污水再生利用微生物控制标准及其制定方法探讨 [J]. 环境科学，2021，42：2558～2564.

[3] 陈卓，胡洪营，吴光学等. ISO《城镇集中式水回用系统设计指南》国际标准解读 [J]. 给水排水，2019，55：139～144.

[4] 陈卓，吴乾元，杜烨等. 世界卫生组织《再生水饮用回用：安全饮用水生产指南》解读 [J]. 给水排水，2018，54：7～12.

[5] 董欣，曾思育，陈吉宁. 可持续城市水环境系统规划设计方法与工具研究 [J]. 给水排水，2015，51（03）：39～44.

[6] 杜鹏飞，曾思育，董欣等. 城市综合节水及其规划方法 [J]. 建设科技，2011（19）：24～27.

[7] 仇付国，王晓昌. 污水再生利用的健康风险评价方法 [J]. 环境污染与防治，2003：49～51＋56.

[8] 崔琦，陈卓，李魁晓等. 再生水系统的可靠性：内涵及其保障措施 [J]. 环境工程，2019，37：75～79＋108.

[9] 范育鹏. 再生水利用综合效益评估及政策影响研究 [D]. 北京：中国科学院大学，2014.

[10] 付汉良，刘晓君，张伟. 中水回用现状、问题与对策——以西安市中水回用行业为例//中国环境科学学会（Chinese Society for Environmental Sciences）. 2015 年中国环境科学学会学术年会论文集 [C]. 北京：中国环境科学学会，2015：1875～1884.

[11] 付汉良，刘晓君. 再生水回用公众心理感染现象的验证及影响策略 [J]. 资源科学，2018，40：1222～1229.

[12] 郭长城，胡洪营，李锋民等. 湿地植物香蒲体内氮、磷含量的季节变化及适宜收割期 [J]. 生态环境学报，2009，018（003）：1020～1025.

[13] 韩松，张新. 天津市再生水回用技术标准分析 [J]. 天津建设科技，2018，28：68～70.

[14] 何希吾，顾定法，唐青蔚. 我国需水总量零增长问题研究 [J]. 自然资源学报，2011，26：901～909.

[15] 胡爱兵，杨少平，任心欣. 深圳市再生水工作回顾与展望 [J]. 中国给水排水，2021，37：18～23.

[16] 胡洪营.　区域水循环利用，污水成为"正资产" [N]. 北京：中国环境报，2021-02-18（007）.

[17] 胡洪营. 聚焦矛盾 精准施策 全面提升污水资源化利用水平 [J]. 给水排水，2021，57：1～3.

[18] 胡洪营，杜烨，吴乾元等. 系统工程视野下的再生水饮用回用安全保障体系构建 [J]. 环境科学研究，2018，31：1163～1173.

[19] 胡洪营，黄晶晶，孙艳等. 水质研究方法 [M]. 北京：科学出版社，2015.

[20] 胡洪营，魏东斌，王丽莎等译. 美国环境保护局. 污水再生利用指南 [M]. 北京：化工出版社，2008.

[21] 胡洪营，吴乾元，黄晶晶等. 城市污水再生利用安全保障体系与技术需求分析 [J]. 中国建设信息（水工业市场），2010：8～12.

[22] 胡洪营，吴乾元，黄晶晶等. 国家"水专项"研究课题——城市污水再生利用面临的重要科学问题与技术需求 [J]. 建设科技，2010：33～35.

[23] 胡洪营，吴乾元，黄晶晶等. 再生水水质安全评价与保障原理 [M]. 北京：科学出版社，2011.

[24] 胡洪营，吴乾元，吴光学等. 污水特质（水征）评价及其在污水再生处理工艺研究中的应用 [J].

环境科学研究，2019，32，725～733.

[25] 黄国忠，陈颖，常江等. 再生水回用对人体健康影响的安全评价方法 [C]. 武汉大学. Proceedings of Conference on Environmental Pollution and Public Health. 武汉大学：美国科研出版社，2010：617～622.

[26] 黄廷林，李梅，王晓昌. 再生水资源价值理论与价值模型的建立 [J]. 中国给水排水，2002：22～24.

[27] 江飞. 深圳市中水回用的现状及前景 [J]. 中国农村水利水电，2018：35～36.

[28] 李恩宽，蔡大应，赵焱等. 黄河流域省区再生水利用现状及潜力分析 [C]. 宁夏回族自治区水利厅、国际水生态安全中国委员会. 2016 中国（宁夏）国际水资源高效利用论坛论文集. 宁夏回族自治区水利厅、国际水生态安全中国委员会：北京沃特咨询有限公司，2016：32～39.

[29] 李威，孔德骞. 深圳市再生水利用专题调研分析 [J]. 中国给水排水，2009，25：23～25.

[30] 李玥，宋宝强. 天津市主城区再生水利用对策研究 [J]. 天津科技，2016，43：10～12.

[31] 刘俊含，陈卓，徐傲等. 澳大利亚污水处理与再生水利用现状分析及经验 [J/OL]. 环境工程：1-13 [2021-08-20]. http：//kns. cnki. net/kcms/detail/11.2097. X.20210804.0917.002. html.

[32] 刘晓君，高子倩，付汉良. 城市居民再生水回用行为影响因素研究 [J]. 城市问题，2020：83～89.

[33] 彭岳津，卞荣伟，邢玉玲等. 我国用水总量确定的方法与结果 [J]. 水利经济，2018，36：36～43＋84～85.

[34] 曲久辉，赵进才，任南琪等. 城市污水再生与循环利用的关键基础科学问题 [J]. 中国基础科学，2017，19：6～12.

[35] 石晔，石宝友，蒋玉明等. 高品质再生水专用管网材质的选择 [J]. 中国给水排水，2012：59～62.

[36] 汤芳，孙迎雪，石晔等. 污水再生处理微滤-反渗透工艺经济分析 [J]. 环境工程学报，2013，7：417～421.

[37] 汤芳，孙迎雪，石晔等. 污水再生处理微滤-反渗透工艺药剂使用及费用分析 [J]. 中国环境科学，2012，32：1613～1619.

[38] 王文龙，吴乾元，杜烨等. 城市污水中新兴微量有机污染物控制目标与再生处理技术 [J]. 环境科学研究，2021，34：1672～1678.

[39] 王文龙，吴乾元，杜烨等. 城市污水再生处理中微量有机污染物控制的关键难题与解决思路 [J]. 环境科学，2021，42：2573～2582.

[40] 王喜峰. 考虑区域承载力的水资源效率研究 [J]. 城市与环境研究，2018：97～110.

[41] 王晓昌，张崇淼，马晓妍. 城市污水再生利用和水环境质量保障 [J]. 中国科学基金，2014，28：323～329.

[42] 王众众，孙迎雪，吴光学等. 污水深度处理微絮凝-D 型滤池工艺运行性能与经济性分析 [J]. 环境工程学报，2014，8：3132～3136.

[43] 王众众，吴光学，孙迎雪等. 污水深度处理微絮凝-V 型滤池工艺运行性能分析 [J]. 给水排水，2013，49：52～56.

[44] 吴乾元，邵一如，王超等. 再生水无计划间接补充饮用水的雌激素健康风险 [J]. 环境科学，2014，35：1041～1050.

[45] 吴亚斌. 天津市再生水利用可行性及对策研究 [D]. 天津：天津大学建筑工程学院，2015.

[46] 徐傲，巫寅虎，陈卓等. 北京市城镇污水再生利用现状与潜力分析 [J/OL]. 环境工程：1～13.

[47] 徐志嫱，黄廷林，王晓昌等. 城市污水再生回用潜力的优化分析 [J]. 中国给水排水，2006，11：18～21.

[48] 杨帆，苑宏英，李春喜等. 再生水中不同材质水泥内衬的生物膜细菌群落结构及腐蚀特征 [J]. 腐蚀科学与防护技术，2019，31：396～404.

[49] 张凯，吴凤平，成长春. 三重属性的承载力约束下中国水资源利用效率动态演进特征分析 [J/

OL]. 环境科学：1~18 [2021-07-15]. https://doi. org/10. 13227/j. hjkx. 202103171.

[50] 张维，颜秀勤，张悦等. 我国城镇污水处理厂运行药耗分析 [J]. 中国给水排水，2017，33：103~108.

[51] 张新，李育宏. 天津市中心城区污水再生利用现状与发展 [J]. 天津建设科技，2019，29：58~60.

[52] 张秀智. 京津冀等七大城市群节约用水和再生水利用状况比较分析 [J]. 给水排水，2017，42：39~48.

[53] 赵勇，李海红，刘寒青等. 增长的规律：中国用水极值预测 [J]. 水利学报，2021，52：129~141.

[54] 周彤. 污水再生利用是解决城市缺水的有效途径 [J]. 中国给水排水，2006，22：183~187.

[55] Bai Y., Wu Y. H., Wang Y. H. et al. Membrane fouling potential of the denitrification filter effluent and the control mechanism by ozonation in the process of wastewater reclamation [J]. Water Research, 2020, 173: 115591.

[56] Burek, P., Satoh, Y., Fischer, G. et al, Water futures and solution: fast track initiative (final report) [R]. IIASA Working Paper. Laxenburg, Austria, International Institute for Applied Systems Analysis (IIASA), 2016.

[57] Dalin, C., Wada, Y., Kastner, T. and Puma, M. J. Groundwater depletion embedded in international food trade [J]. Nature, 2017, 543: 700~704.

[58] Mateo-Sagasta, J., Raschid-Sally, L. and Thebo, A. Global wastewater and sludge production, treatment and use [M]. Dordrecht: Springer, 2015: 15~38.

[59] Rosegrant, M. W., Cai, X. and Cline, S. A. World water and food to 2025: dealing with scarcity [M]. Washington DC, International Food Policy Research Institute (IFPRI), 2002. https://ebrary. ifpri. org/digital/collection/p15738coll2/id/92523

[60] Rydzewski J and Carr G. Advanced Organics Oxidation-Removing Urea from High-Purity Water. Joural of Ultrapure Water 20 (9), 20~26.

[61] Sato, T., Qadir, M., Yamamoto, S. et al. Global, regional, and country level need for data on wastewater generation, treatment, and use [J]. Agricultural Water Management, 2013, 130: 1~13.

[62] Veldkamp, T. I. E., Wada, Y., Aerts, J. C. J. H., Döll, P., Gosling, S. N., Liu, J., Masaki, Y., Oki, T., Ostberg, S., Pokhrel, Y., Satoh, Y. and Ward, P. J. Water scarcity hotspots travel downstream due to human interventions in the 20th and 21st century [J]. Nature Communications, 2017, 8: 1~12.

[63] Wada, Y., Flörke, M., Hanasaki, N., Eisner, S., Fischer, G., Tramberend, S., Satoh, Y., Van Vliet, M. T. H., Yillia, P., Ringler, C., Burek, P. and Wiberg. D. Modeling global water use for the 21st century: the water futures and solutions (WFaS) initiative and its approaches [J]. Geoscientific Model Development Discussion, 2016, 8: 6417~6521.

[64] Wang Y. H., Wu Y. H., Du Y., Li Q., Cong Y., Huo Z. Y., Yang H. W., Liu S. M., Hu H. Y. Quantifying chlorine-reactive substances to establish a chlorine decay model of reclaimed water using chemical chlorine demands [J]. Chemical Engineering Journal, 2019, 356: 791~798.

[65] Wang Y. H., Wu Y. H., Tong X., Yu T., Peng L., Bai Y., Zhao X. H., Huo Z. Y., Ikuno N., Hu H. Y. Chlorine disinfection significantly aggravated the biofouling of reverse osmosis membrane used for municipal wastewater reclamation [J]. Water Research, 2019, 154: 246~257.

[66] Xu A., Wu Y. H., Chen Z., Wu G., Wu Q., Ling F., Huang W. E., Hu H. Y. Towards the new era of wastewater treatment of China: Development history, current status, and future directions [J]. Water Cycle, 2020, 1: 80~87.

[67] Zhao X., Hu H. Y., Liu S. M., Jiang F., Shi X. L., Li M. T., Xu X. Q. Improvement of the assimilable organic carbon (AOC) analytical method for reclaimed water [J]. Frontiers of Environmental Science and Engineering, 2013, 7: 483~491.

［68］ Zhao X.，Huang H.，Hu H. Y.，Su C.，Zhao J.，Liu S. M. Increase of microbial growth potential in municipal secondary effluent by coagulation［J］. Chemosphere，2014，109：14～19.

［69］ 安徽省水利厅. 安徽省水资源公报［EB/OL］. 2020-07-06［2021-08-25］. http：//slt. ah. gov. cn/tsdw/swj/szyshjjcypj/119177661. html

［70］ 北京市环境保护局，北京市质量技术监督局. 水污染物综合排放标准 DB11/ 307-2013［S］. 北京：北京市环境保护局，2013.

［71］ 北京市水务局. 北京市水资源公报［EB/OL］. 2021-07-20［2021-08-25］. http：//swj. beijing. gov. cn/zwgk/szygb/

［72］ 北京市统计局，国家统计局北京调查总队. 北京统计年鉴［EB/OL］. 2021-01-15［2021-08-25］. http：//nj. tjj. beijing. gov. cn/nj/main/2020-tjnj/zk/indexch. htm

［73］ 福建省水利厅. 福建省水资源公报［EB/OL］. 2020-11-05［2021-08-25］. http：//slt. fujian. gov. cn/xxgk/tjxx/jbgb/202011/t20201105_5429326. htm

［74］ 广东省生态环境厅，农业农村厅，统计局. 广东省第二次污染源普查公报［R］. 广东：广东省生态环境厅，2020.

［75］ 广东省水利厅. 广东省水资源公报［EB/OL］. 2020-08-11［2021-08-25］. http：//slt. gd. gov. cn/szygb2019/gs/index. html

［76］ 广西壮族自治区水利厅. 广西壮族自治区水资源公报［EB/OL］. 2020-08-31［2021-08-25］. http：//slt. gxzf. gov. cn/zwgk/jbgb/gxszygb/t6096811. shtml

［77］ 广州市统计局. 广州市统计年鉴［EB/OL］. 2020-12-29［2021-08-25］. http：//112.94.72.17/portal/queryInfo/statisticsYearbook/index

［78］ 贵州省水利厅. 贵州省水资源公报［EB/OL］. 2021-02-04［2021-08-25］. http：//mwr. guizhou. gov. cn/slgb/slgb1/

［79］ 国家统计局. 国家统计数据库［DB/OL］，2021［2021-08-25］. https：//data. stats. gov. cn/

［80］ 国家统计局. 2000-2020 年中国统计年鉴［EB/OL］，2000（2020）［2021-08-25］. http：//www. stats. gov. cn/tjsj/ndsj/

［81］ 海南省水利厅. 2019 年海南省水资源公报［EB/OL］. 2010-09-29［2021-08-25］. http：//swt. hainan. gov. cn/sswt/1801/202009/dae9fbc8a4cf4adeb9669a354539c2ba. shtml

［82］ 河北省水利厅. 2019 年河北省水资源公报［EB/OL］. 2020-10-19［2021-08-25］. http：//slt. hebei. gov. cn/resources/43/202010/1603098695816085596. pdf

［83］ 河南省水利厅. 2019 年河南省水资源公报［EB/OL］. 2020-08［2021-08-25］. http：//slt. henan. gov. cn/bmzl/szygl/szygb/2019nszygb/

［84］ 黑龙江省水利厅. 2018 年黑龙江省水资源公报［EB/OL］. 2020-12-21［2021-08-25］. http：//slt. hlj. gov. cn/contents/169/7164. html

［85］ 湖北省水利厅. 2019 年湖北省水资源公报［EB/OL］. 2020-08-11［2021-08-25］. http：//slt. hubei. gov. cn/bsfw/cxfw/szygb/202008/t20200811_2779790. shtml

［86］ 湖南省水利厅. 2019 年湖省水资源公报［EB/OL］. 2020-10-23［2021-08-25］. http：//slt. hunan. gov. cn/slt/xxgk/tjgb/202010/13891300/files/956a5caeb1cd496e9f563b7f94d1d3e4. pdf

［87］ 吉林省水利厅. 2019 年吉林省水资源公报［EB/OL］. 2020-11-18［2021-08-25］. http：//slt. jl. gov. cn/zwgk/szygb/202011/P020201118521652696465. pdf

［88］ 江苏省水利厅. 2019 年江苏省水资源公报［EB/OL］. 2020-07-31［2021-08-25］. http：//jswater. jiangsu. gov. cn/module/download/downfile. jsp？classid＝0&filename＝c27b5a5e1035476292f563e45cc905e0. pdf

［89］ 江西省水利厅. 2019 年江西省水资源公报［EB/OL］. 2020-11-04［2021-08-25］. http：//slt. jiangxi. gov. cn/module/download/downfile. jsp？classid＝0&showname＝％E6％B1％9F％E8％

A5％BF％E7％9C％81％E6％B0％B4％E8％B5％84％E6％BA％90％E5％85％AC％E6％8A％
A52019-％E5％AE％9A％E7％A8％BF. pdf&filename=48d8234b39cd4d11b8ce61b5d1c6f8d0. pdf

[90] 金华市水务局. 2019-2020 年金华市水资源公报［EB/OL］. 2020-08-14～2021-09-01［2021-09-28］. http：//slj. jinhua. gov. cn/col/col1229282095/index. html

[91] 辽宁省水利厅. 2019 年辽宁省水资源公报［EB/OL］. 2020-03-23［2021-08-25］. http://slt. ln. gov. cn/jbgb/szygb/202004/t20200427_3841971. html

[92] 内蒙古自治区水利厅. 2019 内蒙古自治区水资源公报［EB/OL］. 2020-09-18［2021-08-25］ht-tp：//slt. nmg. gov. cn/xxgk/bmxxgk/gbxx/202009/t20200918_1422974. html

[93] 宁夏回族自治省水利厅. 2019 年宁夏水资源公报［EB/OL］. 2020-08-19［2021-08-25］. http://slt. nx. gov. cn/xxgk_281/fdzdgknr/gbxx/szygb/202105/t20210507_2826759. html

[94] 青海省水利厅. 2019 年青海水资源公报［EB/OL］. 2020-12-15［2021-08-25］. http：//slt. qinghai. gov. cn/articles/detail? id=1338759541126336512

[95] 山东省水利厅. 山东省水资源公报［EB/OL］. 2020-11-26［2021-08-25］. http：//wr. shandong. gov. cn/zwgk_319/fdzdgknr/tjsj/szygb/202011/t20201126_3607047. html

[96] 山西省水利厅. 山西省水资源公报［EB/OL］. 2021-06-09［2021-08-25］. http：//slt. shanxi. gov. cn/zncs/szyc/szygb/

[97] 陕西省水利厅. 陕西省水资源公报［EB/OL］. 2020-09-14［2021-08-25］. http：//slt. shaanxi. gov. cn/zfxxgk/fdzdgknr/zdgz/szygb/

[98] 上海市水务局. 上海市水资源公报［EB/OL］. 2020-09-10［2021-08-25］. http：//swj. sh. gov. cn/szy/

[99] 深圳市水利局. 2019-2020 年深圳市水资源公报［EB/OL］. 2020-09-08（2021-09-08）［2021-09-28］. http：//swj. sz. gov. cn/xxgk/zfxxgkml/szswgk/tjsj/szygb/

[100] 水利部. 2000-2020 年中国水资源公报［EB/OL］. 2000-12-31（2021-07-09）［2021-08-25］. ht-tp：//www. mwr. gov. cn/sj/tjgb/szygb/

[101] 水利部. 2005-2006 年全国水利发展统计公报［EB/OL］. 2005-08-23（2007-07-02）［2021-08-25］. http：//www. ghjh. mwr. gov. cn/tjgz/tjgb/

[102] 四川省水利厅. 四川省水资源公报［EB/OL］. 2020-09-11［2021-08-25］. http：//slt. sc. gov. cn/scsslt/zcfgjdlist/2020/8/31/494e7a3a8b2644f69c16587f7fda8f3f/files/167e0c0ba3f548eea23b17042fd3cc97. pdf

[103] 天津市环境保护局，天津市市场和质量监督管理委员会. 污水综合排放标准 DB12/ 356-2018［S］. 天津：天津市环境保护局，2018.

[104] 天津市水务局. 天津市水资源公报［EB/OL］. 2020-08-20［2021-08-25］. http：//swj. tj. gov. cn/zwgk_17147/xzfxxgk/fdzdgknr1/tjxx/202108/W020210806708610511302. pdf

[105] 天津市统计局. 国家统计局天津调查总队. 天津统计年鉴［EB/OL］. 2021-01-14［2021-08-25］. http：//stats. tj. gov. cn/tjsj_52032/tjnj/

[106] 新疆维吾尔自治区水利厅. 新疆维吾尔自治区水资源公报［EB/OL］. 2020-12-23［2021-08-25］. http：//slt. xinjiang. gov. cn/slt/szygb/202012/622ac788570f4e2ca15e9f18b58e407d. shtml

[107] 义乌市统计局. 2020 年义乌市国民经济和社会发展统计公报［EB/OL］. 2021-03-29［2021-08-25］. http：//www. yw. gov. cn/art/2021/3/29/art_1229187192_3829874. html

[108] 义乌市统计局. 义乌市第七次人口普查主要数据公报［EB/OL］. 2021-05-19［2021-08-25］. ht-tp：//www. yw. gov. cn/art/2021/5/19/art_1229187644_3844596. html

[109] 云南省水利厅. 云南省水资源公报［EB/OL］. 2020-12-01［2021-08-25］. http：//wcb. yn. gov. cn/up-loads/file/20201201/20201201143008492. pdf

[110] 浙江省水利厅. 浙江省水资源公报［EB/OL］. 2020-08-24［2021-08-25］. http：//slt. zj. gov. cn/col/col1229243017/index. html

[111] 中国环境科学学会. 再生水利用效益评价指南 T/CSES 01—2019 [S]. 北京：中国环境科学学会，2019.

[112] 中华人民共和国国家环境保护总局，国家质量监督检验检疫总局. 城镇污水处理厂污染物排放标准 GB 18918-2002 [S]. 北京：中国环境出版社，2002.

[113] 中华人民共和国国家环境保护总局，国家质量监督检验检疫总局. 地表水环境质量标准 GB 3838-2002 [S]. 北京：中华人民共和国生态环境部，2002.

[114] 中华人民共和国国家市场监督管理总局、中国国家标准化管理委员会. 城市污水再生利用 城市杂用水水质 GB/T 18920-2020 [S]. 北京：中国标准出版社，2020.

[115] 中华人民共和国国家市场监督管理总局、中国国家标准化管理委员会. 城市污水再生利用景观环境用水水质 GB/T 18921-2019 [S]. 北京：中国标准出版社，2019.

[116] 中华人民共和国国家统计局. 2005 年全国水利发展统计公报 [EB/OL]. 2005-08-23 [2021-08-25]. http：//ghjh. mwr. gov. cn/tjgz/tjgb/200508/t20050823_21366. html

[117] 中华人民共和国国家质量监督检验检疫总局，中国国家标准化管理委员会. 城市污水再生利用农田灌溉用水水质 GB 20922-2007 [S]. 北京：中国标准出版社，2007.

[118] 中华人民共和国国家质量监督检验检疫总局，中国国家标准化管理委员会. 城市污水再生利用工业用水水质 GB/T 19923-2005 [S]. 北京：中国标准出版社，2005.

[119] 中华人民共和国国家质量监督检验检疫总局、中国国家标准化管理委员会. 城市污水再生利用地下水回灌水质 GB/T 19772-2005 [S]. 北京：中国标准出版社，2005.

[120] 中华人民共和国国家质量监督检验检疫总局、中国国家标准化管理委员会. 城市污水再生利用绿地灌溉水质 GB/T 25499-2010 [S]. 北京：中国标准出版社，2010.

[121] 中华人民共和国国家质量监督检验检疫总局. 城市污水再生利用分类 GB/T 18919-2002 [S]. 北京：中国标准出版社，2002.

[122] 中华人民共和国环境保护部. 水污染治理工程技术导则 HJ 2015-2012 [S]. 北京：中国环境科学出版社，2012.

[123] 中华人民共和国生态环境部. 2017-2020 年中国生态环境状况公报 [EB/OL]. 2018-05-31 （2021-05-26）[2021-08-25]. https://www. mee. gov. cn/hjzl/sthjzk/

[124] 重庆市水利局. 重庆市水资源公报 [EB/OL]. 2020-09-30 [2021-08-25]. http://slj. cq. gov. cn/zwgk_250/fdzdgknr/tjgb/szygb/202009/W020200930630897023145. pdf

[125] 住房和城乡建设部. 2002-2019 年城市建设统计年鉴 [EB/OL]. 2016-02-02 （2020-12-31）[2021-08-25]. http://www. mohurd. gov. cn/xytj/tjzljsxytjgb/jstjnj/index. html

[126] 住房和城乡建设部. 2006-2019 年城乡建设统计年鉴 [EB/OL]. 2016-02-02 （2020-12-31）[2021-08-25]. http://www. mohurd. gov. cn/xytj/tjzljsxytjgb/jstjnj/index. html

[127] 住房和城乡建设部. 全国城镇污水处理管理信息系统 [DB/DK]，2021.

[128] AQUASTAT. Municipal wastewater. AQUASTAT database [DB/OL]. Rome：Food and Agricultural Organization of the United Nations (FAO)，[2021-08-25]. http://www. fao. org/nr/water/aquastat/wastewater/index. stm.

[129] FAO (Food and Agriculture Organization of the United Nations). The State of the World's Land and Water Resources for Food and Agriculture：Managing Systems at Risk [EB/OL]. Rome/London：FAO/Earthscan，2011 [2021-08-25]. http://www. fao. org/3/i1688e/i1688e. pdf

[130] IEA (International Energy Agency). Chapter 17. Water for energy：Is energy becoming a thirstier resource? World Energy Outlook 2012 [EB/OL]. Paris：IEA，2012 [2021-08-25]. http://www. iea. org/publications/freepublications/publication/WEO2012_free. pdf

[131] OECD (Organisation for Economic Co-operation and Development). OECD Environmental Outlook

to 2050: The Consequences of Inaction [M]. Paris, OECD Publishing, 2012.

[132] UNGA (United Nations General Assembly). Resolution Adopted by the General Assembly on 25 September 2015. Transforming our World: The 2030 Agenda for Sustainable Development. Seventieth session [EB/OL]. 2015-10-21 [2021-08-25]. https://www. un. org/en/development/desa/ population/migration/generalassembly/docs/globalcompact/A_RES_70_1_E. pdf

[133] UN-Water. Wastewater Management: A UN-Water Analytical Brief [EB/OL]. 2015 [2021-08-25]. http://www. unwater. org/publications/wastewater-management-un-water-analytical-brief/

[134] WWAP (World Water Assessment Programme). The United Nations World Water Development Report 4: Managing Water under Uncertainty and Risk [EB/OL]. 2012 [2021-08-25]. http://www. unesco. org/new/fileadmin/MULTIMEDIA/HQ/SC/pdf/WWDR4％20Volume％201-Managing％20Water％20under％20Uncertainty％20and％20Risk. pdf

[135] WWAP (World Water Assessment Programme). The United Nations World Water Development Report. Leaving No One Behind [EB/OL]. 2019 [2021-08-25]. http://en. unesco. org/themes/ water-security/wwap/wwdr/2019

[136] WWAP (World Water Assessment Programme). The United Nations World Water Development Report. Wastewater: The Untapped Resource [EB/OL]. 2017 [2021-08-25]. http:// unesdoc. unesco. org/ark:/48223/pf0000247153

[137] WWAP (World Water Assessment Programme). The United Nations World Water Development Report. Water and Energy [EB/OL]. 2014 [2021-08-25]. http://www. unesco. org/new/en/ natural-sciences/environment/water/wwap/wwdr/2014-water-and-energy/

[138] WWAP (World Water Assessment Programme). The United Nations World Water Development Report. Water and Jobs [EB/OL]. 2016 [2021-08-25]. http://www. unesco. org/new/en/naturalsciences/environment/water/wwap/wwdr/2016-water-and-jobs/

[139] WWAP (World Water Assessment Programme). The United Nations World Water Development Report. Water for a Sustainable World [EB/OL]. 2015 [2021-08-25]. http:// unesdoc. unesco. org/images/0023/002318/231823E. pdf

[140] WWAP/UN-Water (United Nations World Water Assessment Programme/UN-Water). The United Nations World Water Development Report. Nature-Based Solutions for Water [EB/OL]. 2018 [2021-08-25]. http://unesdoc. unesco. org/images/0026/002614/261424e. pdf

[141] WWAP/UN-Water (United Nations World Water Assessment Programme/UN-Water). The United Nations World Water Development Report. Water and Climate Change [EB/OL]. 2020 [2021-08-25]. http://en. unesco. org/themes/water-security/wwap/wwdr/2020

[142] WWC (World Water Council). Ten Actions for Financing Water Infrastructure [EB/OL]. Marseille, France WWC, 2018 [2021-08-25]. http://www. worldwatercouncil. org/en/publications/tenactions-financing-water-infrastructure